Fair Isle Knitting

风工房费尔岛编织

使用额外加针的终极配色编织技法

〔日〕风工房 著
蒋幼幼 译

河南科学技术出版社
·郑州·

目录

圆领和V领背心

作品的尺寸均按女装尺寸标注。
L号相当于男装的M号，XL号相当于男装的L号。

Fair Isle Knitting Column ❶

Shetland History

编织转型——从谋生手段到世界文化遗产

素有“羊之岛”美称的设得兰群岛

设得兰农庄故居博物馆（Shetland Crofthouse Museum）保存着过去农家的建筑物，里面展示着19世纪至20世纪初的生活用品，由此可以了解当时人们的生活状况。壁炉里的燃料是设得兰群岛常见的泥煤（Peat），经常作为一种颜色名出现。

设得兰群岛位于英国苏格兰本土以北210公里的北海，由大约100个岛屿组成，其中只有16个岛上有人居住。纬度与挪威南部相同，从距离上看位于苏格兰和挪威的中间地带，历史上曾一度是挪威的领土。群岛中最大的岛屿是梅恩兰岛，东南部的勒威克是该岛的商业及行政中心。乘坐可搭乘30人左右的小型飞机，从苏格兰的阿伯丁飞行45分钟，从爱丁堡、格拉斯哥飞行1小时多一点就可抵达该岛最南端的萨姆堡机场。

到达设得兰群岛后，首先映入眼帘的是绿色的丘陵和吃草的羊群，全然看不到高大的树木。设得兰群岛上的居民从公元前就与羊群一起生活。虽然没有相关的文字记载设得兰群岛的女性是从何时开始编织的，不过针织品贸易繁盛时期的记录却保存了下来。16世纪末，荷兰的捕鱼船队停靠设得兰群岛时都会购买袜子和连指手套等商品。当时的袜子是用平针编织的，质地非常厚实。由于设得兰群岛位于北海的中心地带，作为北海贸易的中转站，不仅荷兰的捕鱼船队，还有来自北欧诸国、波罗的海诸国、冰岛等国的贸易船只都会停靠于此。

设得兰绵羊生活在严酷的自然环境下，用它们的羊毛编织的袜子和连指手套非常暖和，因而极受欢迎。据说，荷兰的捕鱼船队经常一次性停靠1000艘至1500艘渔船，渔夫们每次都会大量购买当地的袜子和手套。这种贸易持续了很长时间，直到18世纪初，由于欧洲形势的变化才逐渐萧条，继而转成了本地消费。

之后，大约在18世纪末期，除了偏厚的袜子外，还有用白色原羊毛纺成细纱线后编织的纤薄女袜开始在苏格兰上流社会受到追捧，这种流行趋势一直蔓延到英格兰。19世纪初，甚至有伦敦的商人在伦敦的布鲁克街和新邦德街的拐角处开了设得兰袜子专卖店。这项袜子业务虽然依靠众多能干的编织者持续了好几个世纪，但真正因此而富裕起来的是地主和贸易商，以及一些零售商。直至20世纪初，与烟酒和姜味面包等商品的物物交换仍在继续，但作为生产者的农夫以及他们的妻子和儿女们仍然过着贫困的生活。

使这种生活状况发生戏剧性改变的是北海

油田的开发。北海油田的产量在20世纪90年代后半期达到了高峰。时至今日，现有油田产量逐渐下降，又很少发现新的油田，据说油田将来可能会枯竭，甚至停产。虽说如此，岛上的居民却因为石油贸易的出现，有了选择农业和针织衣物制作之外的工作机会，与此同时，编织也从原来贴补家用的一种谋生手段变成了一种兴趣爱好。

听说我遇见的几位设得兰的编织老奶奶过去都曾经做过编织营生。不过，到了下面的妈妈辈，她们认为："编织＝残酷的劳动＝贫穷时代的痛苦记忆"，都不愿意再做编织。再到现在她们的孩子们这一辈，生活富裕了，网络上不仅可以获取大量的流行服饰信息，还可以随时购买。所以，在她们看来，手编的毛衣和小配饰等并非特别美好。很遗憾，她们也说不会再从事编织行业。

从20世纪80年代开始，设得兰等地的羊毛产业陷入了低迷状态。整个英国也都如此，在商业中心约克郡地区，纺织工厂纷纷被迫停业。热衷于环境问题的查尔斯王子在英国羊毛产业的衰退中感觉到了危机，在他的倡导下，2010年英国启动了名为"Campaign for Wool"的羊毛推广活动，试图重新探讨英国羊毛作为可持续发展产业的出路。设得兰群岛也会在每年秋季举办设得兰羊毛周活动，而且每年的活动内容越来越充实、丰富。

或许是受此影响吧，从几年前开始，英国的小学开设了编织课程，旨在将编织这一设得兰文化遗产代代传承。学习纺织专业的年轻人回来了，还有一些编织设计师被设得兰风光吸引而从岛外迁居于此，设得兰的编织产业开始一点一点地萌发了新芽。天然资源如果过度开采就会枯竭，但是只要我们和羊群一起和谐共存，它们就会给我们带来丰厚的回报。

凭借北海油田的盈利，设得兰博物馆也修建得非常壮观，资料室的工作人员持续做着有关编织和纺织的时代考证研究。经济上富裕起来的设得兰群岛居民开始自豪地保护编织这一文化遗产，这一点也深深地吸引着我们。

1 / 位于主岛勒威克的设得兰博物馆外观。里面陈列有设得兰群岛的历史资料，费尔岛编织和设得兰蕾丝相关的展品尤其丰富。作为旅游纪念品，推荐购买博物馆里出售的商品。2楼的漂亮餐厅面朝大海，菜肴也相当美味！ 2 / 位于安斯特岛的穆内斯城堡遗址。3 / 设得兰的羊群。听说现在设得兰绵羊通过自然交配和人工交配可分为63种。
4 / 从入口处看到的设得兰农庄故居博物馆。前面是一望无垠的大海。 5、6 / 位于主岛西岸的斯卡洛韦城堡遗址。据说修建该城堡的帕特里克伯爵是当地一个非常残暴的统治者，令人畏惧。 7 / 听说小小的公交车站实在是太煞风景，于是接受当地小学生的提议用艺术作品做了装饰，结果焕然一新。
8 / 设得兰的冬天气候严寒，树木都停止了生长。但是一到初夏，就会百花齐放。

Fair Isle Knitting Column ❷

Fair Isle Story

这是为我们解说费尔岛编织的黑兹尔·丁道尔女士惯用的编织腰带。对设得兰的编织者来说，这是一件必需品。如果是本人穿的毛衣，就无须做线头处理，只要打好结就可以了！她告诉我们"因为线与线之间会毡化在一起，所以不会绽开。"

紧跟时代发展潮流

灵活开放、与时俱进的费尔岛

参观位于主岛勒威克的设得兰博物馆，从展品中可以看出费尔岛编织曾经受到过各种因素的影响。作为早期的费尔岛针织品，设得兰博物馆里保存着一款据说出自发源地费尔岛的渔夫帽。那是一款蚕茧形状的帽子，使用时从帽身的中部往内侧翻折。因为反面有渡线，再加上可以翻折成双层或者三层，帽口部分还可以翻折成四层，所以特别暖和，可以抵御海风的寒气，极受欢迎。

经过染色处理的蓝色、红色、金黄色与绵羊的天然毛色即白色、红褐色、黑色的配色，一看就知道是费尔岛花样。深色底纹加上亮色的配色花样排列成条纹状，形成抽象的几何图案，这就是费尔岛花样的最大特点。据说红色和金黄色是用野生植物染成的，而蓝色是用进口的靛青染成的。与其说费尔岛花样的针织品是费尔岛本土的产物，不如说外来的材料和影响使其形成了独特的风格。虽说早期的花样五花八门，但是现在仍在使用的配色和花样的排列都是最基础的。就编织方法本身而言，从英格兰、苏格兰等欧洲地区到北欧、波罗的海三国的沿海地区，配色花样都是很常见的一种形态，无论哪个地区都保留着用相同的编织方法编织的毛衣。费尔岛位于北海的中心，很可能受到了停靠船只带来的各种物品和文化的影响。

对费尔岛编织的发展进行历史性考证的过程中，人们曾经就其起源发生过争论。其中比较有名的是，16世纪末西班牙舰队在费尔岛海面触礁，船员被岛上的居民所救，于是将花样的编织方法传授给了他们。虽然这个说法真假难辨，但是在向19世纪的消费者进行宣传时，还是多有粉饰，广为扩散。

随着这种说法的流传，到了19世纪后半叶，费尔岛花样的针织品已经在欧洲广为人知。就像***Handbook to Zetland Islands***这本书里提到的，费尔岛花样的袜子是用多种颜色编织出特有的图案，既柔软又舒适，即使对品质非常挑剔的人们也对其赞不绝口。

6

于是，配色精美的费尔岛花样针织品成了设得兰群岛最有名的手工艺品。虽说抓住市场需求借机富裕起来的都是些商人，但也涌现出了很多编织者。他们为了自己和家人发挥创造力和创意，在编织比赛中获得奖赏，并使编织技能代代相传。到了19世纪末期，为了抵抗急剧发展的工业化的冲击，手工艺品开始流行，费尔岛针织品成为一大热潮。

到了20世纪，苏格兰的国营南极远征队的队员们在1902~1904年间穿戴的费尔岛针织品全部用优质羊毛编织而成，具有优良的保暖性和实用性，因此闻名于世。在20世纪20年代，当时的时尚界领袖人物爱德华王子（后来的爱德华8世）拍了一张在棒球服外面套一件费尔岛毛衣的照片。之后，在一幅肖像画中他又穿着一件费尔岛毛衣。由此，费尔岛毛衣首先在上流社会火了一把，再流行至普通民众，引起了新一轮的时尚潮流。

在第二次世界大战期间，挪威人带来了新的变化。当时，为了躲避纳粹的迫害逃到设得兰群岛的挪威人超过了5000人。受此影响，向来只有条纹图案（横向条纹）的费尔岛针织品开始出现了纵向图案的花样。此外，另一个影响就是北欧毛衣中常见的风纪扣的使用。当时的开衫用的都是纽扣，而锡镴制成的风纪扣特别轻，让人感觉非常新颖。到了20世纪60年代，在圆育克部分加入费尔岛花样的毛衣非常流行。圆育克也是在传统的费尔岛毛衣中没有的设计结构，由此可见北欧的针织品带来的影响之大。

就这样，费尔岛编织紧跟时代潮流不断发展改进，变得越来越有时尚气息。不过，在漫长的历史中，并没有什么决定性的元素可以判别“这就是费尔岛花样的针织品”。从其起源来看，跨越国家和地区的界限，虽然有其技巧性的编织规则，但是不断演变才是费尔岛编织的本质特征。此外，颜色和花样的组合可以演绎出无穷的变化。就是这种善于吸收任何时尚元素的灵活性和开放性使下个时代的编织者们更具有创造性，完成的作品才具有一看便知是费尔岛花样的鲜明特性吧。

参考文献 / SHETLAND TEXTILES: 800BC to the Present 编辑 Sarah Laurenson Shetland Heritage Publication 2013

7

1 / 设得兰博物馆中展出的过去的色卡和围巾。 2 / 展品贝雷帽顶部的流苏非常可爱。 3、4 / 捐赠给设得兰博物馆的围巾和毛衣。全部为博物馆研究员进行时代考证后保管。 5 / 同样是捐赠的贝雷帽的顶部样片。
6 / 拥有200多种颜色的Jamieson’s品牌毛线的勒威克直营店橱窗。 7 / 身穿费尔岛毛衣的爱德华王子，曾经一度引发一股时尚潮流。因为一场堵上王位的爱情，在位时间仅有325天。 8 / 安斯特岛牧场的羊群。傍晚，牧羊犬正驱赶着羊群回到羊圈。
9 / 从有色绵羊身上刚剪下来的原毛。据说人工分拣是最可靠的。 10 / 正在马路边的空地上用推剪剪羊毛。将绵羊的头部夹在两腿之间使其动弹不了，很快就能完成剪毛的工作。之所以选在马路边，据说是因为方便将剪下的羊毛装上卡车运走。 11 / 日本引以为傲的岛精机制作所的工业用全自动机器。这里是用编织机不断地编织费尔岛针织品的Jamieson’s品牌加工厂。从原毛的清洗到染色、纺织、制作成品，全部都在桑德内斯的本公司内加工完成。 12 / 一名女性正在Jamieson’s工厂用圆盘缝合机进行缝制。

8 9 10 11 12

圆领和V领背心

朝同一个方向做环形配色编织直到袖窿部位，然后从袖窿开始额外加针一起编织。
如果是初学者，建议先从背心开始尝试。

1 跟着详解步骤，掌握背心的基础编织技法

这是一款以绿色为主色的圆领背心，将最多8针的花样排列成了条纹状。虽然用多种颜色编织，但纯色和混染色调的组合在编织完成后显得非常协调。

How to Make…p.28（教程）/ p.48（L）
用线 / Jamieson's Shetland Spindrift

1-M号

2 色调柔美的少女风 U形领背心

以米色系为主色，以绿色、蓝色、红褐色系为配色。这款U形领背心将设得兰群岛盛开的野生花的颜色运用到了编织花样中，并且在边缘统一使用了酒红色和浅紫色，起到了收紧的视觉效果。

How to Make…p.50（M）/ p.52（L）
用线 / Jamieson's Shetland Spindrift

3 中性风V领背心

以苏格兰风的蓝色和浅灰色为底色，以宝蓝色、淡橙色、绿色、奶黄色、红色等为配色。由于不断重复小花样，很容易记住编织方法，比起大图案的花样编织起来要轻松多了。

How to Make…p.54（L）/ p.56（M & XL）
用线 / Jamieson's Shetland Spindrift

3-L号

4-M号

4 菱形和交叉花样的V领背心

以泥煤的红褐色系和靛蓝色为主色，以过去费尔岛毛衣中常用的姜黄色、红色、象牙白色为配色，再加上绿色作为对比色。菱形和交叉花样虽然看似简单，却有很强的视觉冲击力。

How to Make…p.58（M）/ p.60（L & XL）
用线 / Jamieson's Shetland Spindrift

5 浅蓝色系的素雅V领背心

以偏黄的米色、浅绿色、蓝色为底色，以绿色系和蓝色系为配色。柠檬黄色、薰衣草的紫色和蒲公英花的黄色等更加突显了同色系的配色效果，使整件背心显得非常清新、雅致。

How to Make…p.62（M）/ p.64（L & XL）

用线 / Jamieson's Shetland Spindrift

5-M号

对襟开衫

对襟开衫是在起针时就加入额外加针部分的针数，然后朝同一个方向做环形配色编织。
剪开额外加针部分时的激动心情令人难以忘怀。借此，感谢开创了这一编织技法的设得兰编织者们。

6 以“甘愿放弃王位的爱情故事”为设计灵感的开衫

这款开衫的编织花样和配色灵感来源于“不爱江山爱美人”的著名英国国王爱德华8世的肖像画。当年就是因为他在参加高尔夫球运动时穿了一件费尔岛毛衣，才使费尔岛毛衣风靡全世界。

How to Make…p. 84（M）/ p.87（L）/ p.90（XL）
用线 / J&S 2PLY

6-M号

纽扣 / la・droguerie

7 枯草色边缘的圆领开衫

这款开衫的边缘部分以灰色为底色，搭配绿灰色和卡其色，呈现出渐变的效果。用深红色、深橙红色、蓝紫色编织花样，并在中间加入蓝色和柠檬黄色的条纹花样，显得非常别致。此外，纽扣的颜色也与整体配色相得益彰。

How to Make···p.92（M）/ p.95（L）
用线 / Jamieson's Shetland Spindrift

8、9 | 适合额外加针教程前的练习小物

保暖袜套由于无须加、减针，所以最适合作为环形编织的练习。帽子是在帽顶的平针部分进行减针，也比较简单。通过编织小物掌握了花样的编织方法后，再来挑战使用额外加针技法的第7款开衫作品吧！

How to Make…p.98（M）
用线／Jamieson's Shetland Spindrift

10 跟着详解步骤，掌握开衫的基础编织技法

这款V领开衫采用了费尔岛编织中的经典配色。从身片的起针开始，便进行额外加针编织。因为附有详细的步骤说明，请一定尝试着编织一件。

How to Make…p.66（教程）/ p.79（L）/ p.82（XL）
用线 / Jamieson’s Shetland Spindrift

10-M号

套头衫

掌握了背心和开衫的编织要领后，套头衫的编织就简单多了。
大家可以在颜色、配色、尺寸等各方面尝试着做些调整。

11-M号

11 雅致的紫色系套头衫

蓝色系和紫色系的配色显得内敛稳重，而深棕色的运用起到了很好的收紧效果，另外还使用了米黄色作为对比色。这款套头衫在经典的菱形和交叉花样的基础上又加入了心形花样，雅致中透着一丝甜美的气息。

How to Make…p.100（M）/ p.103（L）/ p.106（XL）
用线 / J&S 2PLY

12 风工房“和风”配色套头衫

以浅米色为底色、以暖色系的红色为配色编织主打花样，再在中间加上里海的翠蓝色与淡橙色，以及较深的黄绿色与蓝紫色的条纹花样。设得兰的编织者们都表示这款套头衫非常具有“日本特色”，大概就是因为这样的配色吧。

How to Make…p.108（M）/ p.111（L）/ p.114（XL）
用线 / Jamieson's Shetland Spindrift

12-M号

13 灰色和蓝色系的套头衫

以浅灰色为底色，以蓝色系为配色，编织的花样呈现出渐变的效果。中灰色与褐色的配色使整体色调看起来非常沉稳。黄色起到了提亮的作用，使每种花样显得非常清晰。

How to Make…p.116（M）/ p.119（L）/ p.122（XL）
用线 / J&S 2PLY

13-M号

14 初学者也可尝试的斗篷

这款斗篷以米白色为底色，以暗红紫色和深红色等为配色编织主打花样，再在红色系的条纹花样中加入了深灰黄绿色。整体为暖色调，给人一种温和的感觉。由于是等针直编，非常适合额外加针编织技法的初学者。

How to Make…p.124
用线 / Jamieson's Shetland Spindrift

15 | 水果色圆育克开衫

这款圆育克开衫是从育克部分开始做额外加针环形编织。主体部分使用了嫩绿色，育克部分以原白色为底色、以橙色系的红色为配色编织心形花样，湖蓝色和浅黄色的条纹花样增添了一份素雅。另外，纽扣也选用了嫩绿色。

How to Make…p.126
用线 / Jamieson's Shetland Spindrift

16-M号

16 蔚蓝色的圆育克套头衫

可能受北欧流行风的影响吧，近年来苏格兰的音乐家们开始穿上这种在圆育克部分加入花样的毛衣。这种毛衣因此变得非常流行。这件作品主体部分使用了明亮的蓝色，育克部分在明灰色基础上搭配了山野花草的颜色。

How to Make…p.128

用线 / Jamieson's Shetland Spindrift

各种配饰小物

使用多种颜色进行费尔岛编织，总会有很多线用不完剩下来。
因为都是自己非常喜欢的颜色，希望物尽其用，尽可能将它们全都编织成作品。

17-M号

18-M号

17、18 与背心配套的帽子和长筒连指手套

帽子与第9页的背心使用的是相同的花样，通过在花样和花样之间减针来调整形状。连指手套在指尖部位的左右两侧每行减针。使用多种颜色进行配色编织会剩下很多线，可以用它们编织成各种小物件。

How to Make…p.130
用线 / Jamieson's Shetland Spindrift

19-M号

19、20 突显品质的露指手套

作品19的绿色让人想起设得兰的大草原，作品20使用了未经染色的浅灰色作为底色。两件作品都有一部分使用了相同的颜色，但是因为用色的分量不同，给人的印象大相径庭，这就是配色的乐趣所在。

How to Make…p.132

用线 / J & S　Heritage

20-M号

21 线头处理也极为轻松的炫彩围巾

这是一条以绿色系和蓝色系为底色，搭配很多颜色编织的围巾。围在脖子上的部分设计成了条纹状，这样比较轻薄，围起来也方便一点。因为环形编织，反面是看不见的，所以处理线头时只需打上结即可。

How to Make…p.134
用线／Jamieson's Shetland Spindrift

22、23 经久不衰的人气贝雷帽

小物件中非常受欢迎的就是贝雷帽。帽顶的减针部分在编织时虽然只用2种颜色，但是看起来就像好几种颜色重叠在一起。红色系和蓝色系，这两款帽子的边缘都是配色编织罗纹针，细节部分也非常讲究。

How to Make…p.136
用线 / Jamieson's Shetland Spindrift

22-M号

23-M号

Fair Isle Knitting Column ❸

Knitting Technich

风工房独具特色的编织技巧

因为连接绳的柔韧性，可以采用“魔术环”的编织方法，进而演绎出各种应用。编织结束时的引拔收针和肩部的接合等，用钩针处理起来更加简便。

当地有一些编织者非常执着于只用未经染色的、绵羊本身的自然色羊毛编织费尔岛毛衣。

环形编织的效率

用两三种颜色编织一般的配色花样时，采用环形编织的方法可以一直看着织物的正面编织。这样一来，因为一边看着花样一边编织，效率就会显著提高，尤其是会减少配色的失误。特别是费尔岛编织中，经常需要变换底色线和配色线，有的花样还会用到渐变的配色，所以看着正面编织会轻松很多。动手编织看看，你就会切实地感受到这一点。

环形针以及“魔术环”的应用

决定环形编织后，我就会使用环形针，而且最行之有效的是被称为“魔术环”的编织方法。不过，必须准备连接绳比较柔韧的环形针。而且，针与连接绳的接合部位是可以旋转的环形针编织起来更加方便。很多设得兰的编织者都使用一种编织腰带和很长的钢针编织，好像那里还没有普及环形针。

正宗的设得兰毛线

其实，只要是100%的羊毛线材一般都可以运用“在织物中额外加针编织，然后再剪开”这一技巧（当然，这需要足够的勇气……）。但是，设得兰毛线的原毛毛纤维比较长，线材的捻度比较低，所以毛纤维容易毡化，而且配色编织花样的紧实性也非常好。不愧是正宗的设得兰毛线，最适合配色编织后剪开额外加针部分的费尔岛编织了。

颜色数量最丰富的要数Jamieson's的Shetland Spindrift线，在日本销售的也比较多。J&S（Jamieson & Smith）有经典的2PLY（2股）细线，好像很多设得兰的编织者也会将Jamieson's和J&S的线材组合起来使用。于是，J&S在费尔岛毛衣殿堂即设得兰博物馆的委托下重新开发了Heritage系列。这一系列的线材在加工时沿袭了过去的纺织和染色方法，比2PLY的线更加柔软，手感也更加舒适。此外，芭贝进口的British Fine使用的是与设得兰毛线相同的原材料，深受日本费尔岛编织爱好者的喜爱。（※参照p.47）

剪开织物？！什么是额外加针？

回想起来，我曾经也是一头雾水，不知道“所谓的额外加针”，究竟是什么意思？由于额外加针部分最后会翻折至内侧，织得细窄一点会更加服帖，所以设得兰的编织者比较多的做法是额外编织12针，两边各留4针，再剪掉多余的针目。而且，换色时边缘的线头本来就无须特意去处理，直接那样穿着也非常普遍。不过，我还是希望反面也能看起来漂亮一点，所以我会额外编织14针，两边各留5针，再分别将2针翻折至反面，最后做藏针缝。这样线头会包在里面，缝好后就大功告成了。

对日本编织者来说，要把好不容易编织的织物剪开，我想心里一定很抗拒吧。因为我也曾经如此。

配色花样的编织要领

每行用两种颜色编织配色花样时，编织用线分为底色线和配色线。一般情况下，针法符号图中的花样用的就是配色线。首先，确定编织时哪条线在下方渡线，哪条线在上方渡线。此时，在下方渡线的线编织后呈现出的针目较大，更醒目一些。我个人决定如何渡线时，有时会考虑想要强调哪种颜色，有时也会考虑编织时的带线方法。无论是哪种渡线方法都没有对或错。不过，在编织样片时，不妨用两种方法编织后根据效果来决定如何渡线。基本上，如果决定底色线在下、配色线在上（或者底色线在上、配色线在下），那么在一件作品中就要统一，不可以随意改变渡线方法。譬如，身片和袖子如果采用了不同的渡线方法，最后花样呈现的视觉效果也会稍有不同。

我在编织时用的是右手带线，也就是被称为英国式的编织方法，渡线时通常底色线在上，配色线在下。如果将底色线挂在左手的手指上是大陆式带线，将配色线挂在右手上是英国式带线，

动手开剪时的激动和兴奋！原本形状看似不可思议的一堆编织物，在剪开的瞬间，仿佛被施了魔法一般变成了一件毛衣。希望大家都来感受一下那一瞬间的惊喜。

编织时底色线在下，配色线在上进行渡线。后面教程的详解步骤中用的就是这种方法。不管怎样，多多编织，找到最适合自己的带线方法吧！要领就是“不要随意改变渡线方法”！

整理定型的救世主——蒸汽熨斗

在设得兰，人们借助木质框架定型。将编织完成的毛衣过一遍水，拧干，再套在木架上晾干。其实，编织的样片也需要过水并晾干后再测量密度。因为我最后会用蒸汽熨斗定型，所以测量密度时，也会用蒸汽熨斗对样片进行整烫，定型后再数出针数和行数。也有专门适用于编织物的蒸汽熨斗，请使用能够喷出大量蒸汽的熨斗。在剪开额外加针部分之前，边缘编织完成后，剪掉额外加针的多余针目后，都分别用蒸汽熨斗仔细地熨烫一下。这样会使剪开后边缘的针目也很难散开。最后，在反面的额外加针部分向内翻折并缝好的折叠部位喷上足够的蒸汽，熨平即可。

配色的喜悦，编织的快乐

费尔岛编织的特点就是使用多种颜色进行配色编织，而其中的配色也是最让人费神的环节。如果颜色配得好，作品完成时也会感到很欣喜吧。每次从很多种颜色中挑选想要的颜色时，我都感觉是一件既愉快又艰难的事。我想很多人都听说过色相环，就是由12种颜色组成的色环。在12色相环的基础上增加明亮度和饱和度，就会衍生出无限的色彩组合。用这些丰富的色彩给原毛染色后纺成的毛线，再加上被称为有色绵羊的自然色毛线，我们可以从中自由地选择颜色。

虽然有各种各样的配色理论，就我个人而言，我会先确定基础的色调，将颜色分成若干组，先从中挑选想用的颜色。然后各种配色都试试看，比如加入一行条纹后颜色不太好看，可以用别的颜色的线缝在上面看看效果，像这样反复尝试很多次。虽然也有一次就成功的，但是有时候会因为看多了颜色而无法判断，只好改日再重新考虑配色。这样不断地尝试，考虑如何配色，再编织成作品的过程对于我来说是最幸福的时光。

[材料和工具]

用线…Jamieson's Shetland Spindrift

色号、颜色名、使用量参照下表

用针…3号环形针(80cm)、1号环形针(80cm)、钩针3/0号

[成品尺寸]

胸围91cm、肩背宽33.5cm、衣长58cm

[密度]

10cm×10cm面积内：配色花样29针、31行

[编织要点]

※挑针时用1号环形针，其他均用3号环形针编织。

1. 起针。→p.32

2. 环形编织罗纹针。→p.32

3. 接着编织配色花样。

4. 一边编织额外加针部分，一边做袖窿的减针。→p.36

5. 一边编织额外加针部分，一边做领窝的减针。→p.40

6. 肩部用钩针做引拔接合。→p.41

7. 剪开领窝的额外加针部分，编织领口。→p.42

8. 编织结束时用钩针做引拔收针。→p.44

9. 剪开袖窿的额外加针部分，编织袖口。→p.45

10. 编织结束时用钩针做引拔收针。→p.44

11. 线头处理和额外加针部分的收尾处理。→p.46

12. 用蒸汽熨斗整烫定型。→p.46

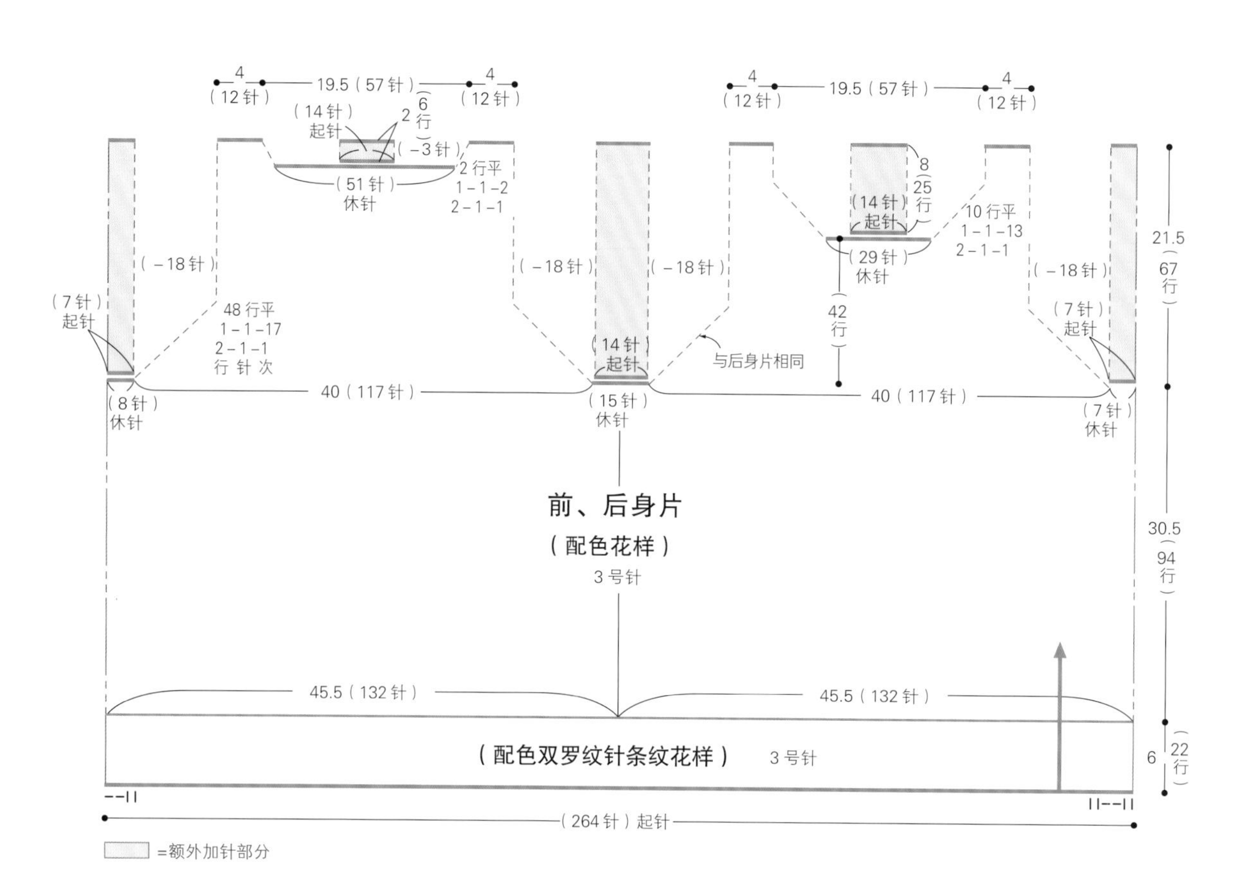

领口、袖口

(配色双罗纹针条纹花样)

3号针

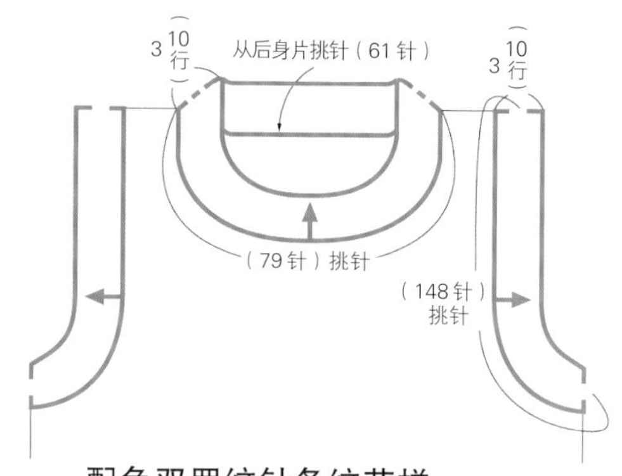

色号、颜色名、使用量

	色号・英文名称	颜色名	使用量
■	788・Leaf	深绿色	35g/2团
□	122・Granite	浅灰色	35g/2团
●	198・Peat	深棕色混染	30g/2团
■	1290・Loganberry	深红紫色混染	25g/1团
■	870・Cocoa	暗橙色	20g/1团
■	168・Clyde Blue	灰蓝色	15g/1团
□	720・Dewdrop	蓝绿色混染	15g/1团
□	1140・Granny Smith	嫩绿色	15g/1团
□	290・Oyster	灰粉色混染	15g/1团
□	760・Caspian	翠蓝色	少量/1团
□	375・Flax	浅黄色	少量/1团
□	400・Mimosa	亮黄色	少量/1团

配色双罗纹针条纹花样

领口、袖口

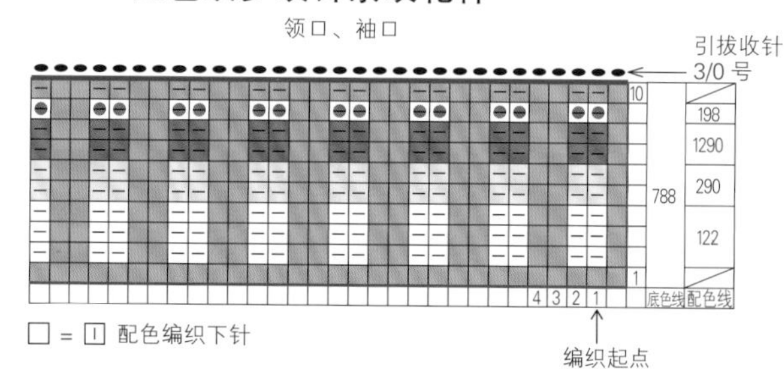

※本书编织图中凡是没有标明单位的数字均以厘米(cm)为单位。

准备工作

我使用的是80cm长的环形针，这是风工房独具特色的费尔岛编织中必不可少的工具。
此外，定型等收尾处理时要用到蒸汽熨斗。

材料和工具

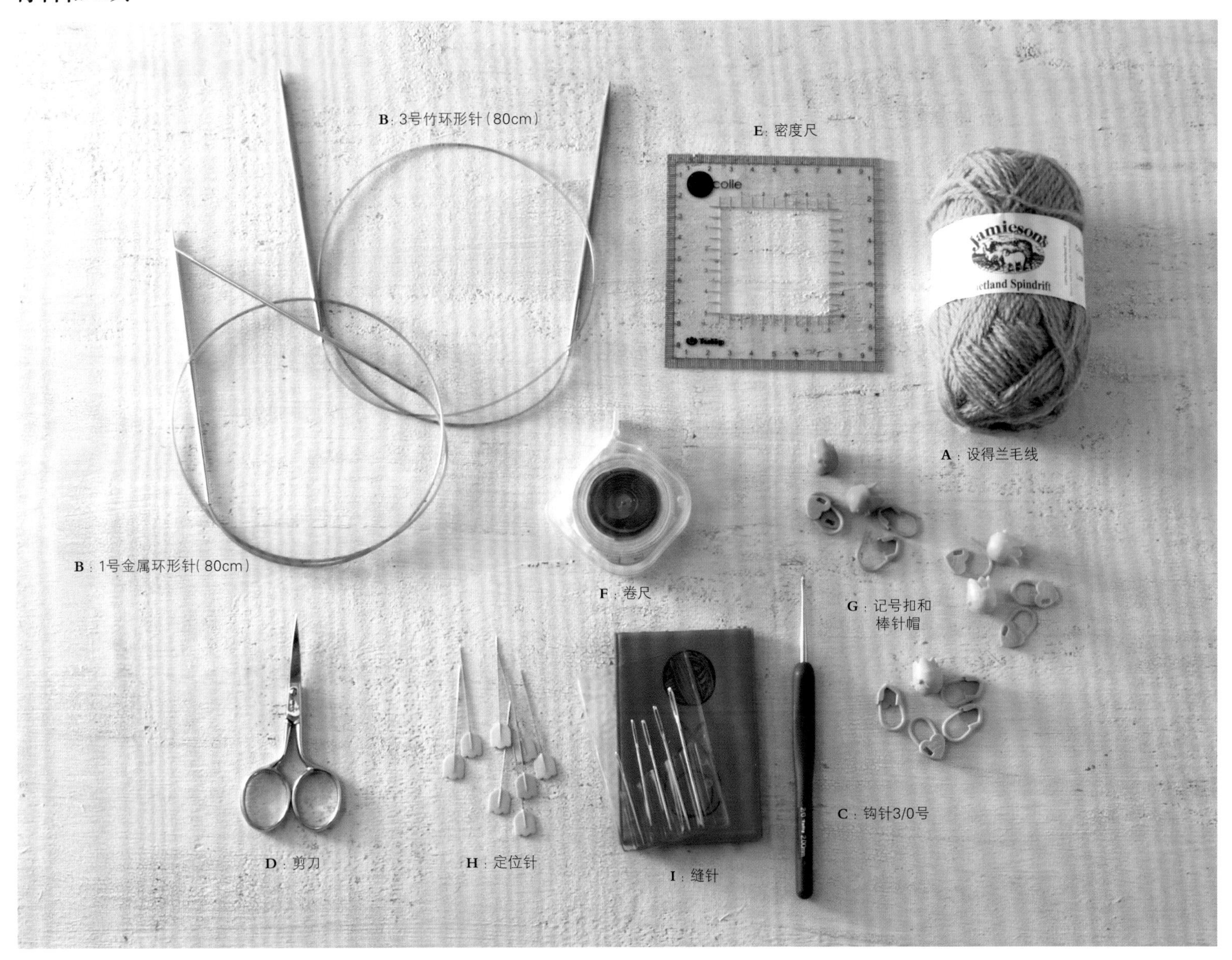

A：设得兰毛线
既然要好好编织，希望尽可能使用当地正宗的线材。特此向大家推荐以下线材：Jamieson’s的Shetland Spindrift、J&S（Jamieson & Smith）的2PLY和Heritage、芭贝的British Fine等。虽然这些线材的粗细基本相同，编织前还是应该先测量一下密度。（※参照p.47）

B：3号环形针（80cm）、1号环形针（80cm）
使用环形针的“魔术环”技法编织时，最关键的是连接绳的柔韧性。竹环形针的连接处顺滑，不会勾住毛线，而且连接绳转动灵活，编织过程中也不会发生拧转现象，所以使用起来非常顺手。另外，尖头的设计也深得我心。80cm的长度就可以编织大部分的作品。（“Knina”系列编织用针 环形针）

C：钩针3/0号
罗纹针编织结束时用钩针做引拔收针。比起用棒针做伏针收针要简单，所以不仅是费尔岛编织，我在其他作品中也经常使用这种方法。如果编织时用的是3号棒针，就用3/0号左右的钩针收针。（“ETIMO”系列 钩针）

D：剪刀
因为要剪的是好不容易完成的织物，剪刀的选择就变得尤为重要。建议使用小巧一点的剪刀。这把剪刀是意大利产的手工艺专用剪刀，非常锋利。（“高级线剪”系列 银色）

E：密度尺
用于测量边长10厘米面积内的针数和行数。透明的密度尺更容易数针目，有一把这样的尺子会非常方便。也可以测量边长5厘米内的密度。（“amicolle”系列 透明便捷密度尺）

F：卷尺
测量长度时，与硬挺的直尺相比，卷尺更容易操作。这款卷尺只要一摁按钮就会自动缩回，非常方便。（“备”系列 自动卷尺）

G：记号扣和棒针帽
颜色丰富，形状可爱，功能也很强。在使用多种颜色进行配色编织时，还可以根据具体情况使用不同的颜色。（“amicolle”系列 棒针帽、行数记号扣）

H：定位针
因为编织针目非常细密，所以使用缝纫用的定位针。头部是郁金香花形，使用时也让人心情愉快。（“针物语”系列 郁金香花形定位针）

I：缝针
线头处理虽然比普通的配色编织要少很多，却仍然是一个大课题。可爱的针盒里附带吸铁石，既可以用来收纳缝针也可以用作吸针器。（“amicolle”系列 毛线缝针）

确认密度

可以用普通的方法测量密度，但是既然学习费尔岛编织，那就使用额外加针编织的样片来测量密度吧。比起往返编织，所测密度的精确度也更高。

使用“魔术环”技法编织样片，确认密度

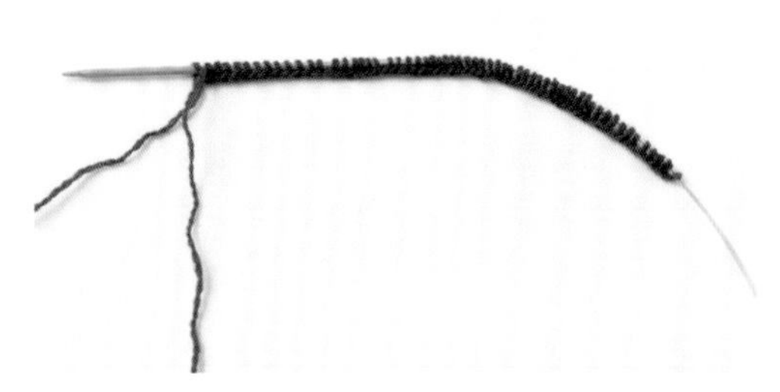

1. 用底色线在1根3号环形针上手指挂线起针，起60针左右。

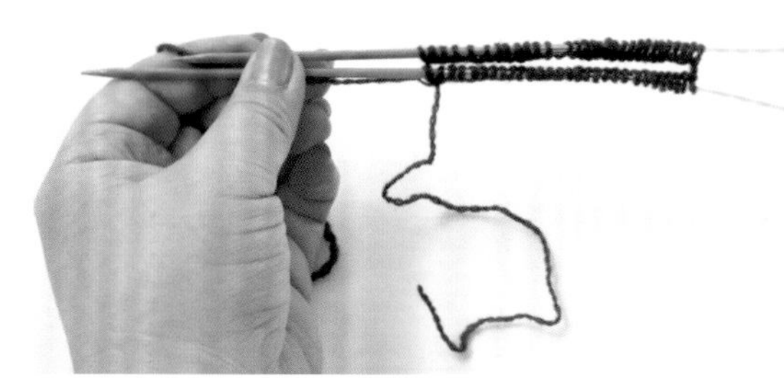

2. 将针目大致分成相同的两部分，将连接绳抽出。

3. 编织时，使编织线所在的右棒针一侧也始终有足够长的连接绳。这样，即使连接绳很长的环形针也能用来编织小面积的织物。这就是“魔术环”技法的应用。

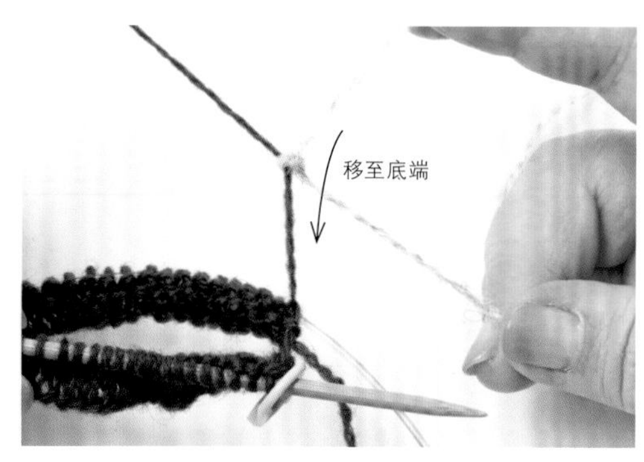

4. 在编织起点放入记号扣，编织2~3行下针。接新线时，将其系在前一行的线上，并将线结移至底端。

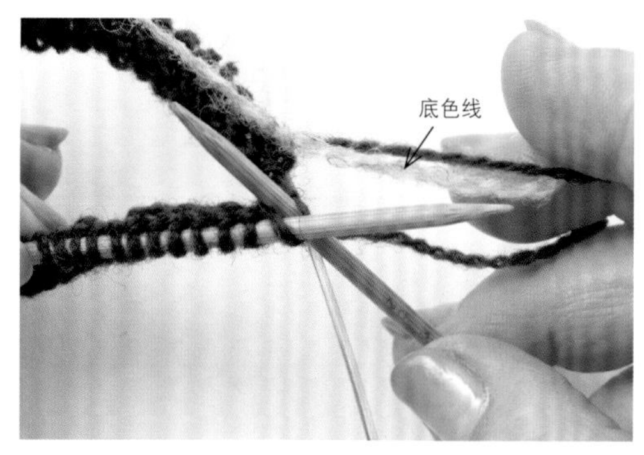

5. 剪断前一行的线，用新的底色线编织1行。配色线也按相同要领在底色线上打结后开始编织。（※ 同时更换2根线时，参照p.39）

6. 在配色花样的编织起点和编织终点各编织7针作为额外加针部分。最初的7针按“配色线→底色线→配色线→底色线→配色线→底色线→配色线”编织。

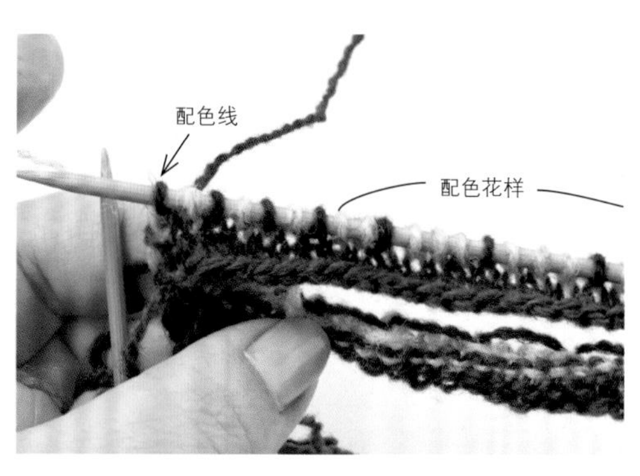

7. 同一行编织终点的7针按“配色线→底色线→配色线→底色线→配色线→底色线→配色线”编织。

8. 编织起点和编织终点连接在了一起。在编织起点和编织终点的交界处是连续的2针配色线针目，作为后面剪开额外加针部分时的标记。

9. 使用“魔术环”技法继续编织额外加针部分和配色花样，一共编织16~17cm长。

10. 结束时松松地做伏针收针，但是我更喜欢用钩针做“引拔收针”，因为这种方法比较快捷方便。（※ 参照p.44）

11. 编织成筒状后的样子。

12. 在编织起点和编织终点的交界处即额外加针部分中间的2个配色线针目之间插入剪刀。

13. 用手抵住内侧，以免剪到别的地方。

14. 用蒸汽熨斗在织物上方悬空熨烫直至平整。

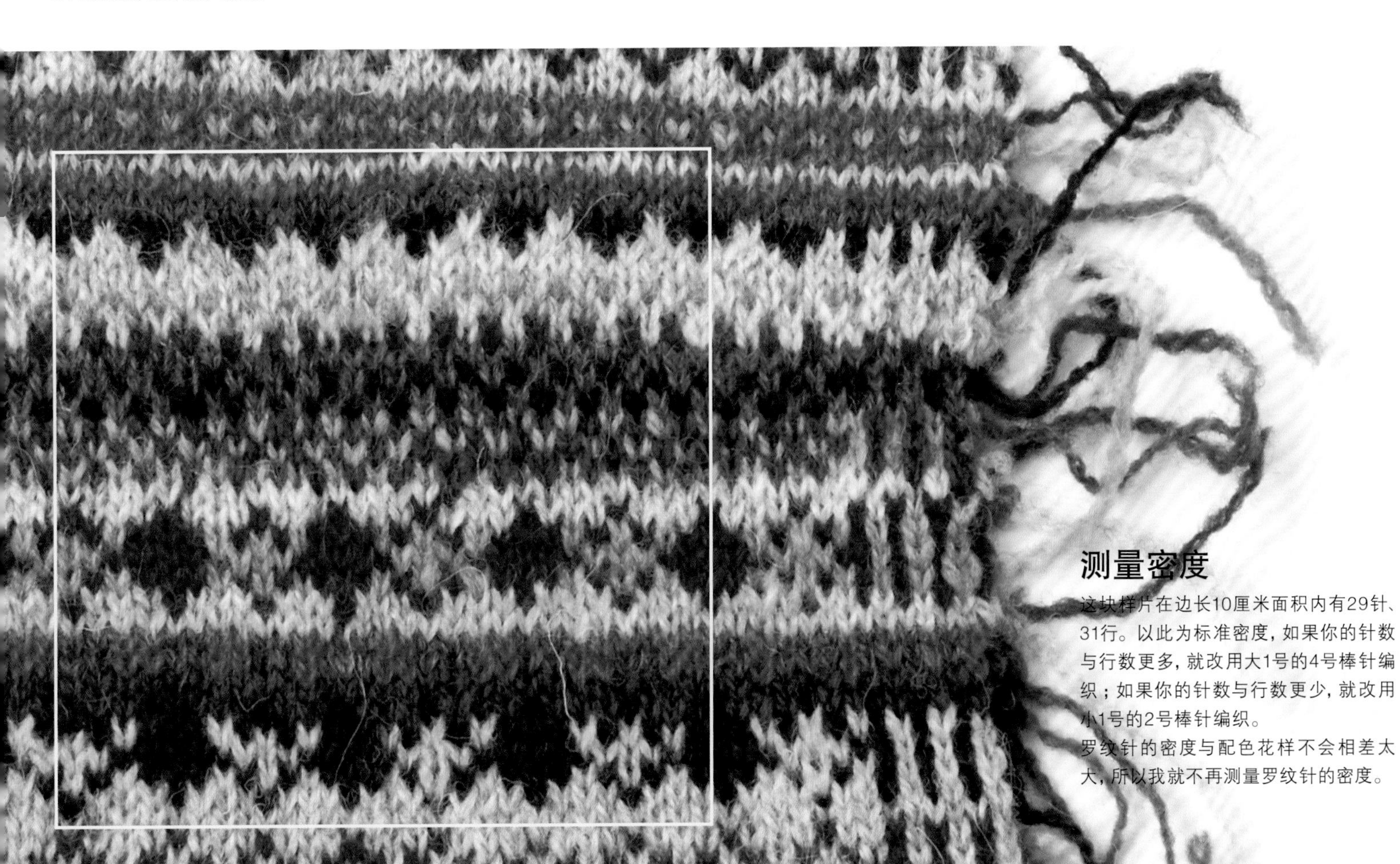

测量密度

这块样片在边长10厘米面积内有29针、31行。以此为标准密度，如果你的针数与行数更多，就改用大1号的4号棒针编织；如果你的针数与行数更少，就改用小1号的2号棒针编织。

罗纹针的密度与配色花样不会相差太大，所以我就不再测量罗纹针的密度。

起针后从下摆开始环形编织

起针后从下摆的罗纹针开始环形编织。使用3号环形针编织。

第1行

1. 用1根3号环形针手指挂线起针。预留相当于织物宽度3倍的线头，约280cm。

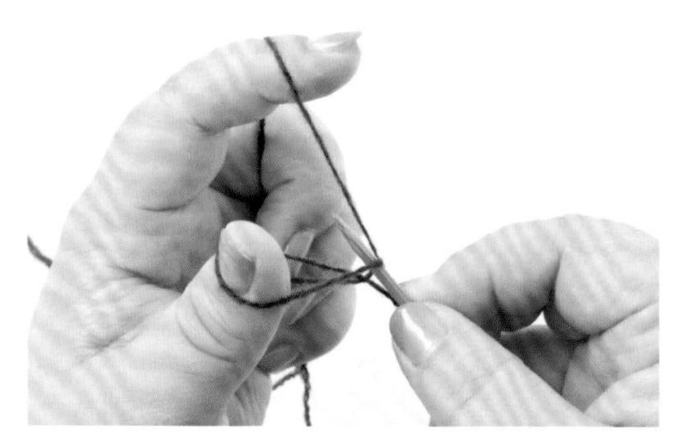

2. 通常都用2根棒针起针，而此处只用1根针起针，所以拉线时要稍微松一点。

3. 起264针。由于针数比较多，每40针放入1个记号扣。

4. 起针完成。起好的针目就是第1行。

5. 开始编织前整理一下针目，以免出现扭转，这是编织前非常重要的一个步骤。开始编织后才发现针目扭转了，那就只能拆掉重新编织，所以一定要小心！

第2行

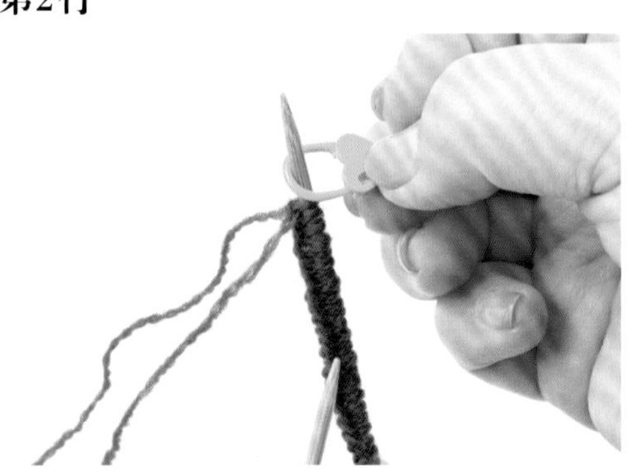

6. 为了标记编织起点，放入一个不同颜色的记号扣。

7. 交替编织2针下针和2针上针。

8. 因为是4针1个花样，编织终点的最后2针应该是上针。这是第2行完成后的状态。

第3行之后

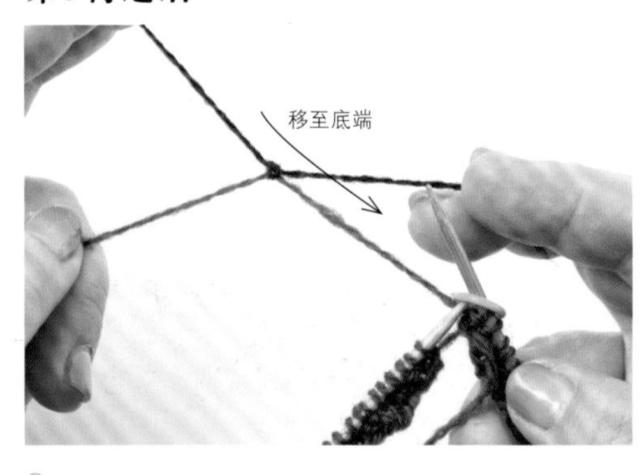

9. 从第3行开始配色编织。移过记号扣开始编织第3行。将配色线的线头松松地系在底色线上。

10. 将线结移至底色线的底端。

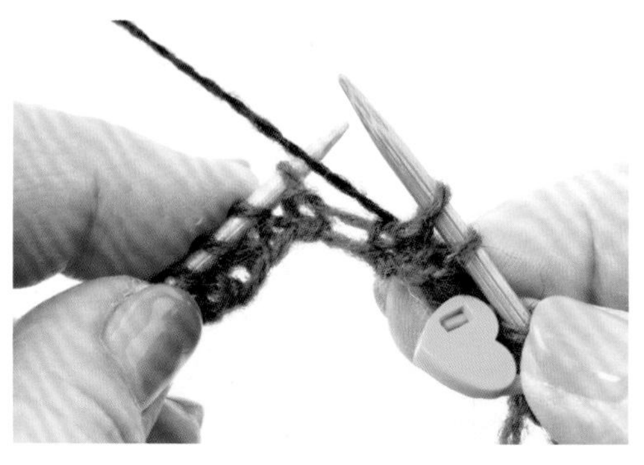

11. 用底色线织2针下针，然后将配色线放到前面。

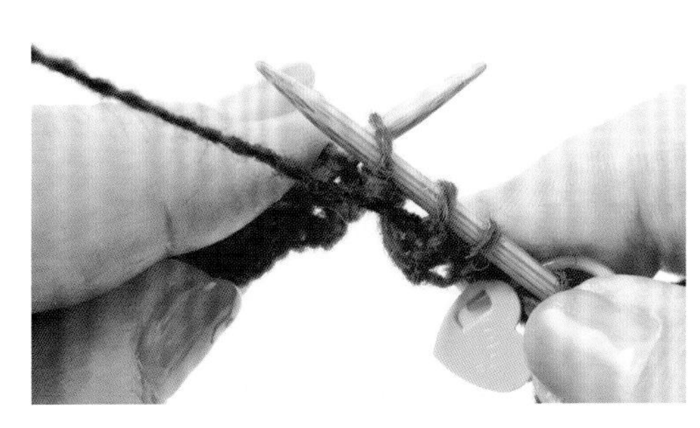

12. 从后往前插入右针。

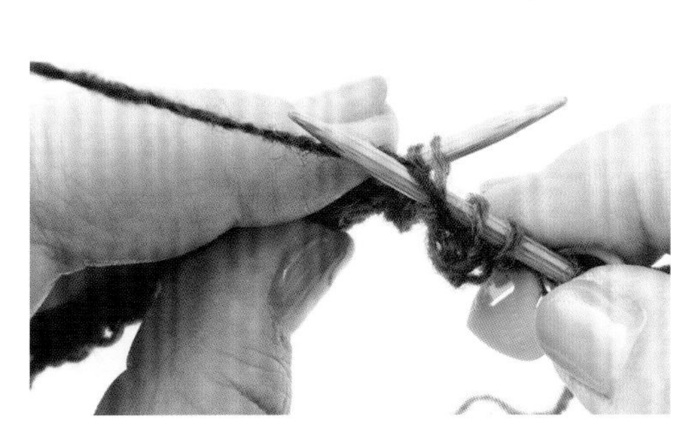

13. 挂上配色线织上针。

14. 按相同要领再织1针上针。重复"用底色线织2针下针，用配色线织2针上针"。

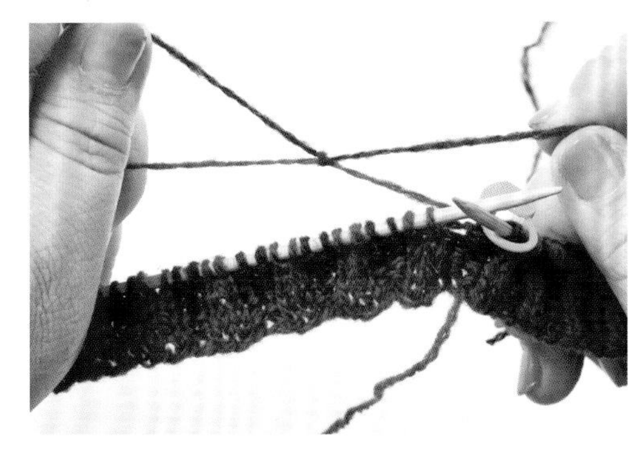

15. 第6行编织完成。换线后继续编织下一行。

16. 顺便说一下，出现中途暂停编织等情况时，插上棒针帽可以防止针目脱落，非常方便。

17. 下摆的罗纹针完成。每次更换配色线时，留出7cm左右的线头后剪断，将新的配色线松松地系在底色线上，再将线结移至底端后继续编织。

■	788・Leaf	深绿色	■	1290・Loganberry	深红紫色混染	□	720・Dewdrop	蓝绿色混染	□	760・Caspian	翠蓝色
□	122・Granite	浅灰色	■	870・Cocoa	暗橙色	□	1140・Granny Smith	嫩绿色	□	375・Flax	浅黄色

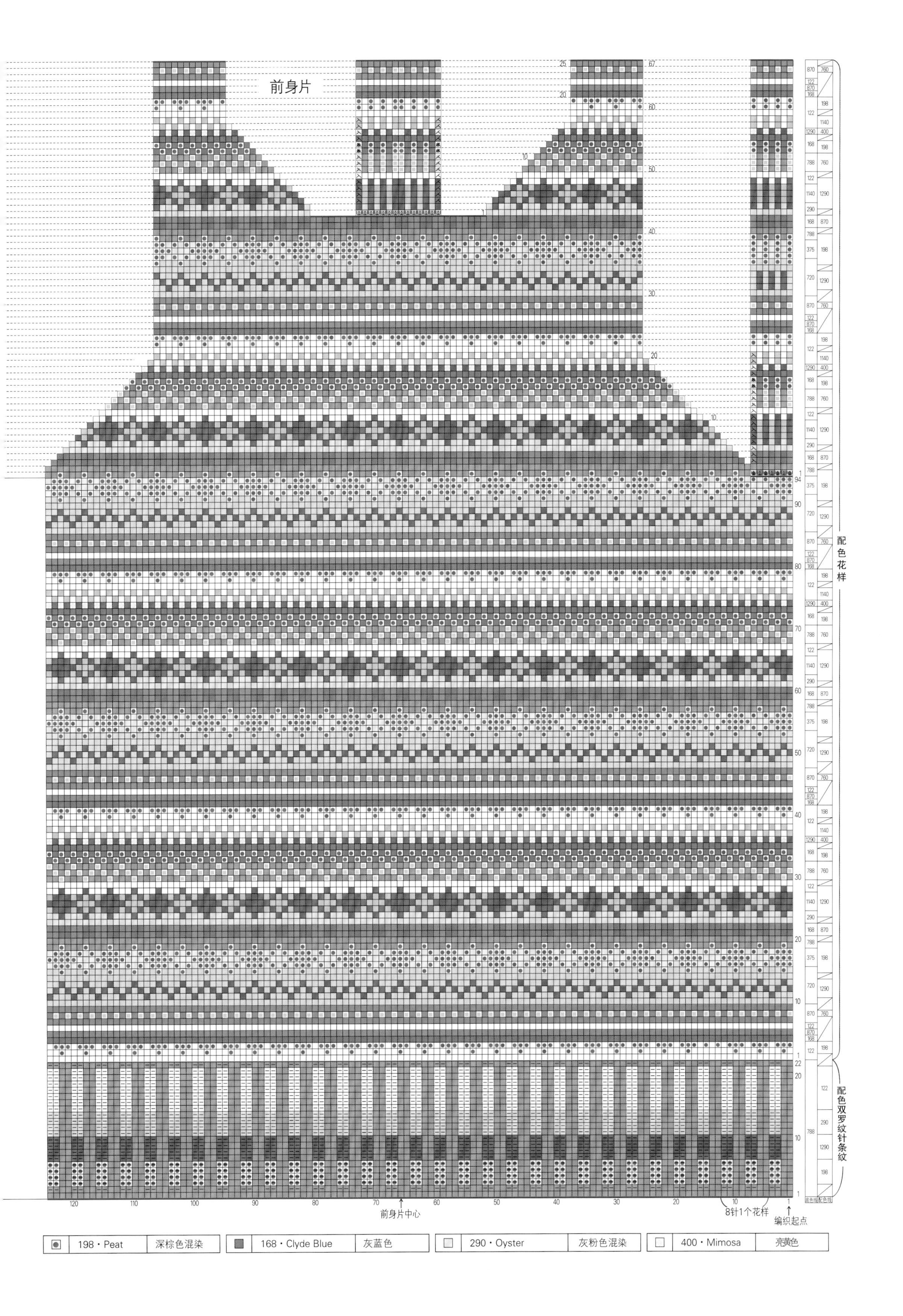
前身片
配色花样
配色双罗纹针条纹
前身片中心
8针1个花样
编织起点
198 · Peat
深棕色混染
168 · Clyde Blue
灰蓝色
290 · Oyster
灰粉色混染
400 · Mimosa
亮黄色

编织配色花样至腋下

从下摆接着编织配色花样至腋下。因为总是看着正面编织，所以编织起来毫无压力！

1. 编织至腋下的状态。

2. 反面会留下很多换色时的线头。到以后再做线头处理，所以暂时不用管。

一边编织额外加针部分，一边做袖窿的减针

编织额外加针部分，这一部分会在后面剪开。

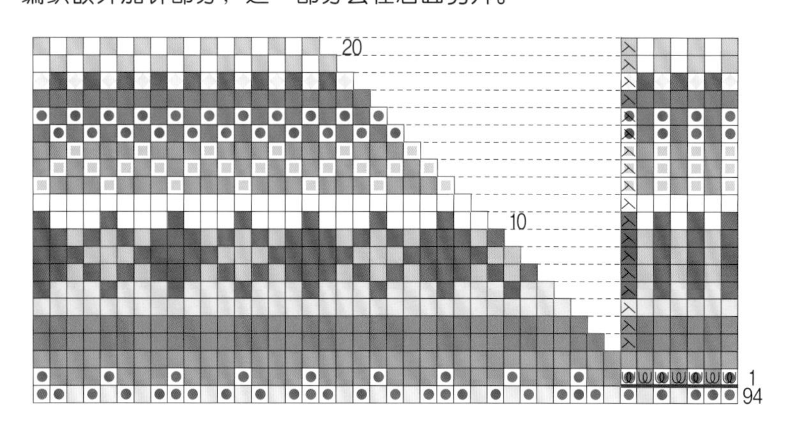

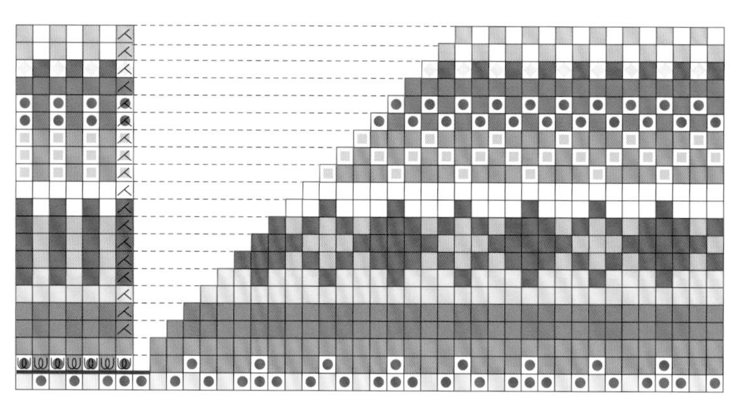

左袖窿（编织起点端）

1. 左袖窿的额外加针部分分成编织起点和编织终点两部分。在缝针中穿入另线，先从编织起点位置挑取7针。

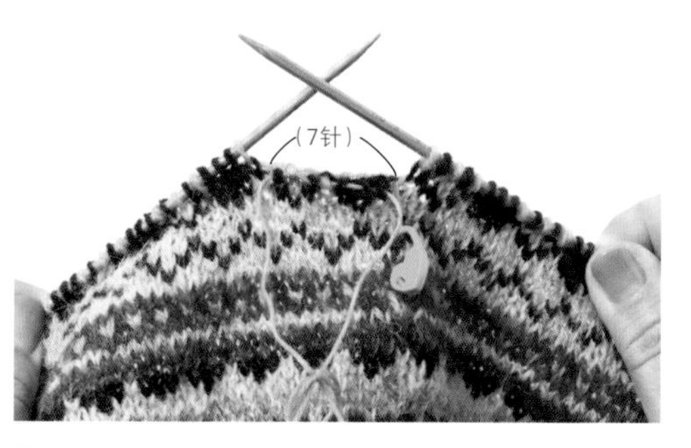

2. 将这7针做休针处理后的状态。将另线松松地打一个结，以免脱落。在编织起点位置放一个记号扣。

3. 用配色线制作一个线圈，套在针上。

4. 按相同要领，再用底色线做1个线圈，套在针上。

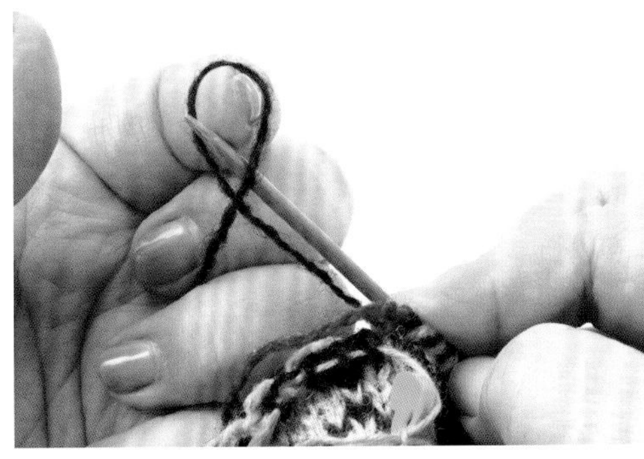

5. 底色线在前，配色线在后，再用配色线做1针卷针。

6. 松松地套在针上，拉至2个线圈旁。

7. 用底色线在配色线前面做1针卷针。

8. 按“配色线→底色线→配色线→底色线→配色线→底色线→配色线”交替起7针。

9. 接着参照符号图编织配色花样至右袖窿的额外加针部分。

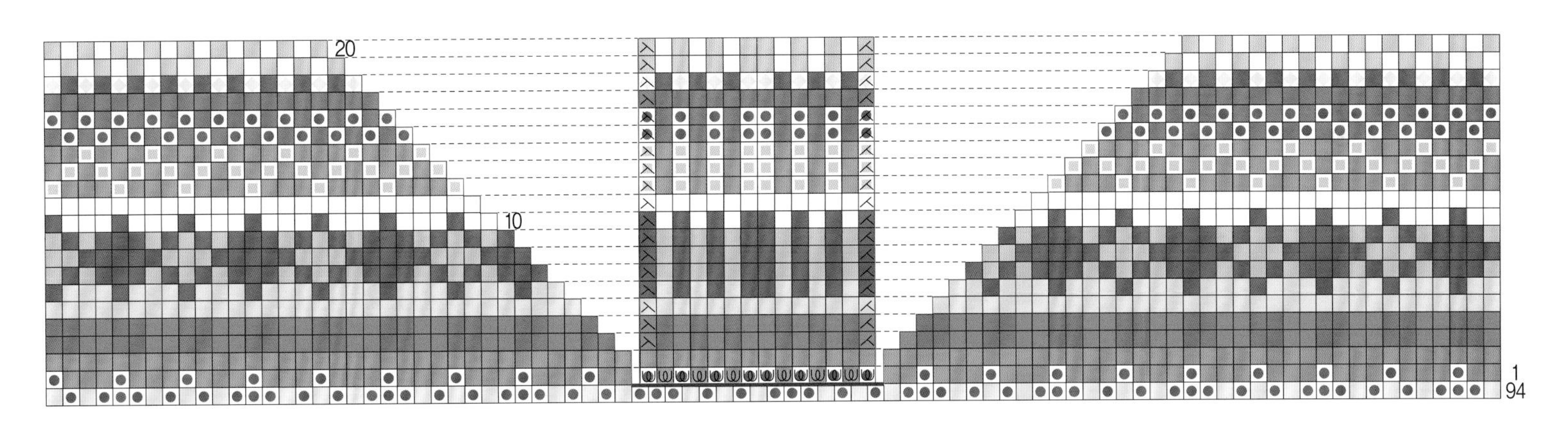

右袖窿

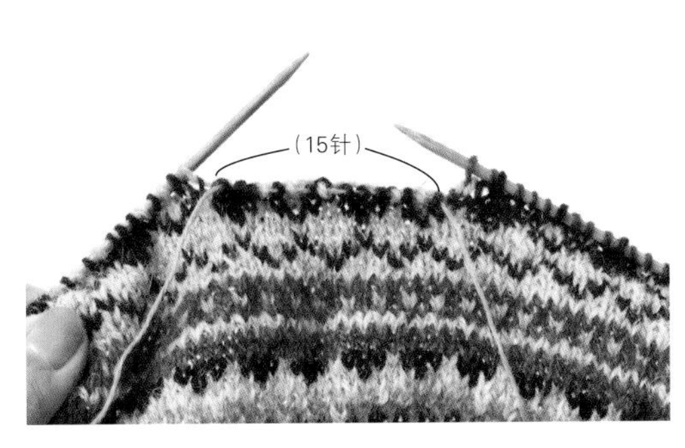

10. 编织至右袖窿的休针位置时，将前、后身片的15针做休针处理，将另线松松地打一个结。

11. 用配色线做1针卷针。

12. 底色线在前，配色线在后，按“配色线→底色线→配色线→底色线→配色线→底色线→配色线→配色线”的顺序做8针卷针。

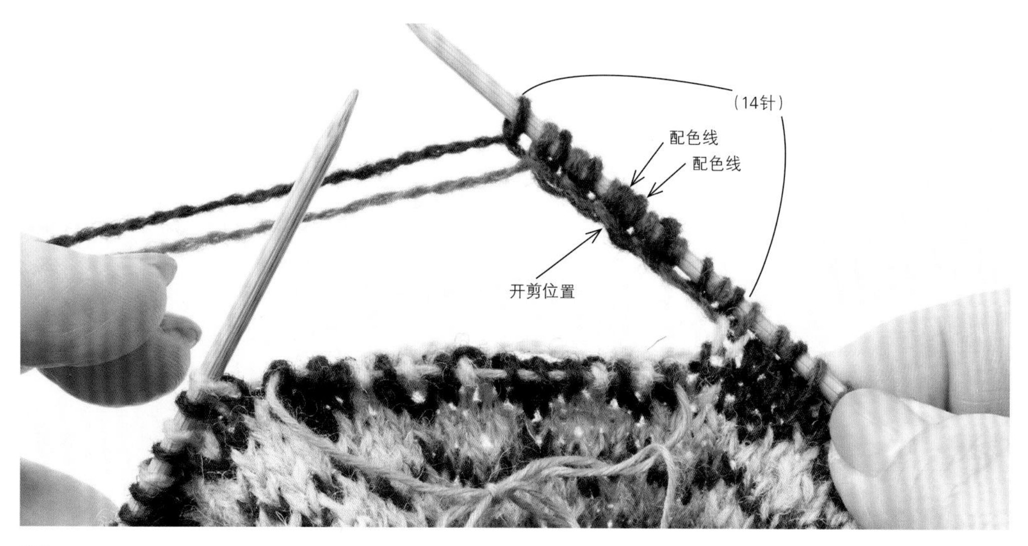

13. 按“配色线→底色线→配色线→底色线→配色线→底色线→配色线→配色线→底色线→配色线→底色线→配色线→底色线→配色线”的顺序一共起14针，中间的2针是配色线。这2针连续的配色线针目就是开剪的位置。

14. 继续编织配色花样至左袖窿的额外加针部分前。

左袖窿（编织终点端）

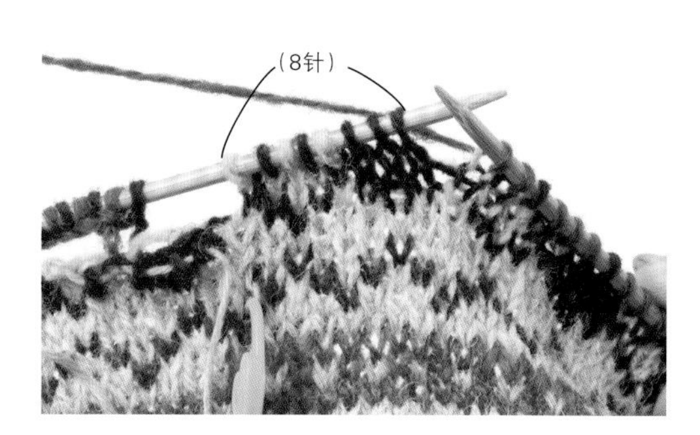

15. 编织至最后8针前的状态。

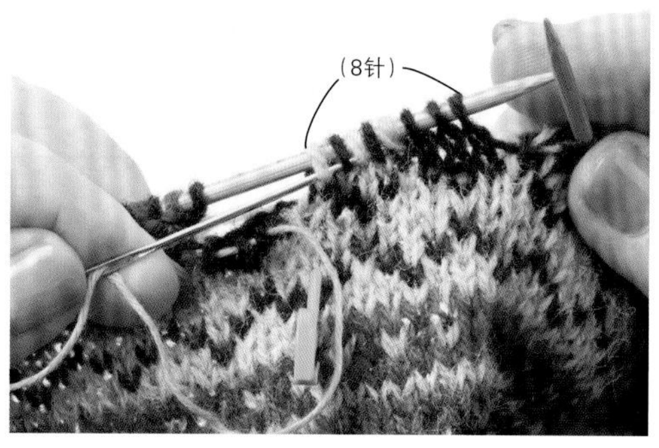

16. 解开编织起点的另线，穿入缝针后挑取8针，一共休针15针。

17. 用配色线做卷针。

第2行

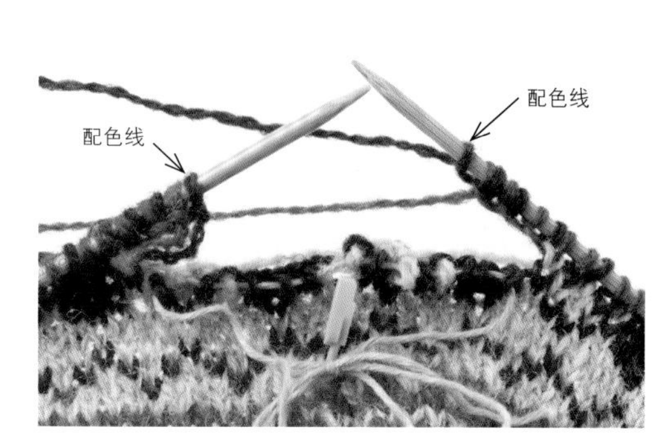

18. 按“配色线→底色线→配色线→底色线→配色线→底色线→配色线”做7针卷针。

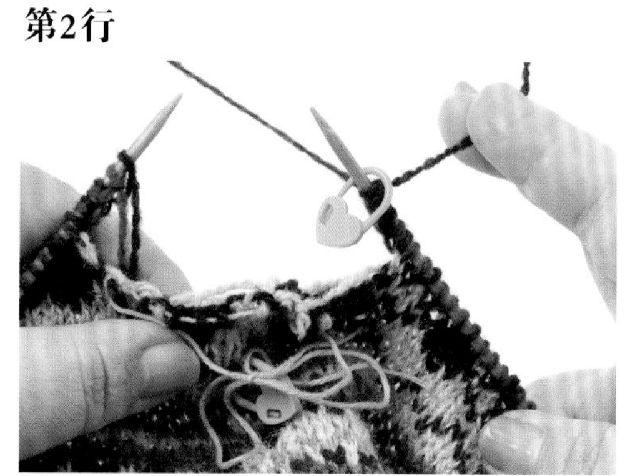

19. 在编织起点位置放入一个记号扣。

20. 参照符号图，无须加、减针编织配色花样的第2行。

右上2针并1针

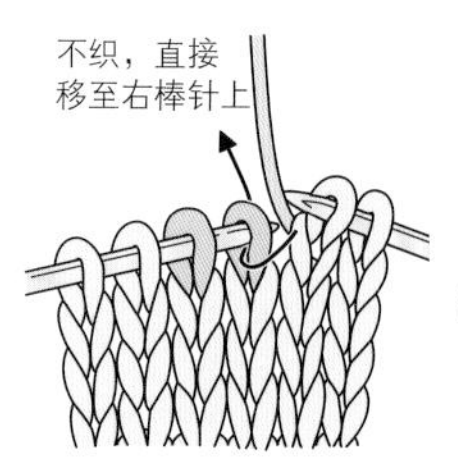

1. 右侧的针目不织，直接移至右棒针上。

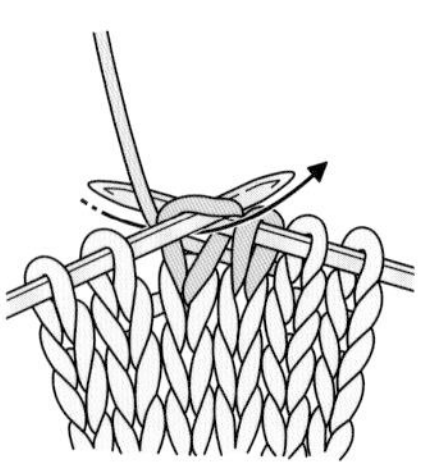

2. 在左侧的针目里织下针。

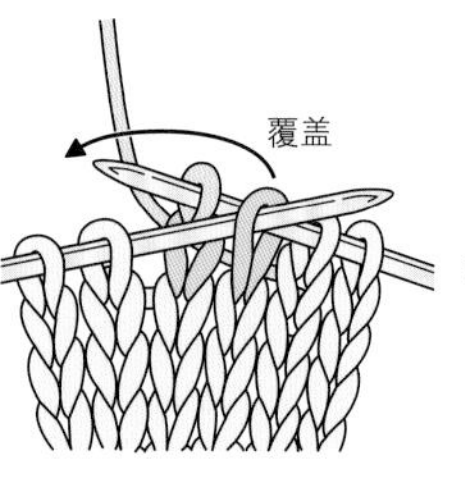

3. 将移至右棒针上的针目覆盖在刚才编织的针目上。

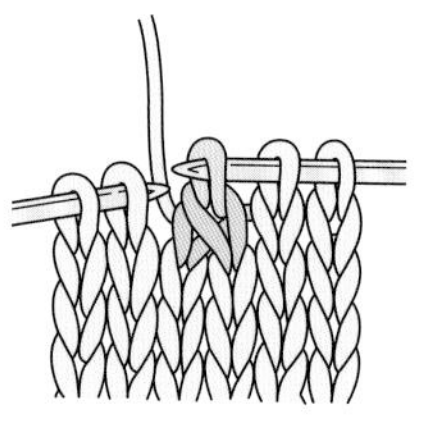

4. 右上2针并1针完成。

左上2针并1针

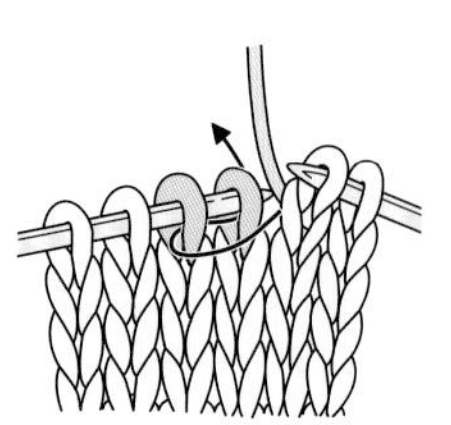

1. 从2针的左侧一起插入右棒针。

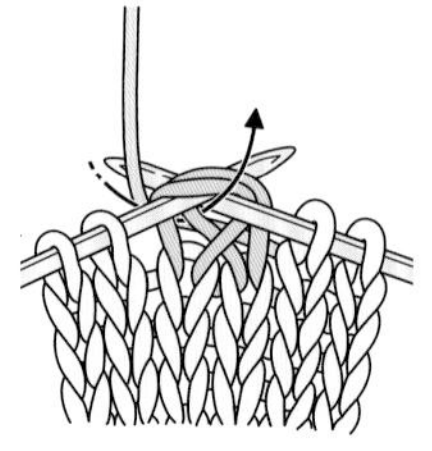

2. 在2个针目里一起织下针。

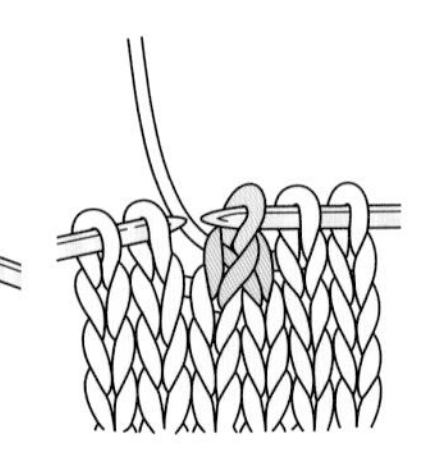

3. 左上2针并1针完成。

在袖窿处做2针并1针的减针

从第3行开始，一边编织一边减针，减针时使额外加针部分的边针位于上方。

第3行　左袖窿（编织起点端）

1. 同时更换底色线和配色线时，将编织至前一行的线剪断，再将2根新线系在底色线上并将线结移至底端。

2. 编织起点的额外加针部分按"配色线→底色线→配色线→底色线→配色线→底色线"的顺序编织。

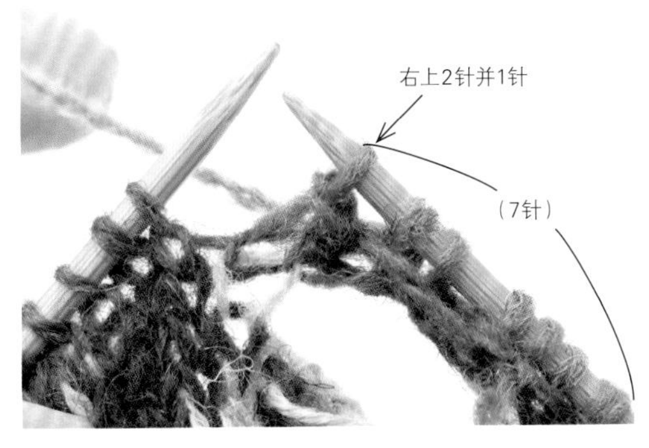

3. 将额外加针的第7针和左袖窿的边针做右上2针并1针的减针。然后继续编织至右袖窿。

右袖窿

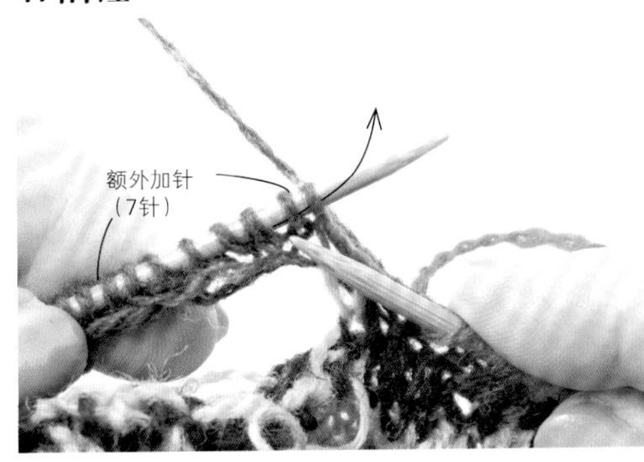

4. 编织至额外加针部分的前1针。如箭头所示，在右袖窿的边针和额外加针部分的右侧边针里插入右棒针。

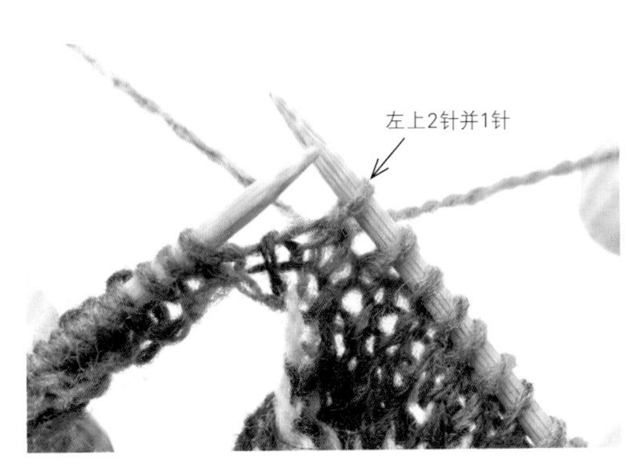

5. 拉出配色线，左上2针并1针完成。

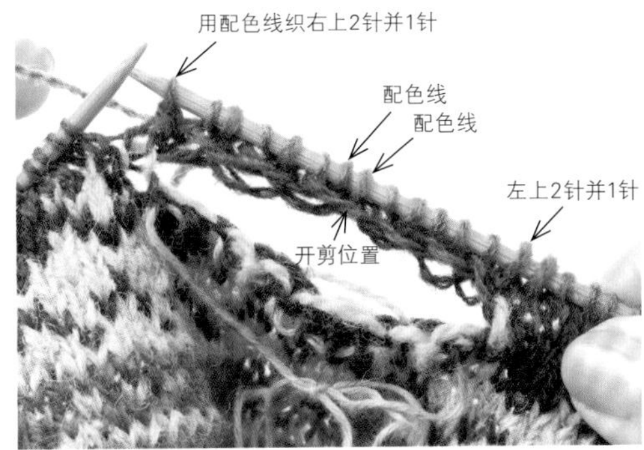

6. 按"左上2针并1针→底色线→配色线→底色线→配色线→底色线→配色线→配色线→底色线→配色线→底色线→配色线→底色线→右上2针并1针"编织额外加针部分。右袖窿左右两侧的减针完成。

左袖窿（编织终点端）

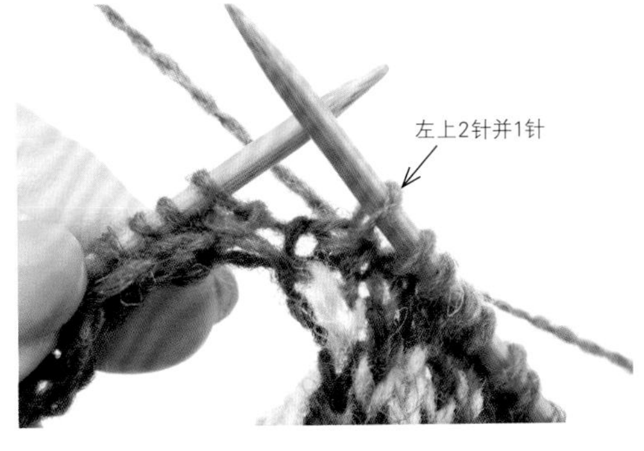

7. 编织至左袖窿的额外加针部分的前1针，用配色线在左袖窿的边针和额外加针部分的右侧边针里织左上2针并1针。

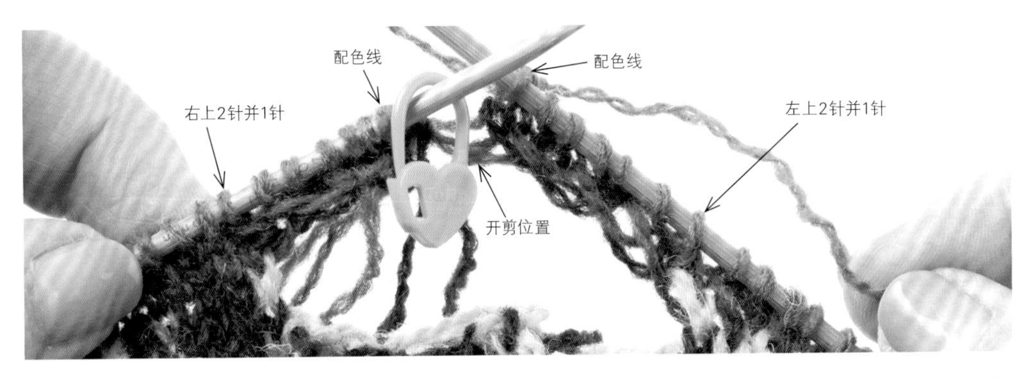

8. 按"左上2针并1针→底色线→配色线→底色线→配色线→底色线→配色线"编织额外加针部分，左袖窿连在了一起。至此，第3行完成。参照符号图，第4行之后一边继续编织一边减针，减针时也是使额外加针部分的边针位于上方。

左袖窿的额外加针部分

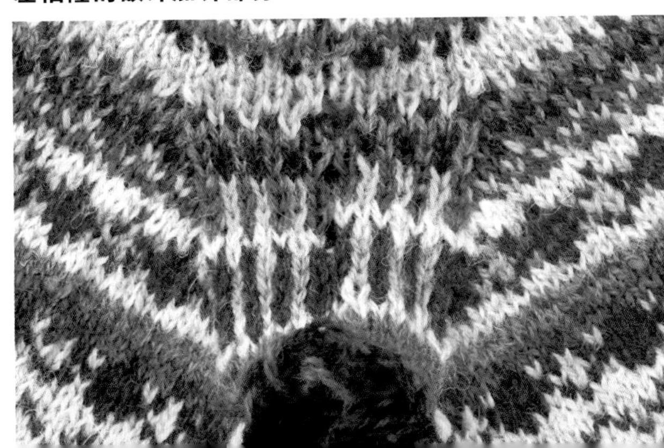

右袖窿的额外加针部分

一边编织额外加针部分，一边做领窝的减针

因为与袖窿的编织要领相同，领窝就更加轻松了。

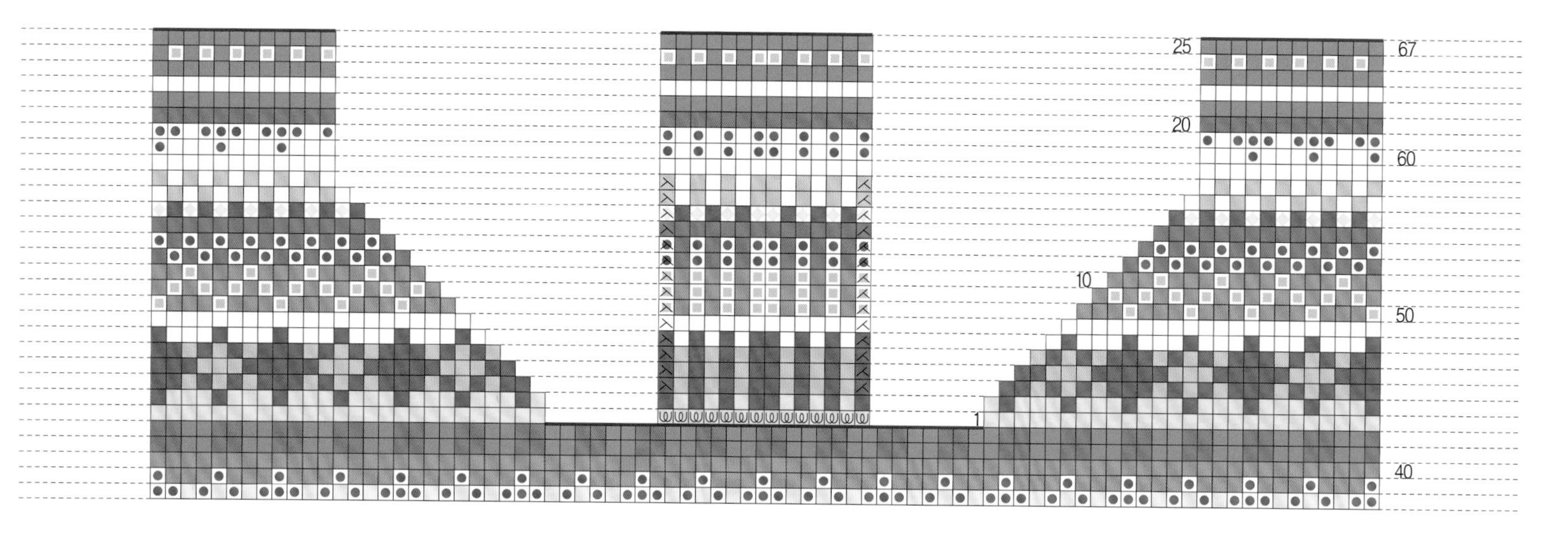

前领窝　第1行

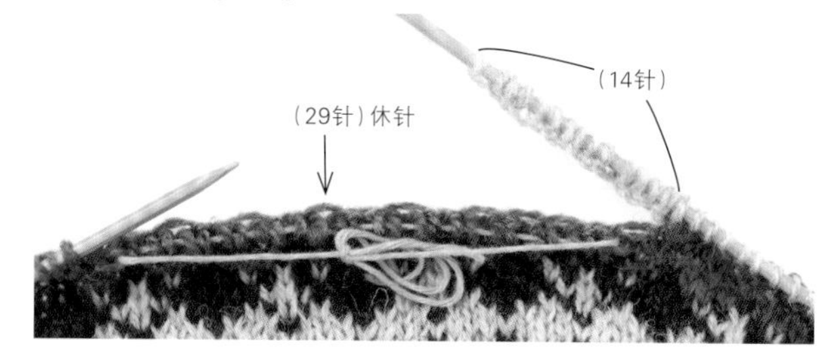

1. 编织至前领窝的休针位置，将29针穿至另线上休针。接着做14针卷针。

第2行

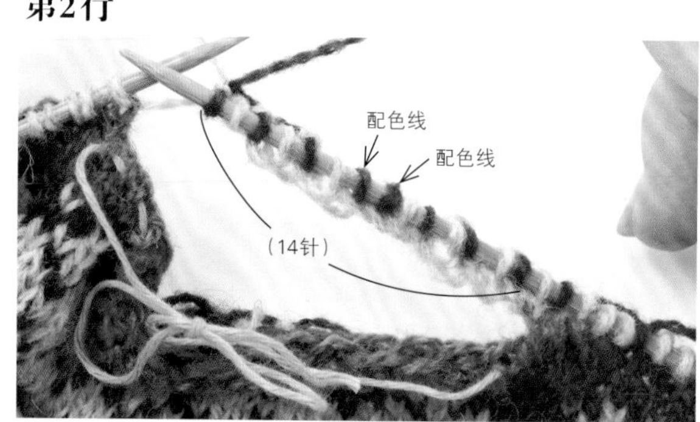

2. 第2行的额外加针部分按"配色线→底色线→配色线→底色线→配色线→底色线→配色线→配色线→底色线→配色线→底色线→配色线→底色线→配色线"编织。

第3行

3. 从第3行开始减针。编织至额外加针部分的前1针，在额外加针部分的前1针和额外加针部分的第1针里织左上2针并1针。

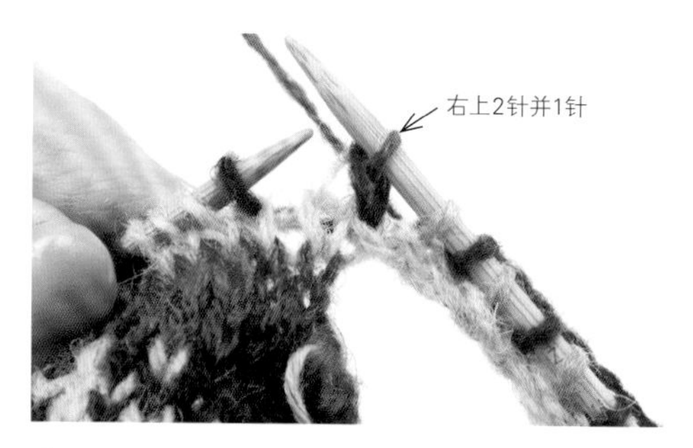

4. 接着编织额外加针部分，在额外加针部分的左侧边针和领窝的边针里织右上2针并1针。第4行之后也参照符号图进行减针，使额外加针部分的边针位于上方。

前领窝的额外加针部分

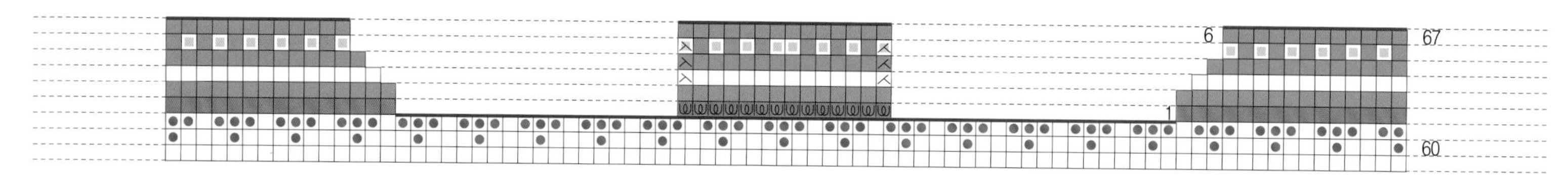

后领窝　第1行

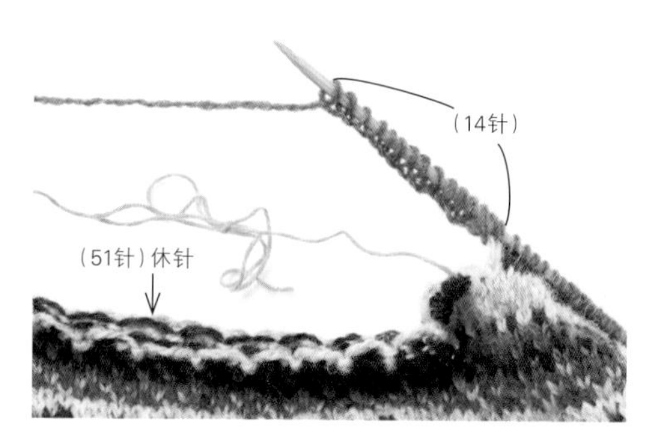

1. 编织至后领窝的休针位置，将51针穿至另线上休针。按与前领窝相同的编织要领，做14针卷针。减针也按与前领窝相同的编织要领，参照符号图编织。

2. 编织结束时，暂时将针目留在针上。

肩部的接合

虽然也可以使用棒针，但是用钩针做“引拔接合”更加简单、方便。

肩部的引拔接合

1. 编织至肩部后的状态。

2. 将织物翻至反面。将针目分成前后身片两部分，抽出环形针的连接绳。

3. 在前后两片的边针里插入钩针，挂线后一次性引拔。

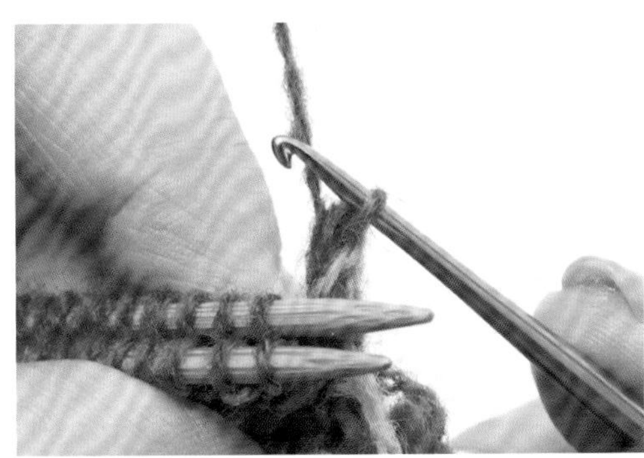

4. 将线拉出后的状态。

5. 按相同要领，重复“在棒针上的2个针目里插入钩针，挂线后一次引拔穿过3个线圈”。

6. 全部针目引拔完毕，接合至末端。

7. 最后在钩针上挂线，将线从线圈中拉出。

8. 将线圈拉长、拉大。

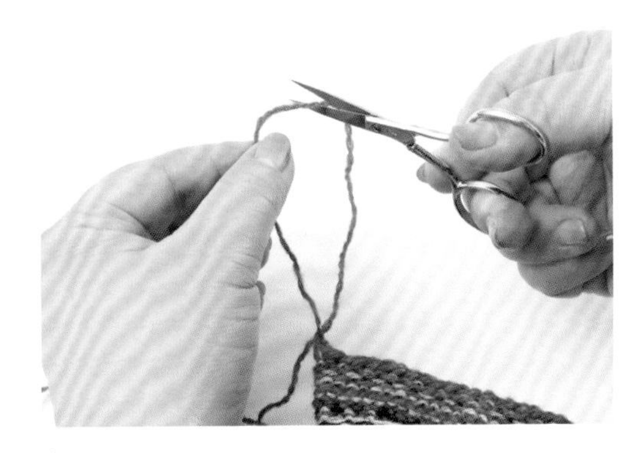

9. 将线剪断。

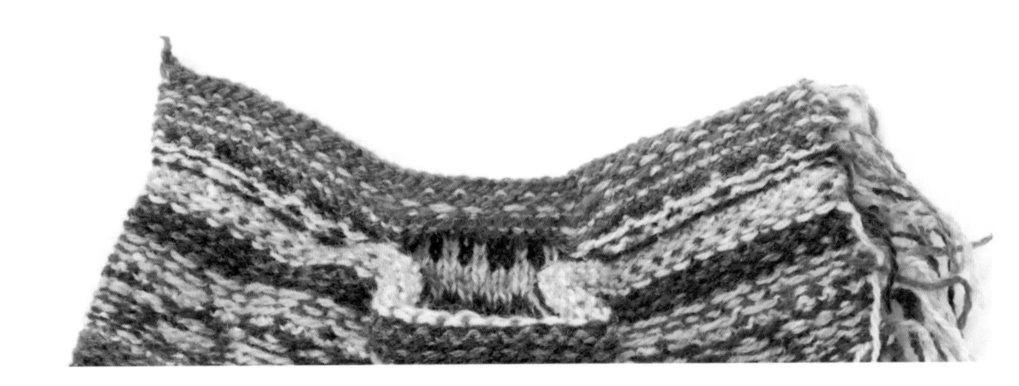

10. 肩部的引拔接合完成。额外加针部分的针目也必须全部连续引拔。

终于要剪开额外加针部分啦！

设得兰毛线的纤维容易相互缠绕毡化，即使剪开织物，针目也不会散开。话虽如此，还是有点紧张……首先从领窝开始剪吧。

领窝

1. 从前身片开始，在中间连续的2针配色线针目之间剪开。用手抵住内侧，以免剪到别的地方。

2. 在熟练之前，一点一点慢慢地往前剪。剪开后织物也不会散开，所以尽可以放心！

3. 继续剪开肩部的接合处和后领窝的额外加针部分。

4. 剪完的状态。

5. 剪开摊平后的状态。看起来已经有领窝的样子了。

挑针后编织领口

使用1号环形针挑取针目。

没有加、减针的地方，在额外加针部分和身片的针目之间挑针；2针并1针的地方，在重叠的2针的下方针目里插入棒针挑针。

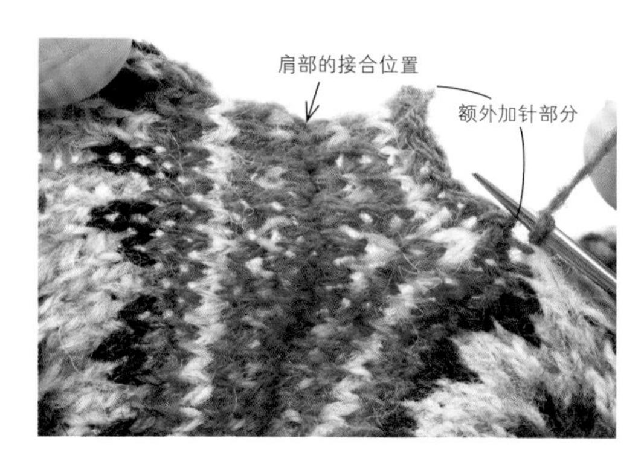

1. 使用1号环形针和底色线，从后领窝的额外加针部分开始挑针。在额外加针部分和身片的针目之间插入棒针将线挑出。

2. 2针并1针的地方，在重叠的2针的下方针目里插入棒针。

3. 将额外加针部分翻至前面，在棒针上挂线。

4. 将线拉出。

5. 从每一行上各挑取1针。

6. 跳过肩部的接合位置，继续从前身片挑针。

7. 前领窝的挑针要领相同，没有加、减针的地方在额外加针部分和身片的针目之间挑针，2针并1针的地方在重叠的2针的下方针目里插入棒针挑针。

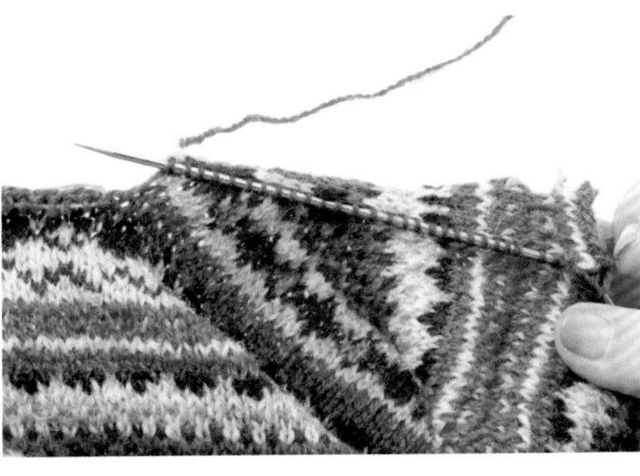

8. 挑针至前领窝的休针位置。

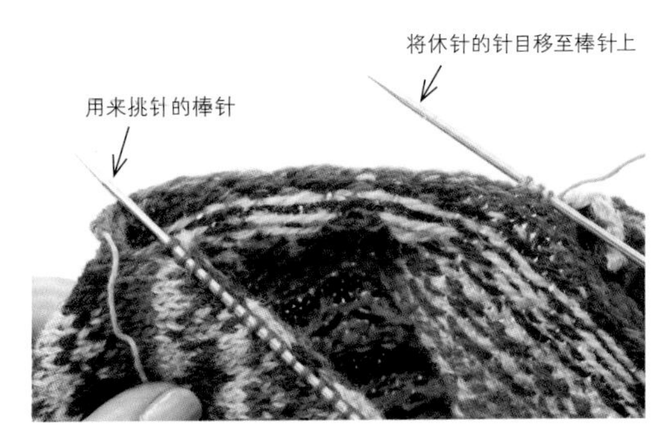

9. 看着织物的反面，将休针的针目移至另一端的棒针上。

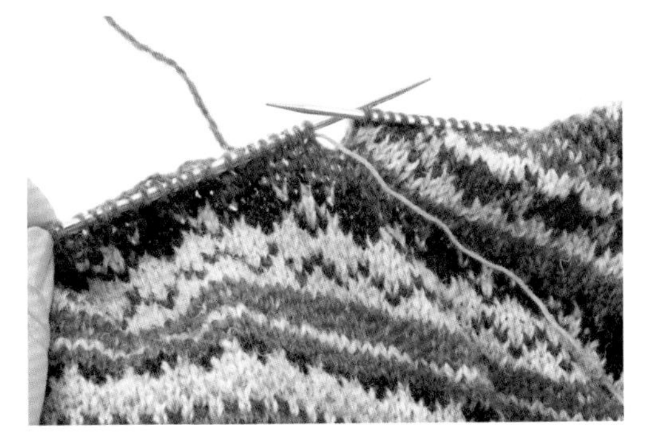

10. 可以这样操作正是环形针的一大优点。

11. 用底色线编织休针的针目。

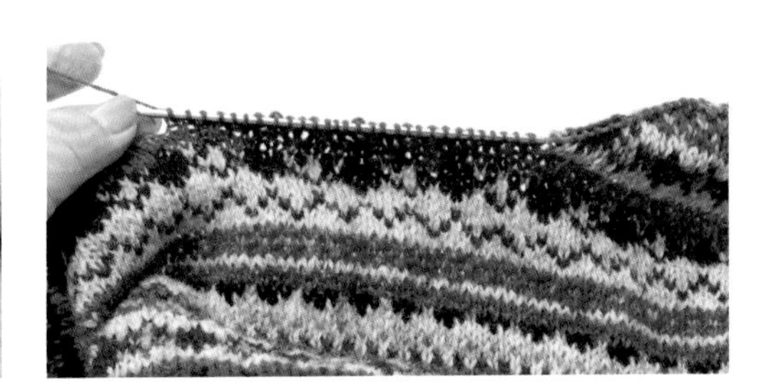

12. 在休针的针目里织下针，完成后的状态。

13. 另一端按相同要领，在额外加针部分和身片的针目之间插入棒针继续挑针。

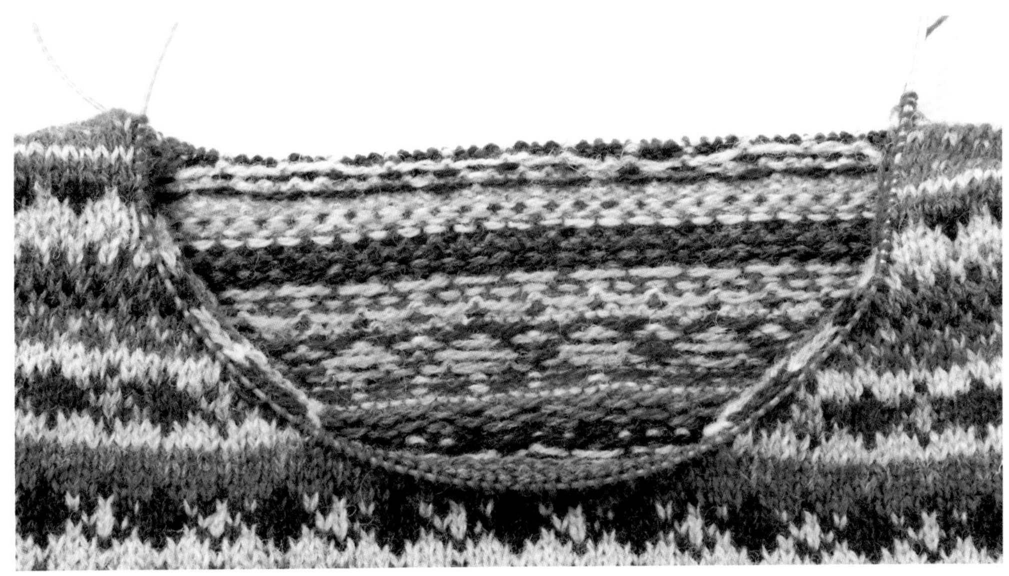

14. 从前后领窝挑针完成后的状态。挑取的针目未必刚好是被4除尽的双罗纹针的针数。针数是在第2行进行调整。

第2行

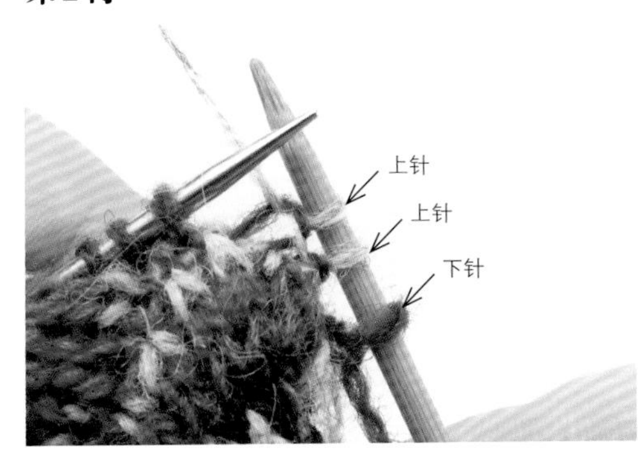

15. 从第2行开始换成3号环形针。用底色线织1针下针，用配色线织2针上针，然后继续编织双罗纹针。

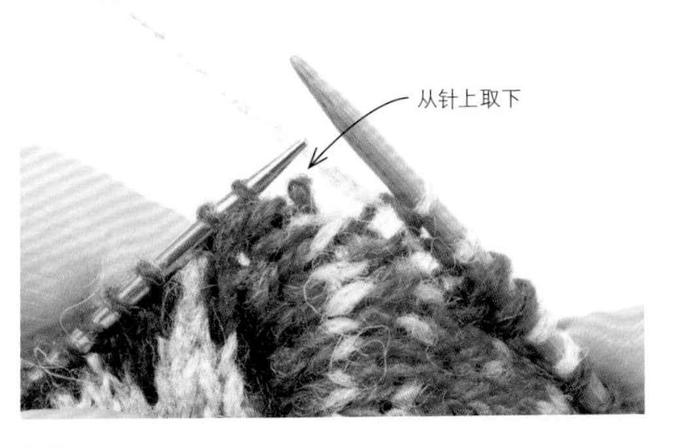

16. 为了使总针数能被4除尽进行调整时，会将挑取的针目从针上取下。因为是用较细的针挑取的针目，所以几乎没有什么影响。

17. 第2行完成。为了方便确认，在编织起点位置放入一个记号扣。

领口编织结束时用钩针收针

罗纹针编织结束时一般采用伏针收针。但是，我一定会使用钩针收针。

引拔收针

1. 领口编织结束。

2. 将第1针移至钩针上，挂线后引拔。

3. 引拔后的状态。

4. 因为第2针是上针，所以将线放到前面。

5. 从后往前插入钩针。

6. 在钩针上挂线，引拔。

7. 接下来，下针做下针的引拔收针，上针做上针的引拔收针。

8. 最后一针做下针的引拔收针。

9. 直接将线圈拉长，将线剪断。

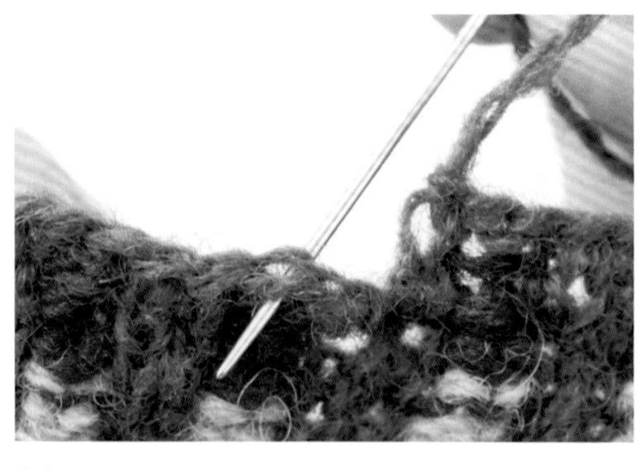

10. 将线头穿入缝针，挑起最初的引拔针目的2根线穿针。

11. 再将缝针穿回至编织终点的针目里。

12. 领口完成。

剪开额外加针部分，编织袖口

使用1号环形针挑取针目。
2针并1针的地方，
在重叠的2针的下方针目里插入棒针挑针；
没有加、减针的地方，在额外加针
部分和身片的针目之间挑针。

1. 为了避免剪到肩部接合的线，先放入一个记号扣。

2. 用手抵住织物，在中间连续的2针配色线针目之间剪开。

3. 剪完后的状态。

袖窿的挑针

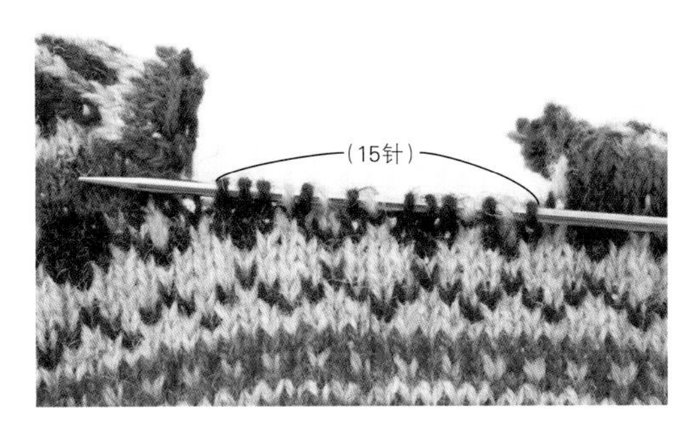

4. 将休针的15针移至1号环形针上。

第1行

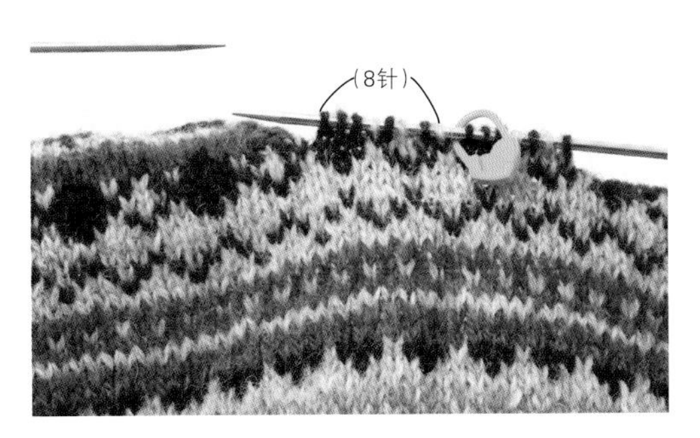

5. 因为编织时要分成前身片的8针和后身片的7针，所以在编织起点位置放入一个记号扣。

6. 将编织起点位置前面的针目移至另一端的棒针上。

7. 用底色线编织8针下针至额外加针部分前。

第2行

8. 没有加、减针的地方在额外加针部分和身片的针目之间挑针，2针并1针的地方在重叠的2针的下方针目里插入棒针挑针。

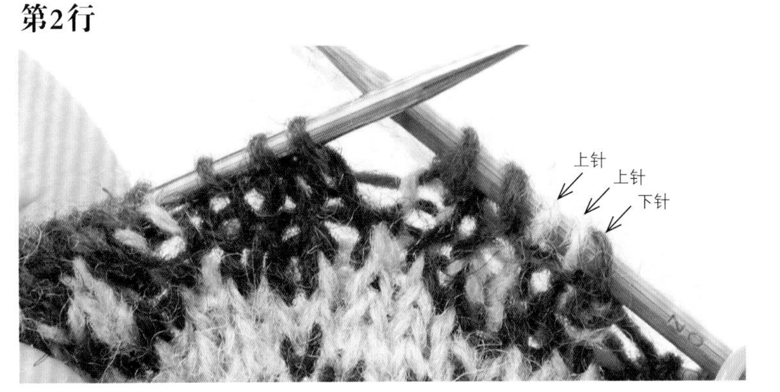

9. 与领窝一样，从第2行开始换成3号环形针编织。挑取的针目未必刚好是被4除尽的双罗纹针的针数，需要在第2行进行调整。这里先用底色线织1针下针，用配色线织2针上针，然后继续编织双罗纹针。结束时用钩针做引拔收针。

各部位的收尾处理

剩下的线头和额外加针部分稍做处理后，整件作品就完成了。

线头处理

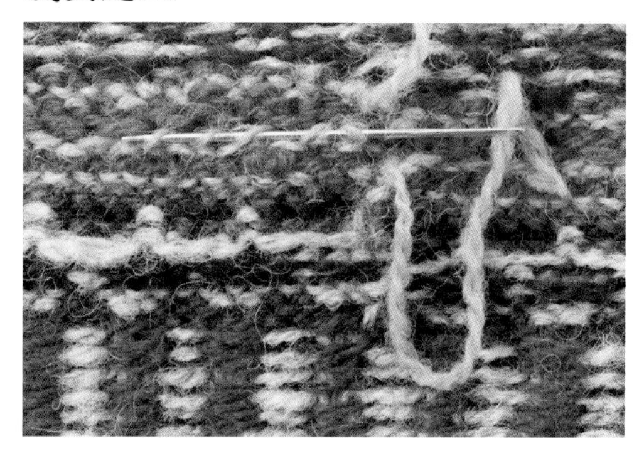

1. 将线头穿入横向渡线的同色线中，藏好线头。

2. 线头比较短时，先将缝针穿进渡线中。

3. 然后再将线头穿入缝针，拉出缝针藏好线头。

额外加针部分的收尾处理

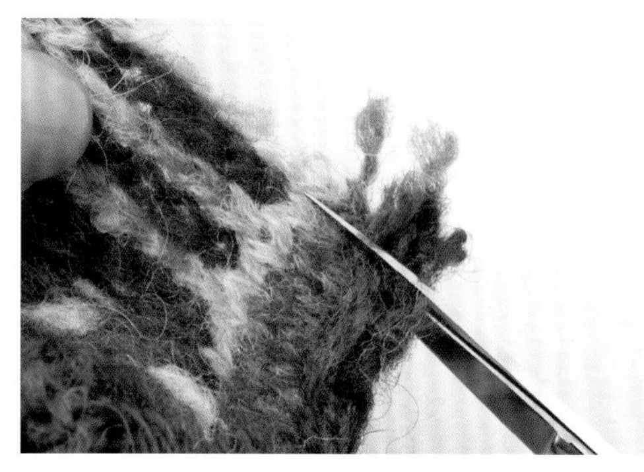

1. 将额外加针部分留下5针后剪掉多余的边针。不过在剪之前最好先用蒸汽熨斗整烫一下。

2. 与剪开额外加针部分的要领相同，请使用锋利的剪刀。

3. 因为几乎不会发生边缘绽开的情况，所以设得兰当地的编织者中也有人“做到这一步就结束了”。

4. 还差一步就完成了。将边上的2针向内折，用定位针固定好。

5. 挑起第3针的半针、第4针的半针以及身片一侧的线做藏针缝。

6. 转弯处也按每2行缝1针的间隔做藏针缝。

7. 从反面用蒸汽熨斗熨烫平整就完成了。

8. 完成！当然，也可以过一遍水后，用定位针固定好再进行熨烫，方法有很多种。不过，现在可以买到的设得兰毛线的品质非常优良，我觉得只要用蒸汽熨斗熨烫一下效果就已经非常好了。

Fair Isle Knitting Column ❹

Enjoy Original Color

色彩丰富，随意搭配！
编织独一无二的毛衣

如前所述，做费尔岛编织时，决定如何配色和组合图案虽然令人愉快，却也不是那么容易的事情。本书中介绍的作品都是我精心设计的，其中有的作品使用了将近20种颜色。

那么，大家打算编织时，是否一定能买到相同颜色的线材呢？实际上，我在编织订制作品时，也时常会碰上想用的颜色缺货的情况。由于设得兰毛线的厂商并非大规模生产，往往要等积累到一定的订单才会染线。

这里插一个题外话，飞往设得兰的小型飞机经常会停航，特别是夏季。有一次我苦等了很久，最后那天的航班还是被取消了，我想可能是我运气不太好吧……直到设得兰当地的居民告诉我说这是常有的事，才平静下来。按日本人的常识，交通工具应该准点运行，如果转机的航班延误了，也会等乘客的。从设得兰居民的生活节奏来看，这种想法似乎显得太过于死板了。

同理，关于设得兰毛线，最好放弃"一定能买到想要的颜色"这样的想法。相反，设得兰毛线颜色丰富齐全，即使没有完全相同的颜色，也能找到很多可以替代的颜色。如果再加入别的颜色，也有可能编织出与我的设计不同的全新作品。希望大家都能编织出自己的独创作品，所以特意在本书封面、封底的反面印制了空白的方格图绘图纸，请大家有效利用起来。

此外，本书中介绍的线材很多是Jamieson's的品牌线。作品4（p.58）和附有步骤详解的开衫作品10（p.66），如果使用其他厂商的线材编织，可以对应选择什么颜色呢？为此，我特意制作了下面的表格供大家参考。就像设得兰的编织者们一样，希望大家不要拘泥于厂商，尝试各种组合搭配，灵活使用。

4

Jamieson's Shetland Spindrift ···▸ J&S Heritage

	色号 · 英文名称	颜色名
	198 · Peat	深棕色混染
	168 · Clyde Blue	灰蓝色
	1160 · Scotch Broom	姜黄色混染
	525 · Crimson	深红色
	343 · Ivory	象牙白色
	375 · Flax	浅黄色
	805 · Spruce	灰绿色
	350 · Lemon	柠檬黄色

	英文名称
	peat
	indigo
	auld gold
	madder
	snaa white
	auld gold
	moss green
	fluga white

10

Jamieson's Shetland Spindrift ···▸ J&S Heritage ···▸ 芭贝(Puppy) British Fine

	色号 · 英文名称	颜色名
	727 · Admiral Navy	藏青色
	587 · Madder	暗橙红色
	289 · Gold	金黄色
	343 · Ivory	象牙白色
	108 · Moorit	棕色

	英文名称
	mussel blue
	berry wine
	auld gold
	snaa white
	shade moorit

	色号
	005
	013
	035
	001
	024

[材料和工具]

用线…Jamieson's Shetland Spindrift

色号、颜色名、使用量参照下表

用针…3号环形针（80cm）、1号环形针（80cm），钩针3/0号

[成品尺寸]

胸围99cm、肩背宽37cm、衣长64cm

[密度]

10cm×10cm 面积内：配色花样29针、31行

[编织要点]

※ 挑针时用1号环形针，其他均用3号环形针编织。

1. 起针。→ p.32
2. 环形编织罗纹针。→ p.32
3. 接着编织配色花样。
4. 一边编织额外加针部分，一边做袖窿的减针。→ p.36
5. 一边编织额外加针部分，一边做领窝的减针。→ p.40
6. 肩部用钩针做引拔接合。→ p.41
7. 剪开领窝的额外加针部分，编织领口。→ p.42
8. 编织结束时用钩针做引拔收针。→ p.44
9. 剪开袖窿的额外加针部分，编织袖口。→ p.45
10. 编织结束时用钩针做引拔收针。→ p.44
11. 线头处理和额外加针部分的收尾处理。→ p.46
12. 用蒸汽熨斗整烫定型。→ p.46

※ 编织花样全图参照 p.142

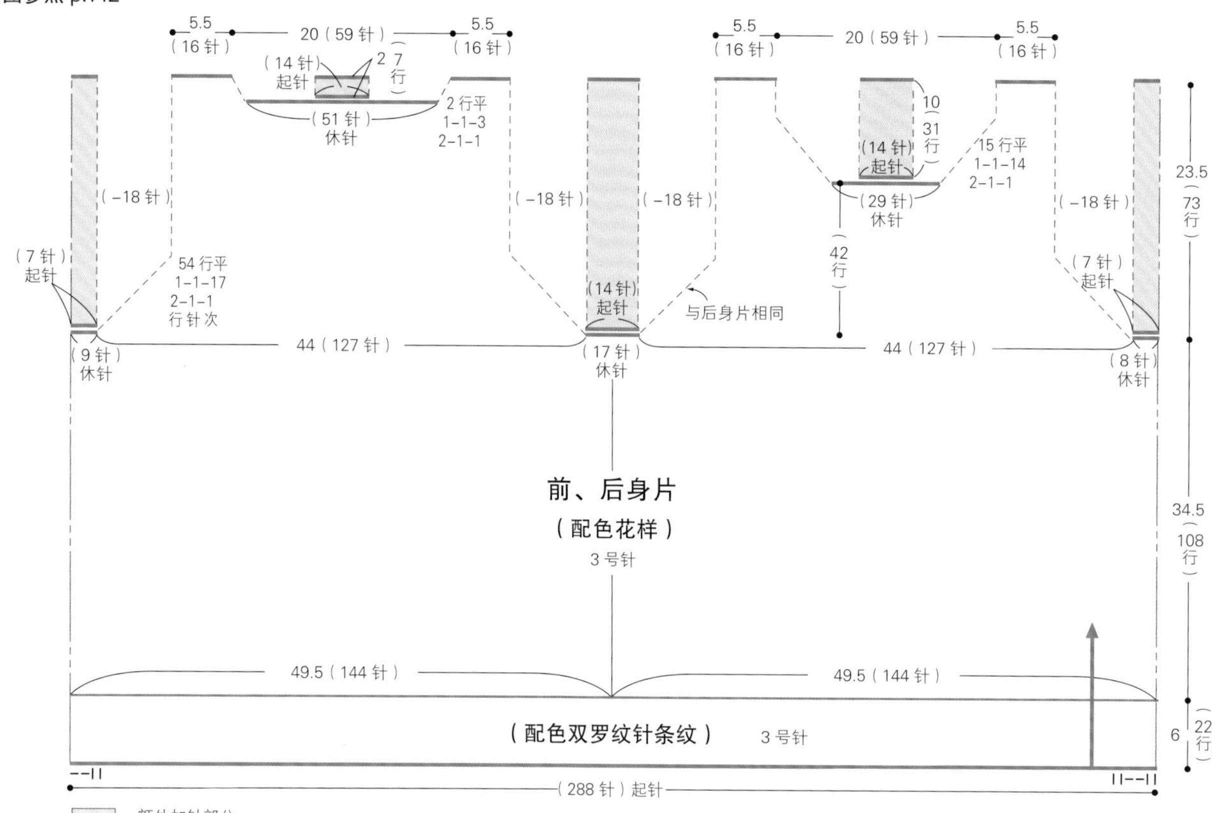

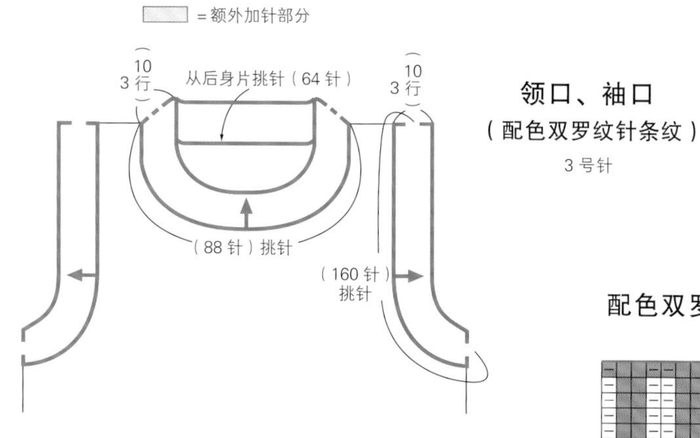

配色双罗纹针条纹

领口、袖口

引拔收针 3/0号

□ = ⊡ 配色编织下针

编织起点

配色双罗纹针条纹

下摆

□ = ⊡ 配色编织下针

编织起点

色号、颜色名、使用量

	色号 · 英文名称	颜色名	使用量
■	788 · Leaf	深绿色	35 g / 2 团
□	122 · Granite	浅灰色	35 g / 2 团
●	198 · Peat	深棕色混染	30 g / 2 团
■	1290 · Loganberry	深红紫色混染	25 g / 1 团
■	870 · Cocoa	暗橙色	20 g / 1 团
■	168 · Clyde Blue	灰蓝色	20 g / 1 团
□	720 · Dewdrop	蓝绿色混染	15 g / 1 团
□	1140 · Granny Smith	嫩绿色	15 g / 1 团
□	290 · Oyster	灰粉色混染	15 g / 1 团
□	760 · Caspian	翠蓝色	少量 / 1 团
□	375 · Flax	浅黄色	少量 / 1 团
□	400 · Mimosa	亮黄色	少量 / 1 团

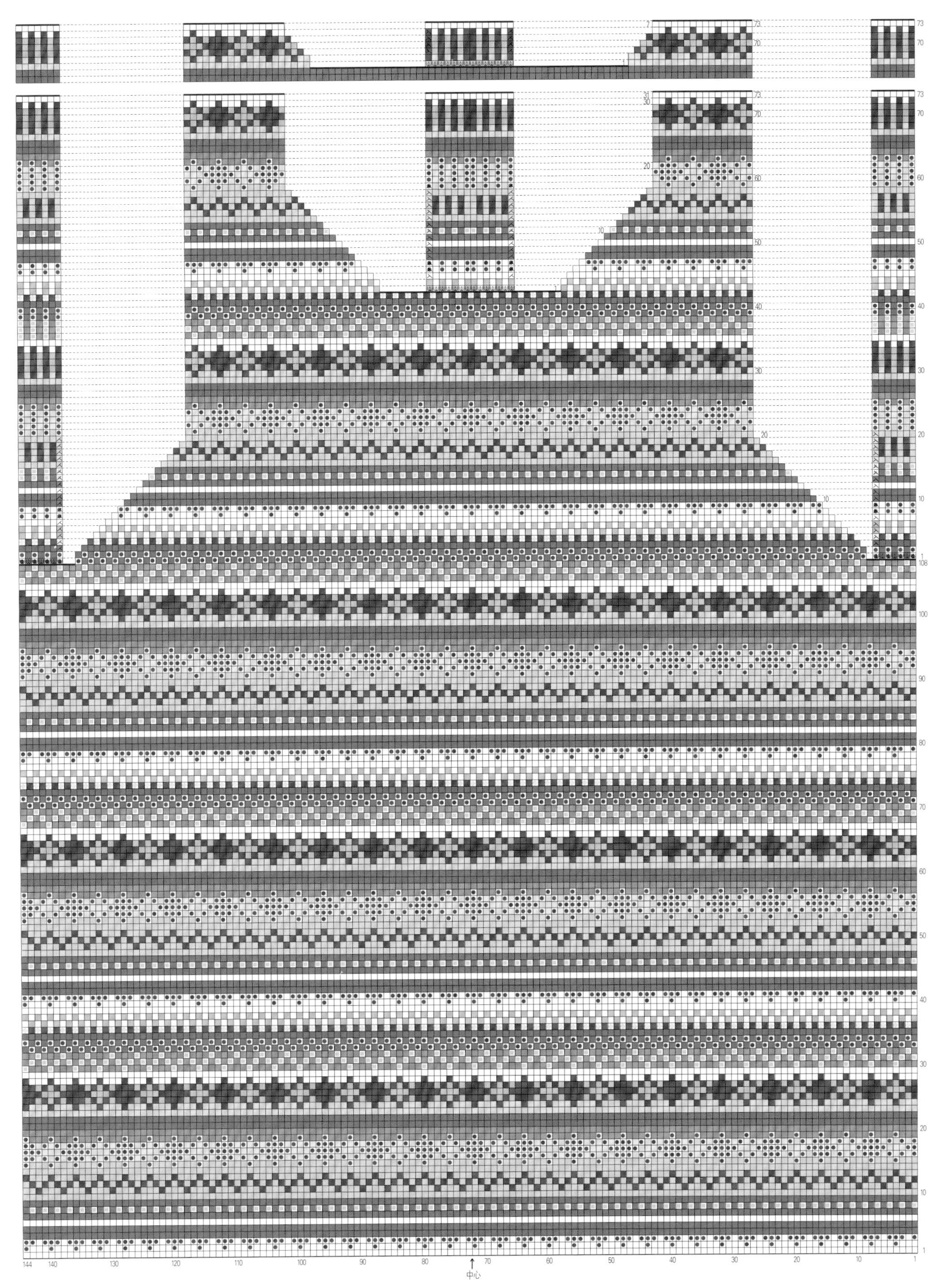

※ 花样由中心向左右两侧对称分布，前、后身片的编织起点相同

[材料和工具]

用线…Jamieson's Shetland Spindrift

色号、颜色名、使用量参照下表

用针…3号环形针（80cm）、1号环形针（80cm），钩针3/0号

[成品尺寸]

胸围87cm、肩背宽34cm、衣长56.5cm

[密度]

10cm×10cm 面积内：配色花样31针、33行

[编织要点]

※ 挑针时用1号环形针，其他均用3号环形针编织。

1. 起针。→ p.32
2. 环形编织罗纹针。→ p.32
3. 在第1行加针后编织配色花样。→ p.70
4. 一边编织额外加针部分，一边做袖窿的减针。→ p.36
5. 一边编织额外加针部分，一边做领窝的减针。→ p.40
6. 肩部用钩针做引拔接合。→ p.41
7. 剪开领窝的额外加针部分，编织领口。→ p.42
8. 编织结束时用钩针做引拔收针。→ p.44
9. 剪开袖窿的额外加针部分，编织袖口。→ p.45
10. 编织结束时用钩针做引拔收针。→ p.44
11. 线头处理和额外加针部分的收尾处理。→ p.46
12. 用蒸汽熨斗整烫定型。→ p.46

※ 编织花样全图参照 p.143

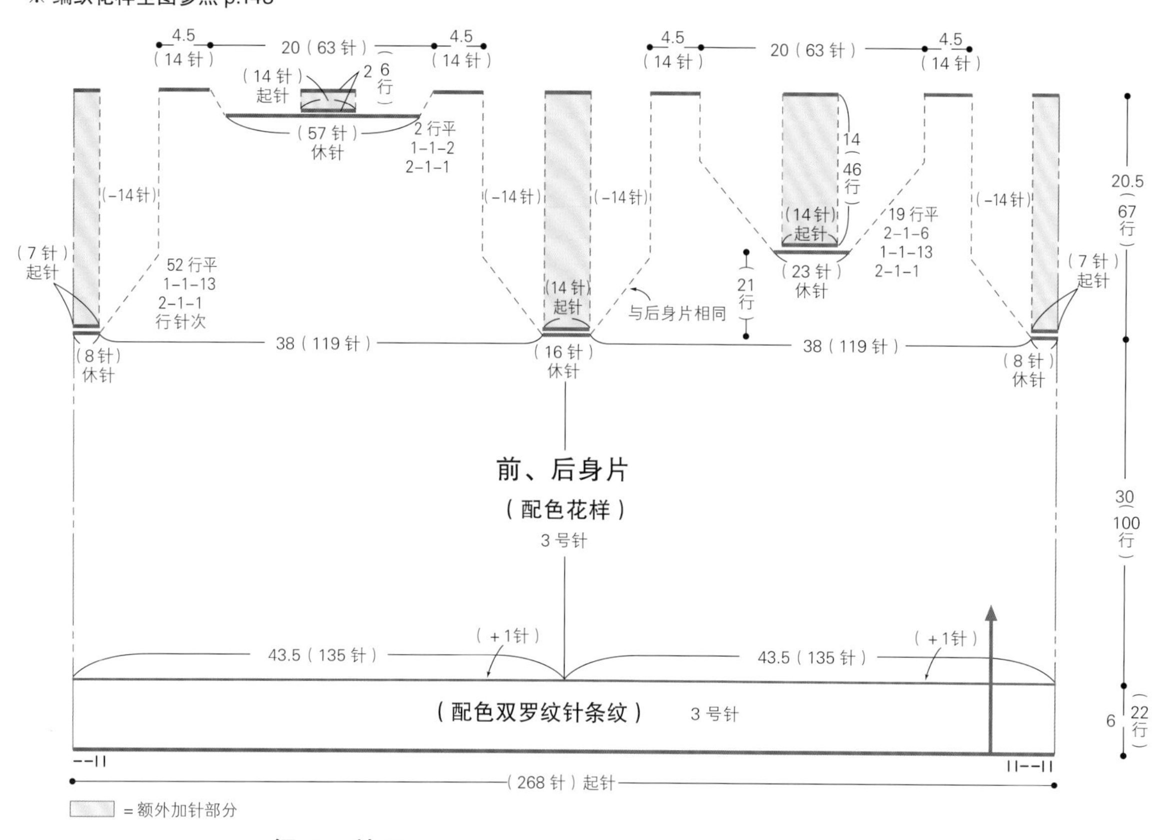

配色双罗纹针条纹

下摆

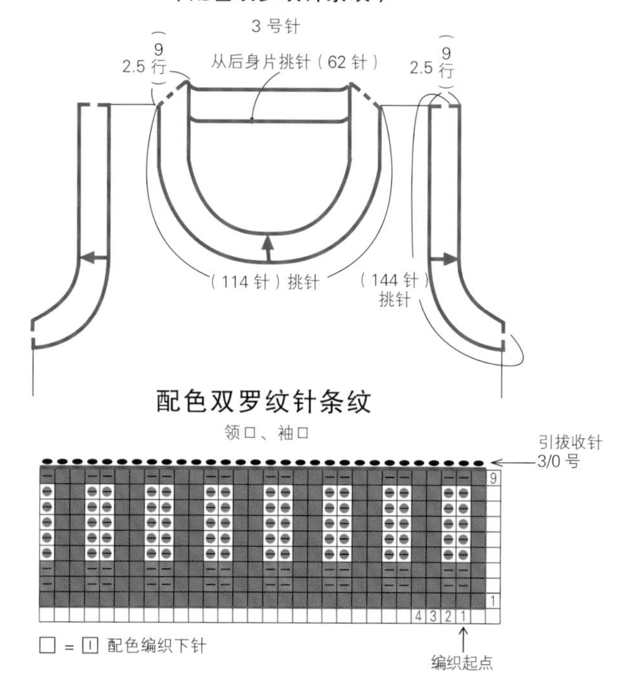

色号、颜色名、使用量

	色号 · 英文名称	颜色名	使用量
■	106 · Mooskit	米色	80g / 4团
■	680 · Lunar	灰蓝色	20g / 1团
■	105 · Eesit	浅米色	15g / 1团
■	805 · Spruce	灰绿色	15g / 1团
■	293 · Port Wine	酒红色	15g / 1团
■	294 · Blueberry	深紫色混染	15g / 1团
■	616 · Anemone	紫色	10g / 1团
■	575 · Lipstick	玫红色	10g / 1团
■	576 · Cinnamon	砖红色	5g / 1团
■	880 · Coffee	深棕色	5g / 1团
■	147 · Moss	苔绿色混染	5g / 1团
■	274 · Green Mist	薄荷绿色混染	5g / 1团
■	375 · Flax	浅黄色	少量 / 1团
■	526 · Spice	灰红色	少量 / 1团
■	259 · Leprechaun	黄绿色混染	少量 / 1团
■	1020 · Nighthawk	蓝绿色	少量 / 1团
■	1160 · Scotch Broom	姜黄色混染	少量 / 1团
■	180 · Mist	浅紫色混染	少量 / 1团

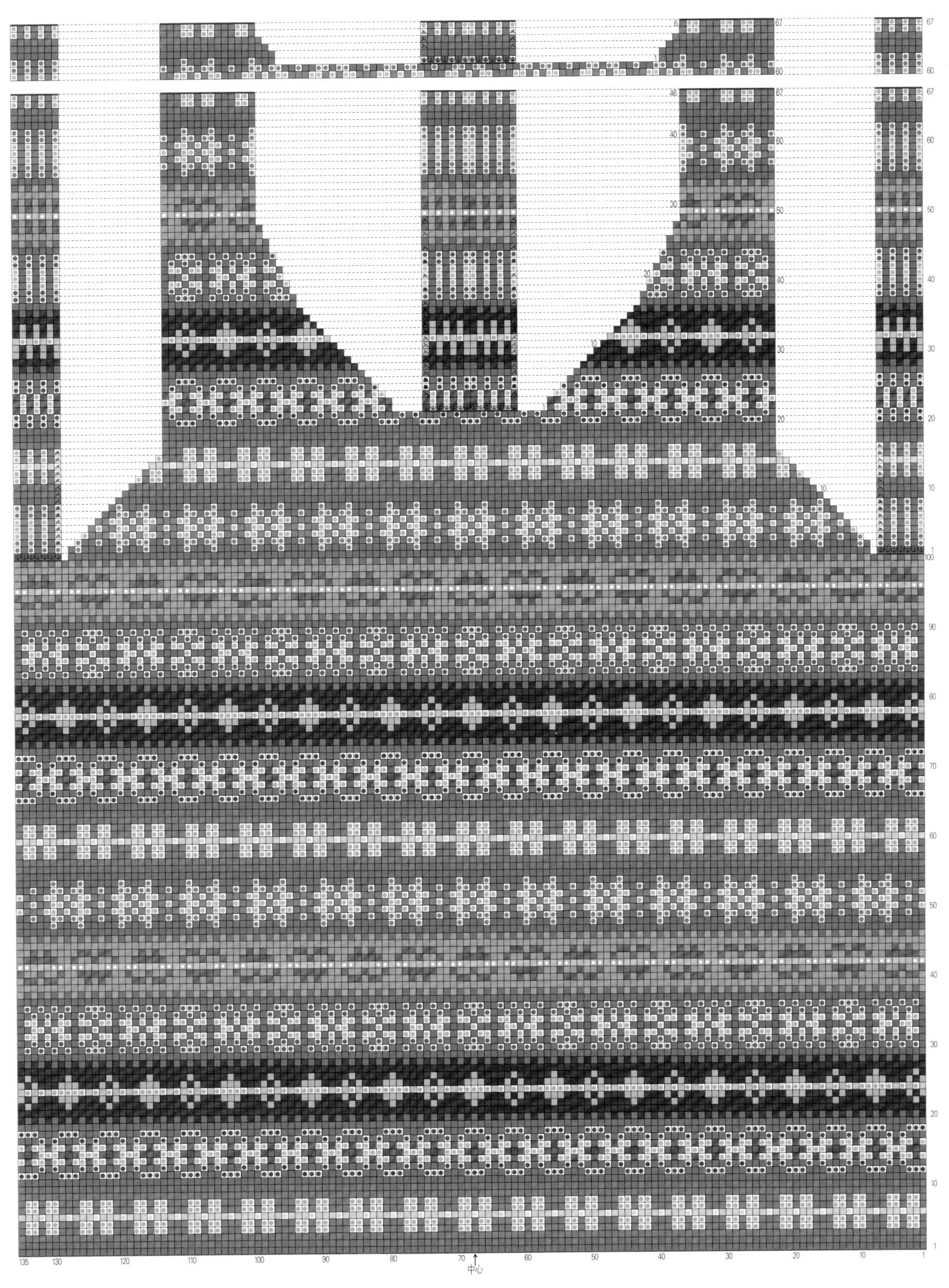

※ 花样由中心向左右两侧对称分布，前、后身片的编织起点相同

［材料和工具］

用线…Jamieson' s Shetland Spindrift

色号、颜色名、使用量参照下表

用针…3 号环形针（80cm）、1 号环形针（80cm），钩针 3/0号

［成品尺寸］

胸围96cm、肩背宽38cm、衣长59cm

［密度］

10cm×10cm 面积内：配色花样31针、33行

［编织要点］

※ 挑针时用1号环形针，其他均用3号环形针编织。

1. 起针。→ p.32
2. 环形编织罗纹针。→ p.32
3. 在第1行加针后编织配色花样。→ p.70
4. 一边编织额外加针部分，一边做袖窿的减针。→ p.36
5. 一边编织额外加针部分，一边做领窝的减针。→ p.40
6. 肩部用钩针做引拔接合。→ p.41
7. 剪开领窝的额外加针部分，编织领口。→ p.42
8. 编织结束时用钩针做引拔收针。→ p.44
9. 剪开袖窿的额外加针部分，编织袖口。→ p.45
10. 编织结束时用钩针做引拔收针。→ p.44
11. 线头处理和额外加针部分的收尾处理。→ p.46
12. 用蒸汽熨斗整烫定型。→ p.46

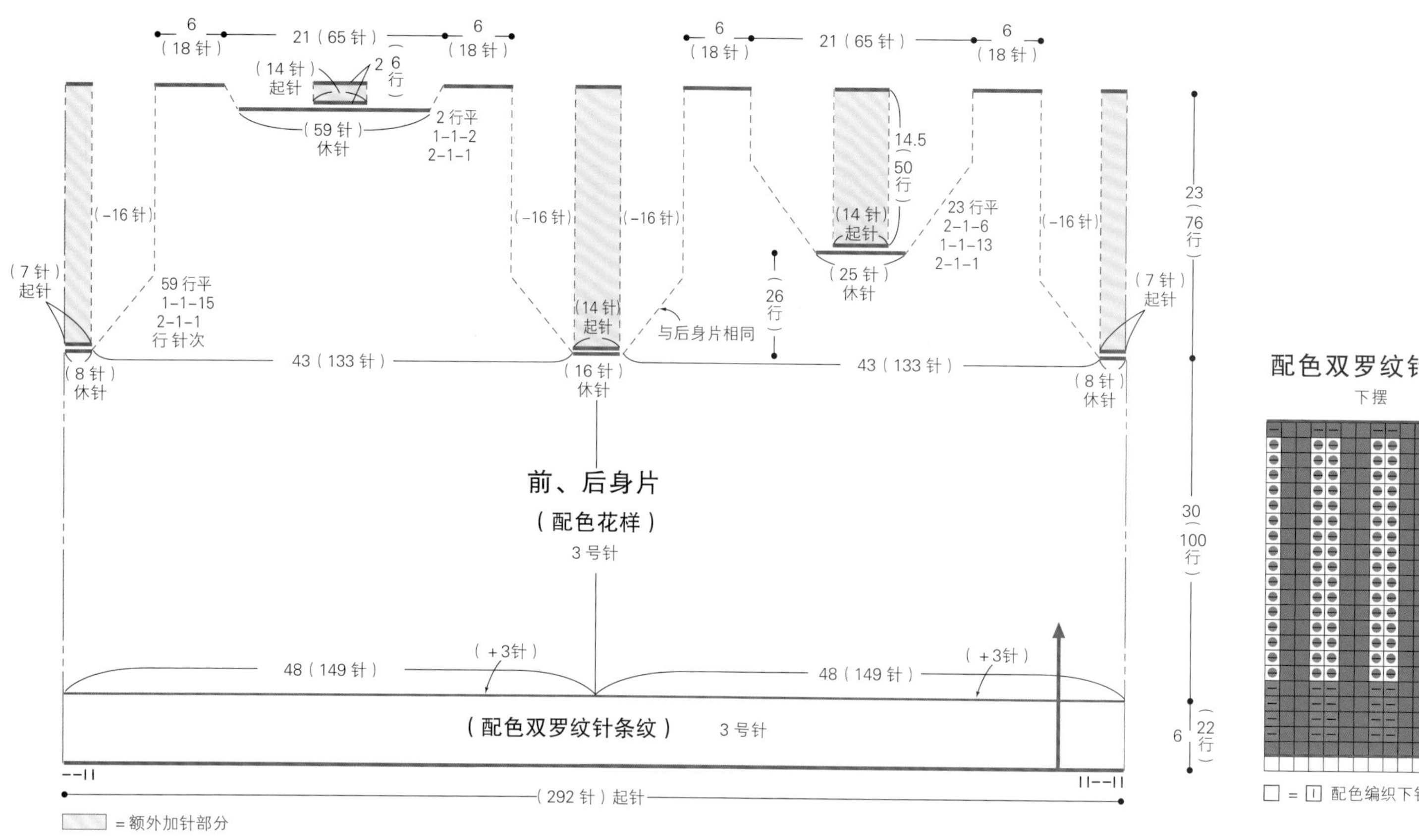

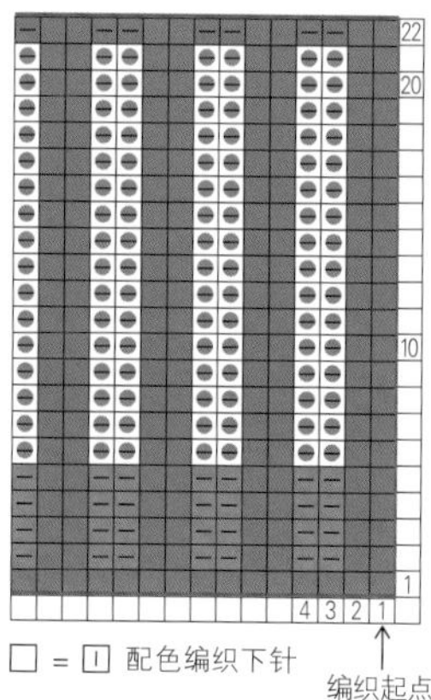

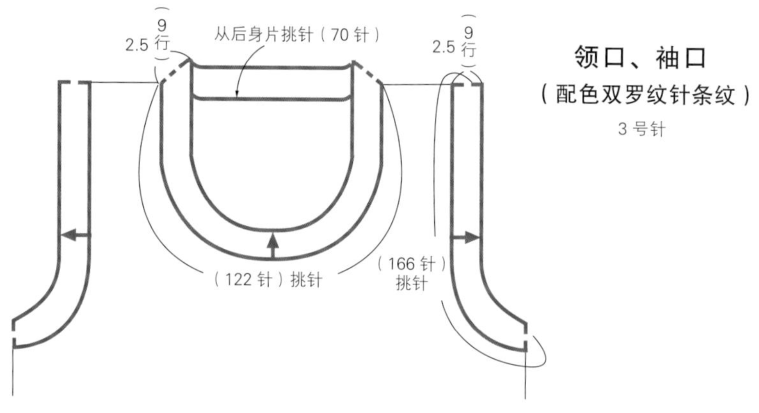

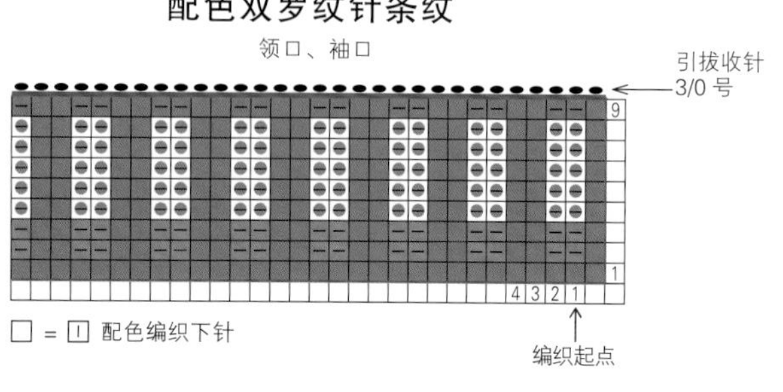

色号、颜色名、使用量

	色号 · 英文名称	颜色名	使用量
■	106 · Mooskit	米色	90 g / 4 团
■	680 · Lunar	灰蓝色	25 g / 1 团
■	105 · Eesit	浅米色	20 g / 1 团
■	805 · Spruce	灰绿色	20 g / 1 团
■	293 · Port Wine	酒红色	20 g / 1 团
■	294 · Blueberry	深紫色混染	20 g / 1 团
■	616 · Anemone	紫色	15 g / 1 团
■	575 · Lipstick	玫红色	15 g / 1 团
■	576 · Cinnamon	砖红色	10 g / 1 团
■	880 · Coffee	深棕色	10 g / 1 团
■	147 · Moss	苔绿色混染	10g / 1 团
□	274 · Green Mist	薄荷绿色混染	10g / 1 团
□	375 · Flax	浅黄色	少量 / 1 团
■	526 · Spice	灰红色	少量 / 1 团
■	259 · Leprechaun	黄绿色混染	少量 / 1 团
■	1020 · Nighthawk	蓝绿色	少量 / 1 团
■	1160 · Scotch Broom	姜黄色混染	少量 / 1 团
■	180 · Mist	浅紫色混染	少量 / 1 团

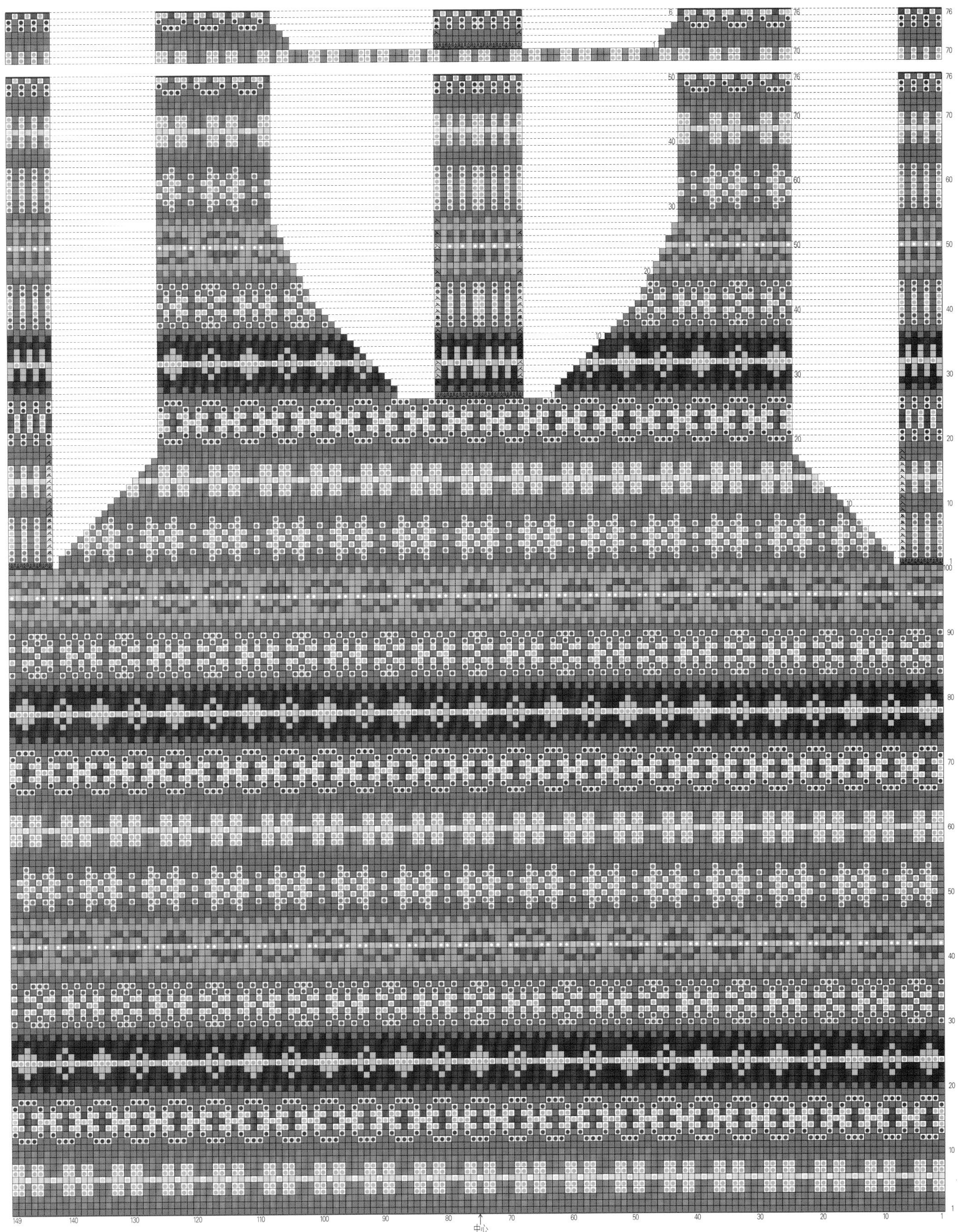

※ 花样由中心向左右两侧对称分布，前、后身片的编织起点相同

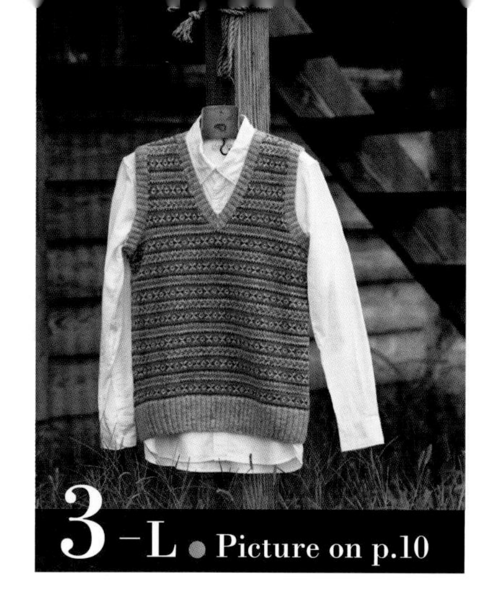

[材料和工具]
用线…Jamieson's Shetland Spindrift
色号、颜色名、使用量参照下表
用针…3号环形针（80cm）、1号环形针（80cm），钩针2/0号

[成品尺寸]
胸围99cm、肩背宽37cm、衣长64.5cm

[密度]
10cm×10cm面积内：配色花样31针、35行

[编织要点]
※ 编织双罗纹针和挑针时用1号环形针，其他均用3号环形针编织。

1. 起针。→ p.32
2. 环形编织罗纹针。→ p.32
3. 在第1行加针后编织配色花样。→ p.70
4. 一边编织额外加针部分，一边做袖窿的减针。→ p.36
5. 一边编织额外加针部分，一边做领窝的减针。→ p.40
6. 肩部用钩针做引拔接合。→ p.41
7. 剪开领窝的额外加针部分，编织领口。→ p.42
8. 编织结束时用钩针做引拔收针。→ p.44
9. 剪开袖窿的额外加针部分，编织袖口。→ p.45
10. 编织结束时用钩针做引拔收针。→ p.44
11. 线头处理和额外加针部分的收尾处理。→ p.46
12. 用蒸汽熨斗整烫定型。→ p.46

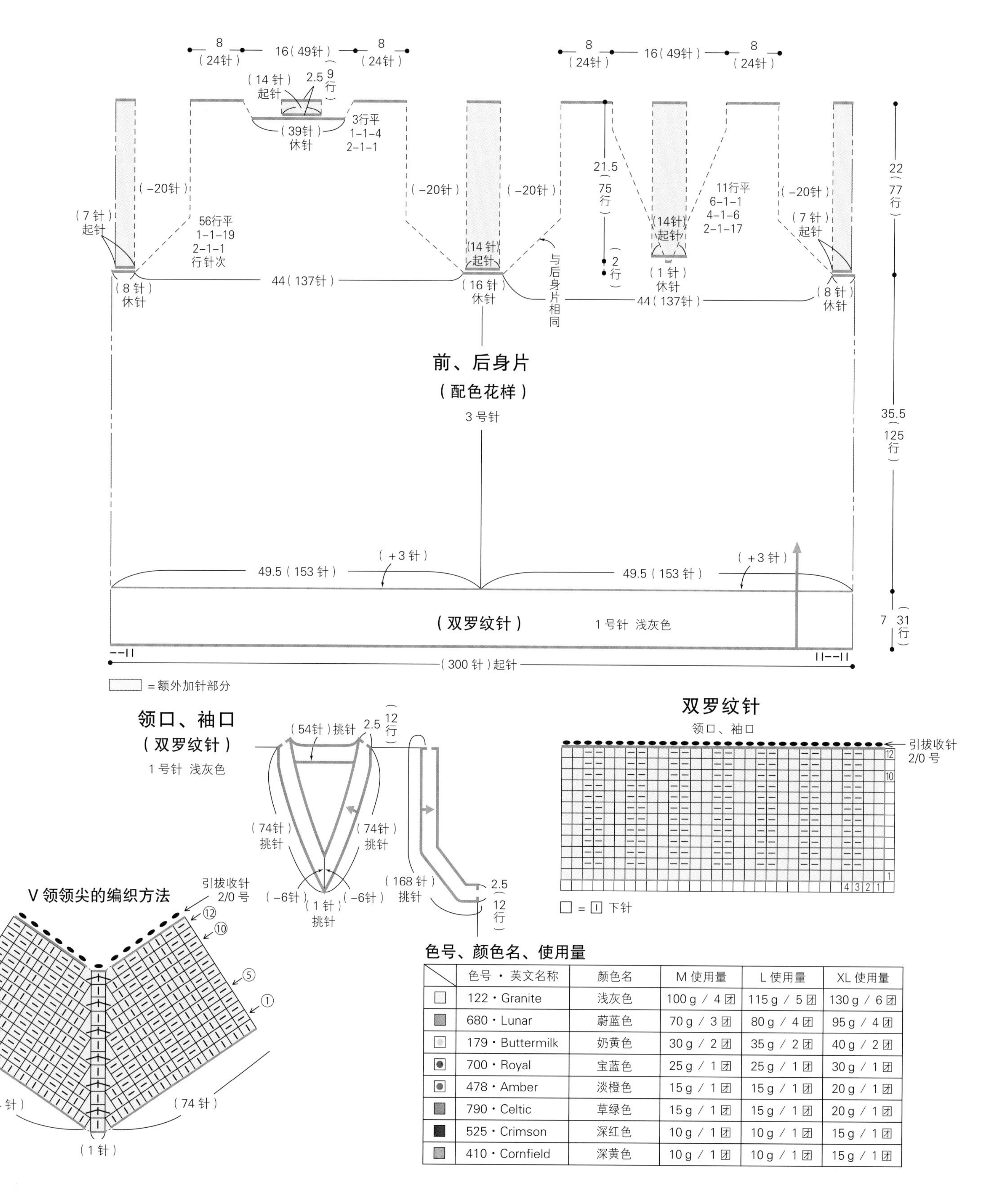

色号、颜色名、使用量

	色号・英文名称	颜色名	M使用量	L使用量	XL使用量
□	122・Granite	浅灰色	100g／4团	115g／5团	130g／6团
■	680・Lunar	蔚蓝色	70g／3团	80g／4团	95g／4团
□	179・Buttermilk	奶黄色	30g／2团	35g／2团	40g／2团
◙	700・Royal	宝蓝色	25g／1团	25g／1团	30g／1团
◙	478・Amber	淡橙色	15g／1团	15g／1团	20g／1团
■	790・Celtic	草绿色	15g／1团	15g／1团	20g／1团
■	525・Crimson	深红色	10g／1团	10g／1团	15g／1团
■	410・Cornfield	深黄色	10g／1团	10g／1团	15g／1团

※ 花样由中心向左右两侧对称分布，前、后身片的编织起点相同

3-M ● Picture on p.10

[成品尺寸]
胸围92cm、肩背宽33cm、衣长56.5cm

※ 色号、颜色名、使用量参照 p.54

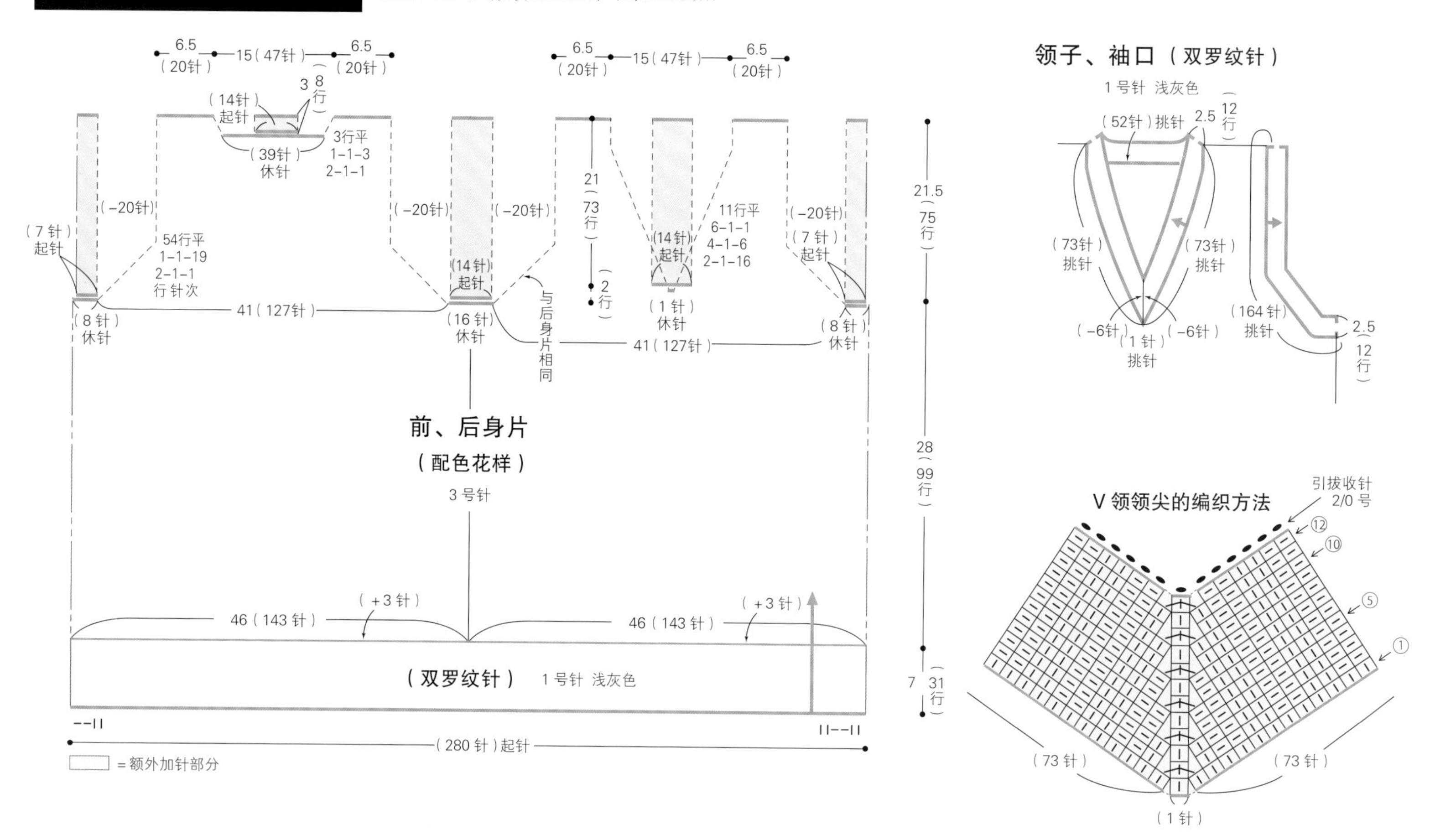

3-XL ● Picture on p.10

[成品尺寸]
胸围106cm、肩背宽40.5cm、衣长68cm

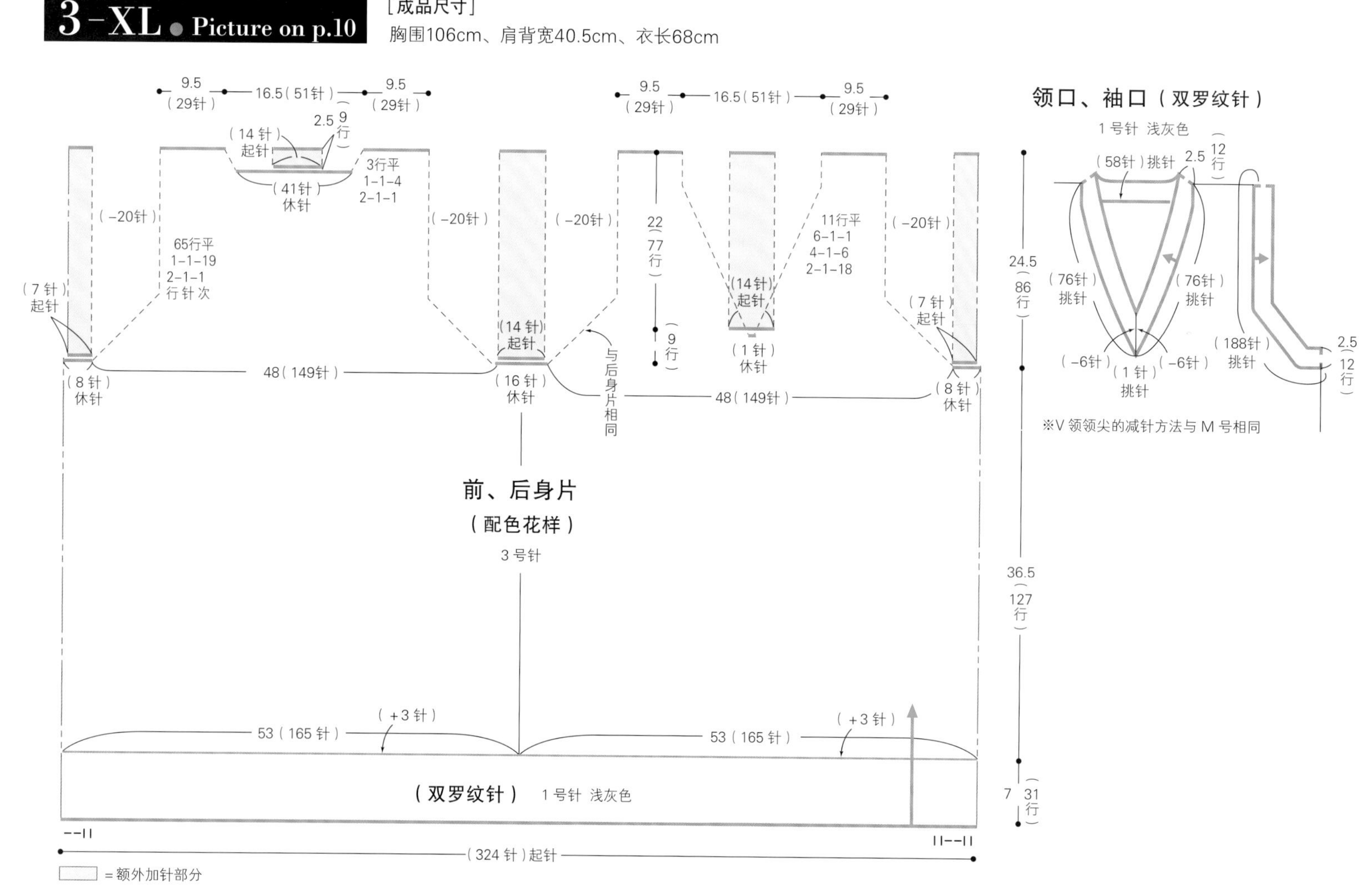

※ 花样由中心向左右两侧对称分布，前、后身片的编织起点相同

[材料和工具]
用线…Jamieson' s Shetland Spindrift
色号、颜色名、使用量参照下表
用针…3 号环形针（80cm）、1 号环形针（80cm），钩针 2/0号
[成品尺寸]
胸围90cm、肩背宽34cm、衣长54.5cm
[密度]
10cm×10cm 面积内：配色花样32针、33行
[编织要点]
※ 编织双罗纹针和挑针时用1号环形针，其他均用3号环形针编织。

1. 起针。→ p.32
2. 环形编织罗纹针。→ p.32
3. 在第1行加针后编织配色花样。→ p.70
4. 一边编织额外加针部分，一边做袖窿的减针。→ p.36
5. 一边编织额外加针部分，一边做领窝的减针。→ p.40
6. 肩部用钩针做引拔接合。→ p.41
7. 剪开领窝的额外加针部分，编织领口。→ p.42
8. 编织结束时用钩针做引拔收针。→ p.44
9. 剪开袖窿的额外加针部分，编织袖口。→ p.45
10. 编织结束时用钩针做引拔收针。→ p.44
11. 线头处理和额外加针部分的收尾处理。→ p.46
12. 用蒸汽熨斗整烫定型。→ p.46

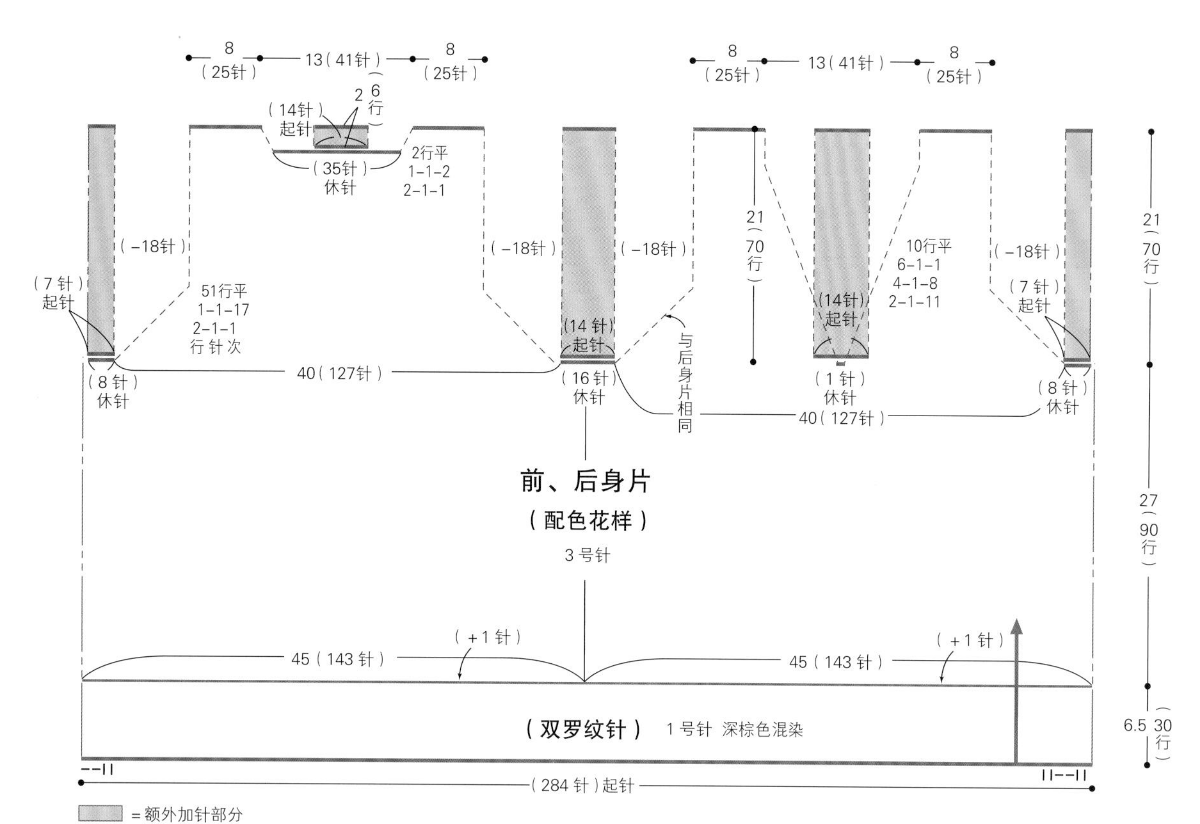

双罗纹针

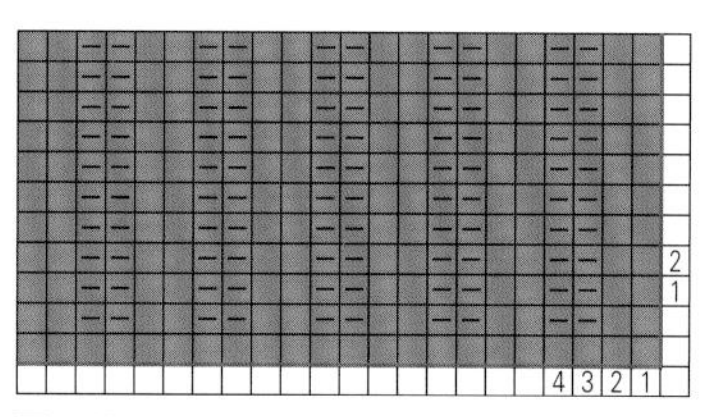

领口、袖口（双罗纹针）

1号针 深棕色混染

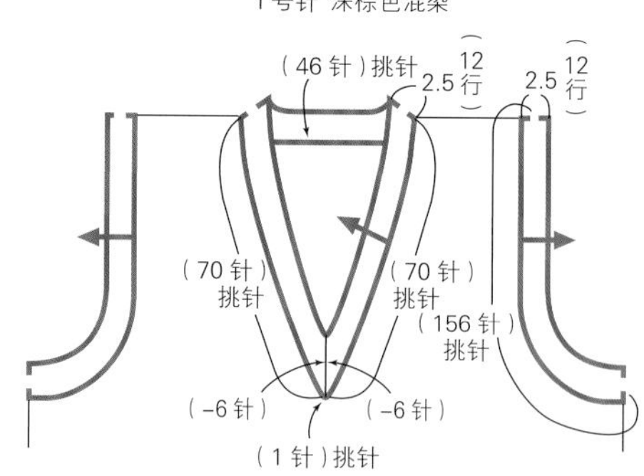

V领领尖的编织方法

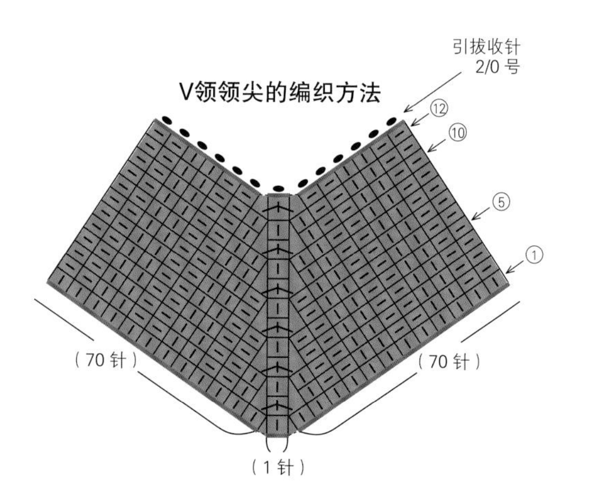

色号、颜色名、使用量

	色号 · 英文名称	颜色名	M 使用量	L 使用量	XL 使用量
■	198 · Peat	深棕色混染	75 g / 3 团	95 g / 4 团	110 g / 5 团
■	168 · Clyde Blue	灰蓝色	45 g / 2 团	55 g / 3 团	65 g / 3 团
▣	1160 · Scotch Broom	姜黄色混染	25 g / 1 团	30 g / 2 团	35 g / 2 团
■	525 · Crimson	深红色	20 g / 1 团	25 g / 1 团	30 g / 2 团
□	343 · Ivory	象牙白色	15 g / 1 团	20 g / 1 团	25 g / 1 团
▣	375 · Flax	浅黄色	15 g / 1 团	20 g / 1 团	25 g / 1 团
■	805 · Spruce	灰绿色	10 g / 1 团	15 g / 1 团	15 g / 1 团
□	350 · Lemon	柠檬黄色	10 g / 1 团	15 g / 1 团	15 g / 1 团

※ 花样由中心向左右两侧对称分布，前、后身片的编织起点相同

4-L ● Picture on p.10

[成品尺寸]
胸围98cm、肩背宽37cm、衣长60.5cm

※ 色号、颜色名、使用量参照 p.58

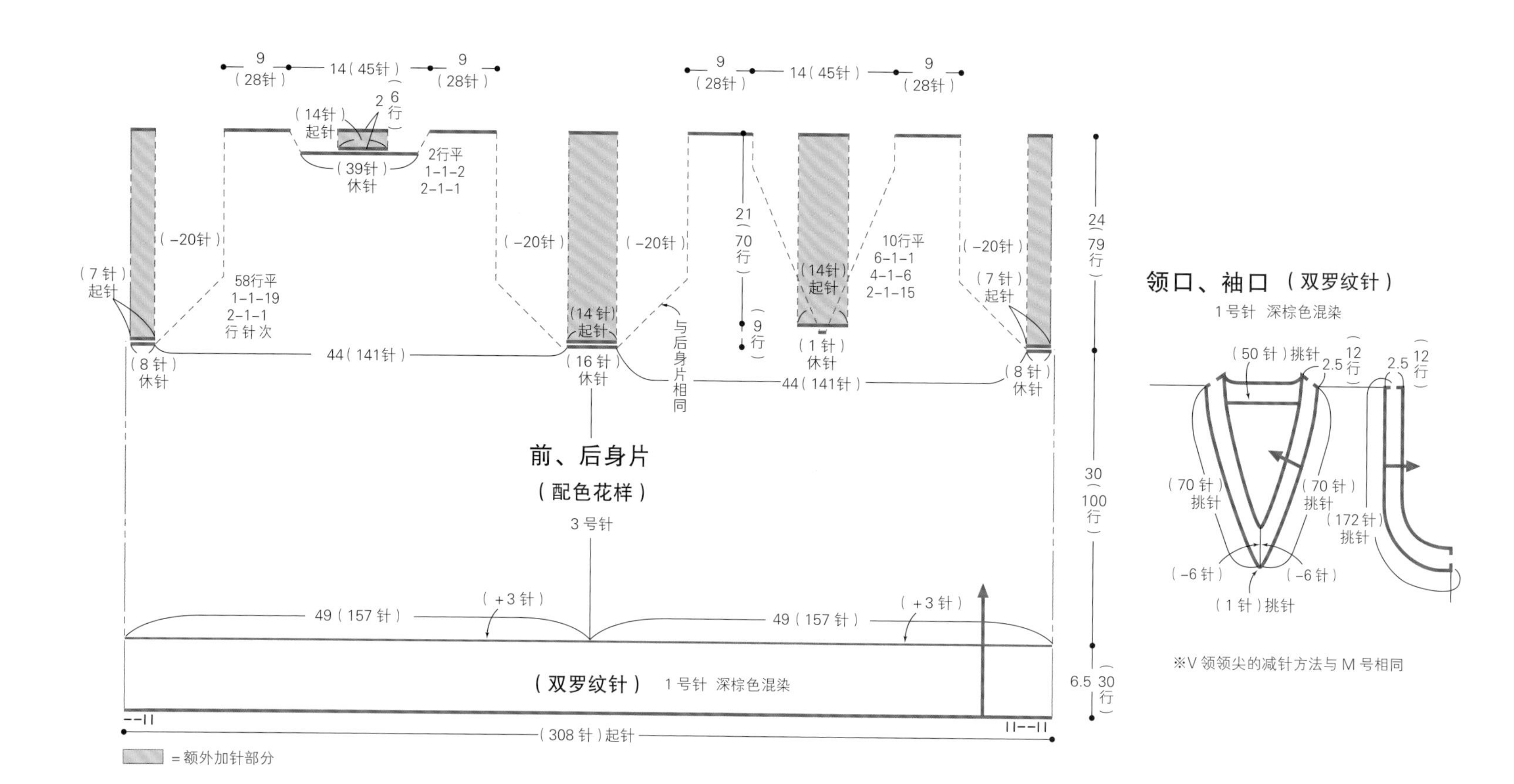

4-XL ● Picture on p.10

[成品尺寸]
胸围106cm、肩背宽40cm、衣长65.5cm

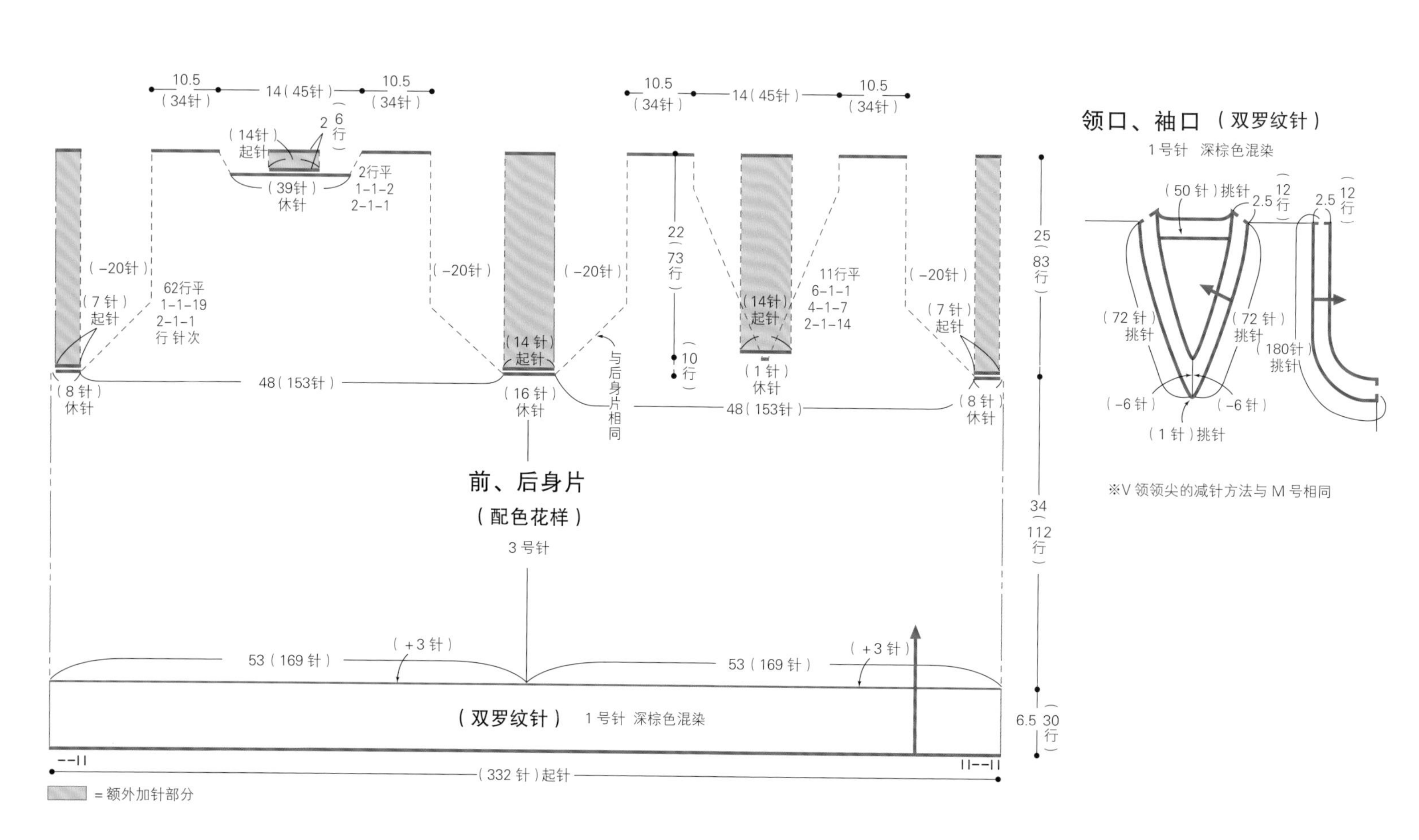

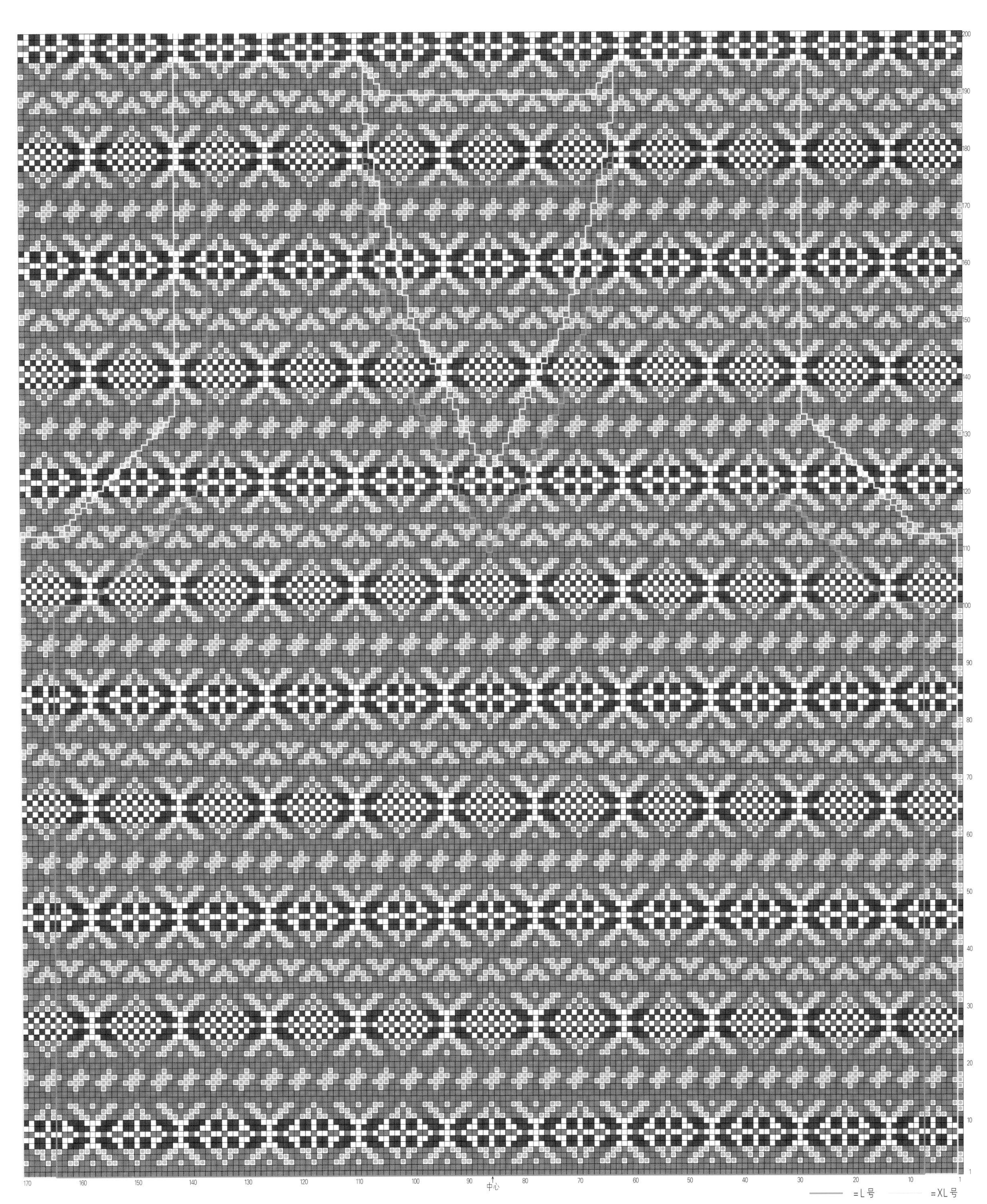

※ 花样由中心向左右两侧对称分布，前、后身片的编织起点相同

［材料和工具］
用线…Jamieson’s Shetland Spindrift
色号、颜色名、使用量参照下表
用针…3 号环形针（80cm）、1 号环形针（80cm），钩针 2/0号
［成品尺寸］
胸围92cm、肩背宽31cm、衣长57cm
［密度］
10cm×10cm 面积内：配色花样29针、31行
［编织要点］
※ 编织双罗纹针和挑针时用 1 号环形针，其他均用 3 号环形针编织。
1. 起针。→ p.32
2. 环形编织罗纹针。→ p.32
3. 在第1行加针后编织配色花样。→ p.70
4. 一边编织额外加针部分，一边做袖窿的减针。→ p.36
5. 一边编织额外加针部分，一边做领窝的减针。→ p.40
6. 肩部用钩针做引拔接合。→ p.41
7. 剪开领窝的额外加针部分，编织领口。→ p.42
8. 编织结束时用钩针做引拔收针。→ p.44
9. 剪开袖窿的额外加针部分，编织袖口。→ p.45
10. 编织结束时用钩针做引拔收针。→ p.44
11. 线头处理和额外加针部分的收尾处理。→ p.46
12. 用蒸汽熨斗整烫定型。→ p.46

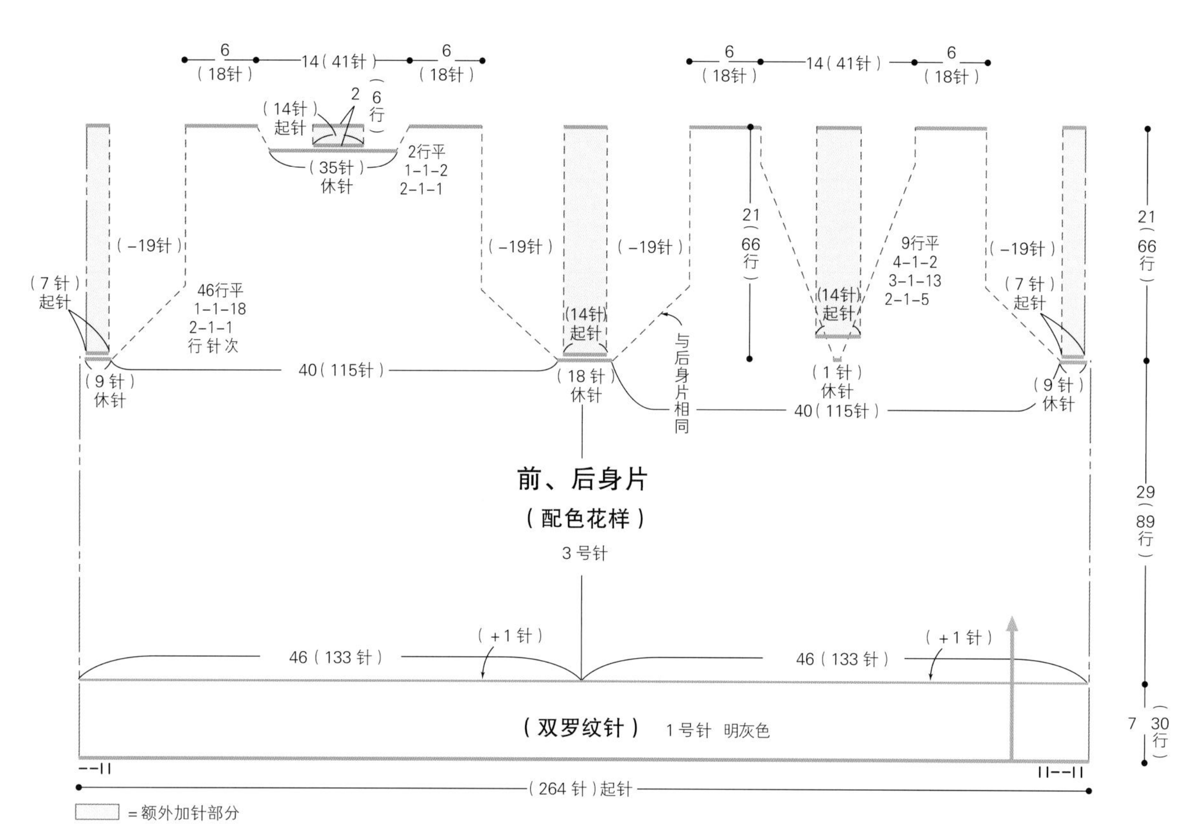

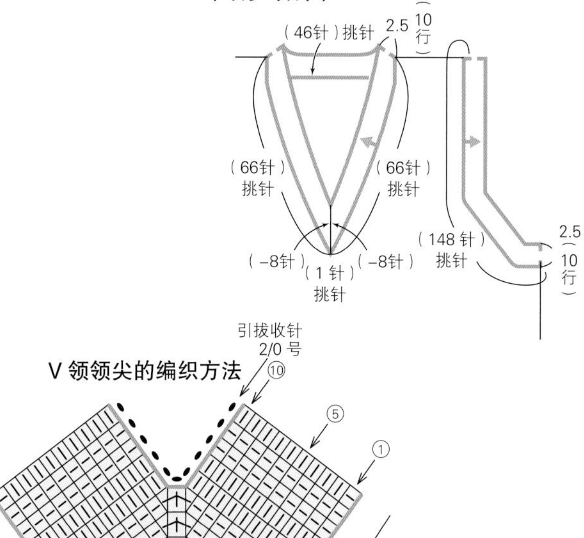

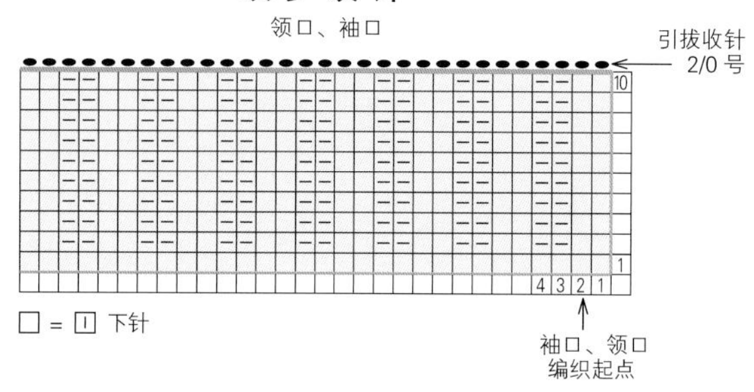

色号、颜色名、使用量

	色号・英文名称	颜色名	M 使用量	L 使用量	XL 使用量
	127・Pebble	明灰色	80g／4团	95g／4团	105g／5团
	770・Mint	浅绿色	25g／1团	30g／2团	35g／2团
	1010・Seabright	海蓝色	25g／1团	25g／1团	30g／2团
	680・Lunar	灰蓝色	15g／1团	15g／1团	20g／1团
	140・Rye	黄灰色	10g／1团	10g／1团	15g／1团
	1300・Aubretia	紫色	10g／1团	10g／1团	15g／1团
	792・Emerald	翠绿色	10g／1团	10g／1团	15g／1团
	616・Anemone	紫色	10g／1团	10g／1团	15g／1团
	790・Celtic	草绿色	10g／1团	10g／1团	10g／1团
	350・Lemon	柠檬黄色	少量／1团	10g／1团	10g／1团
	390・Daffodil	黄色	少量／1团	10g／1团	10g／1团

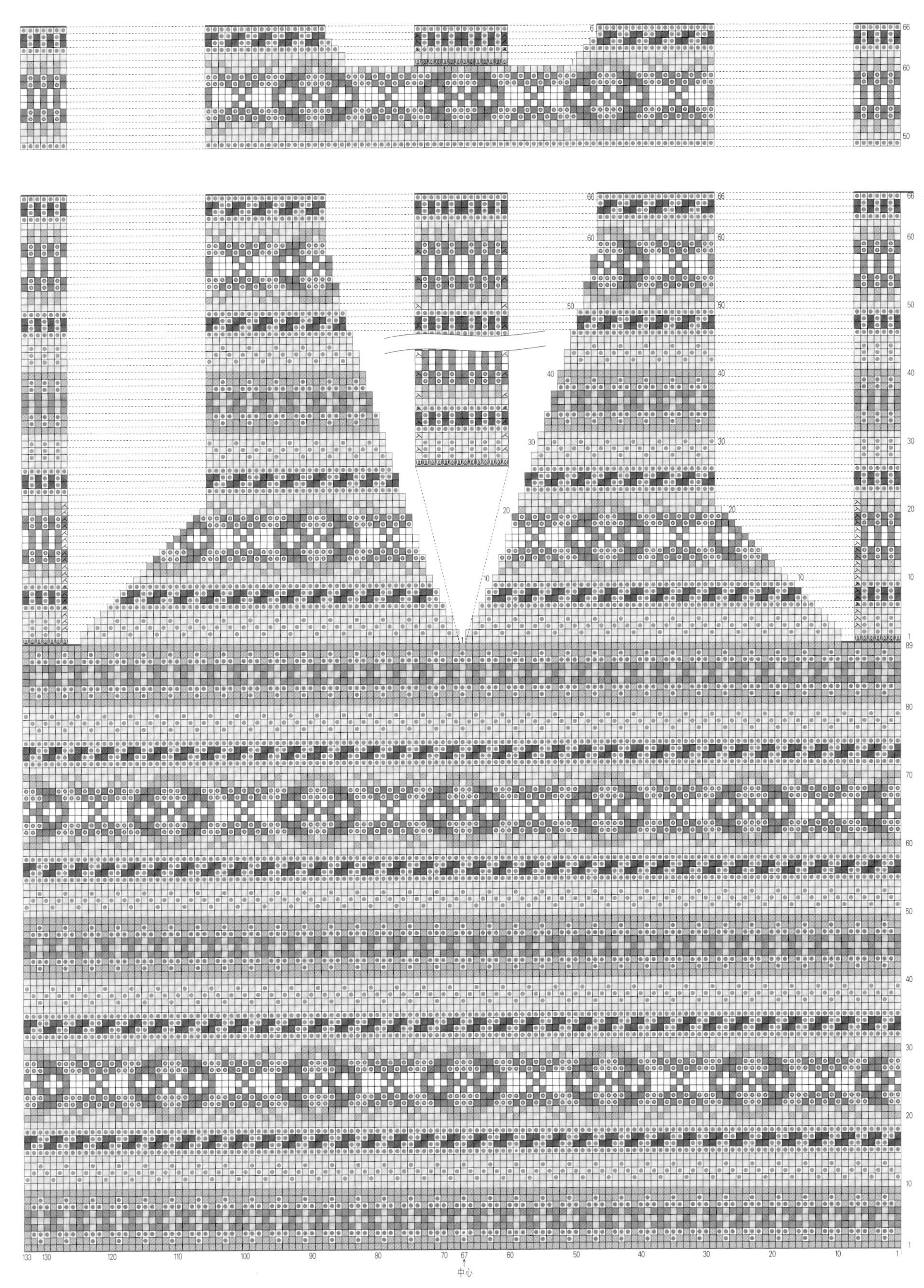

※ 花样由中心向左右两侧对称分布，前、后身片的编织起点相同

5-L ● Picture on p.11

[成品尺寸]
胸围100cm、肩背宽35cm、衣长60cm

※ 色号、颜色名、使用量参照 p.62

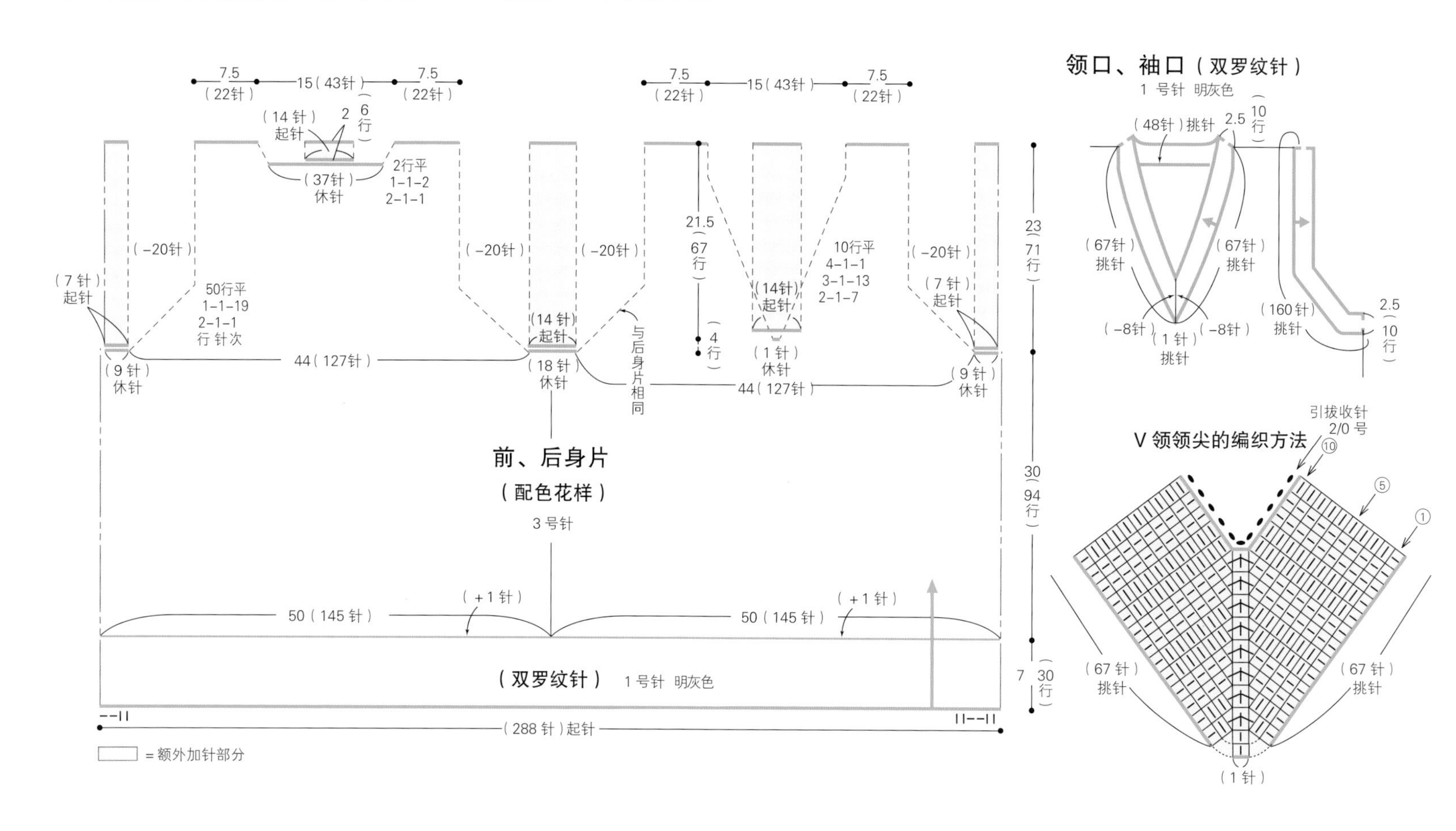

5-XL ● Picture on p.11

[成品尺寸]
胸围108cm、肩背宽39cm、衣长64.5cm

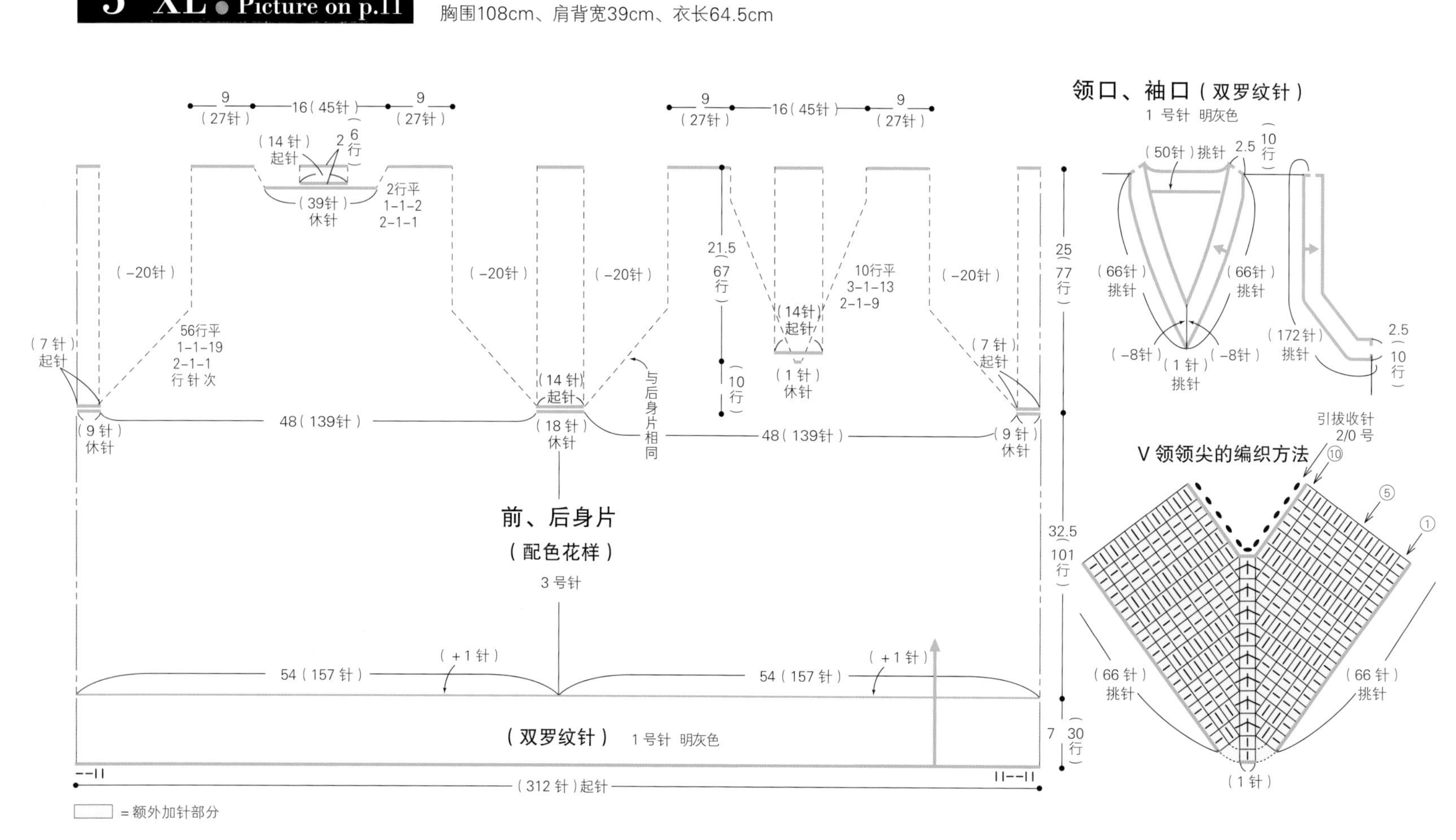

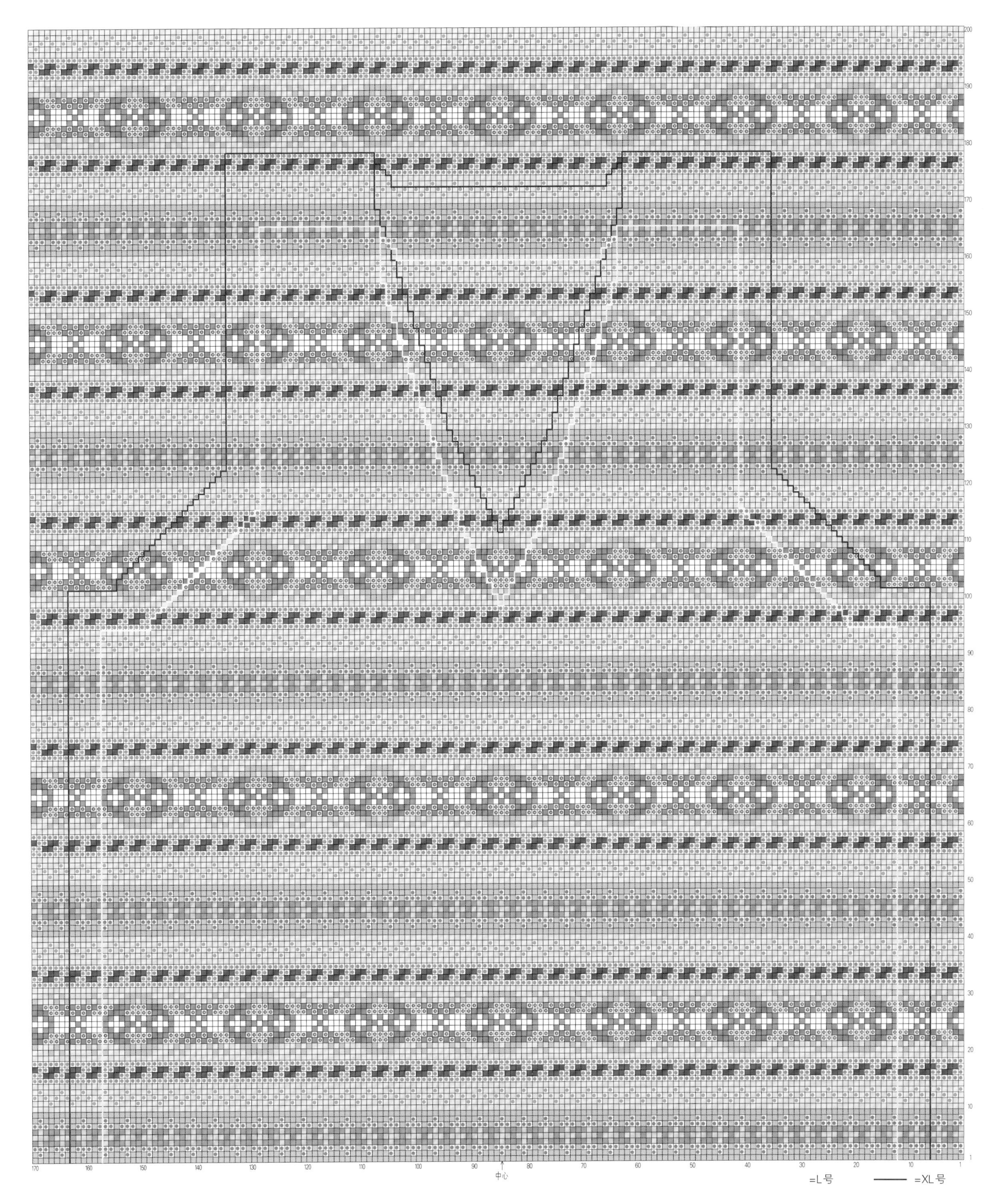

※ 花样由中心向左右两侧对称分布，前、后身片的编织起点相同

［材料和工具］
用线…Jamieson' s Shetland Spindrift
色号、颜色名、使用量参照下表
其他…直径15mm 的纽扣8颗
用针…3号环形针（80cm）、1号环形针（80cm），钩针3/0号
［成品尺寸］
胸围94cm、肩背宽39cm、衣长61.5cm、袖长55cm
［密度］
10cm×10cm面积内：配色花样29针、31行
［编织要点］
※ 挑针时用1号环形针，其他均用3号环形针编织。
1. 加上额外加针部分的14针一起起针。→p.67
2. 从编织起点的7针额外加针开始环形编织，接着编织罗纹针，最后再编织终点的7针额外加针。→p.67
3. 在第1行加针后，一边编织额外加针部分，一边编织配色花样。→p.70
4. 一边编织额外加针部分，一边做领窝的减针。→p.40
5. 将袖窿的针目休针，额外加针后继续编织。→p.36
6. 肩部用钩针做引拔接合。→p.41
7. 剪开袖窿的额外加针部分。→p.71
8. 从袖窿挑针后编织袖子，其中额外加针部分编织至中途。→p.73
9. 剪开前端和领窝的额外加针部分。→p.76
10. 往返编织领口和前门襟，中途留出扣眼。→p.76
11. 编织结束时用钩针做引拔收针。→p.44
12. 线头处理和额外加针部分的收尾处理。→p.78
13. 用蒸汽熨斗整烫定型。→p.78
14. 最后缝上纽扣。

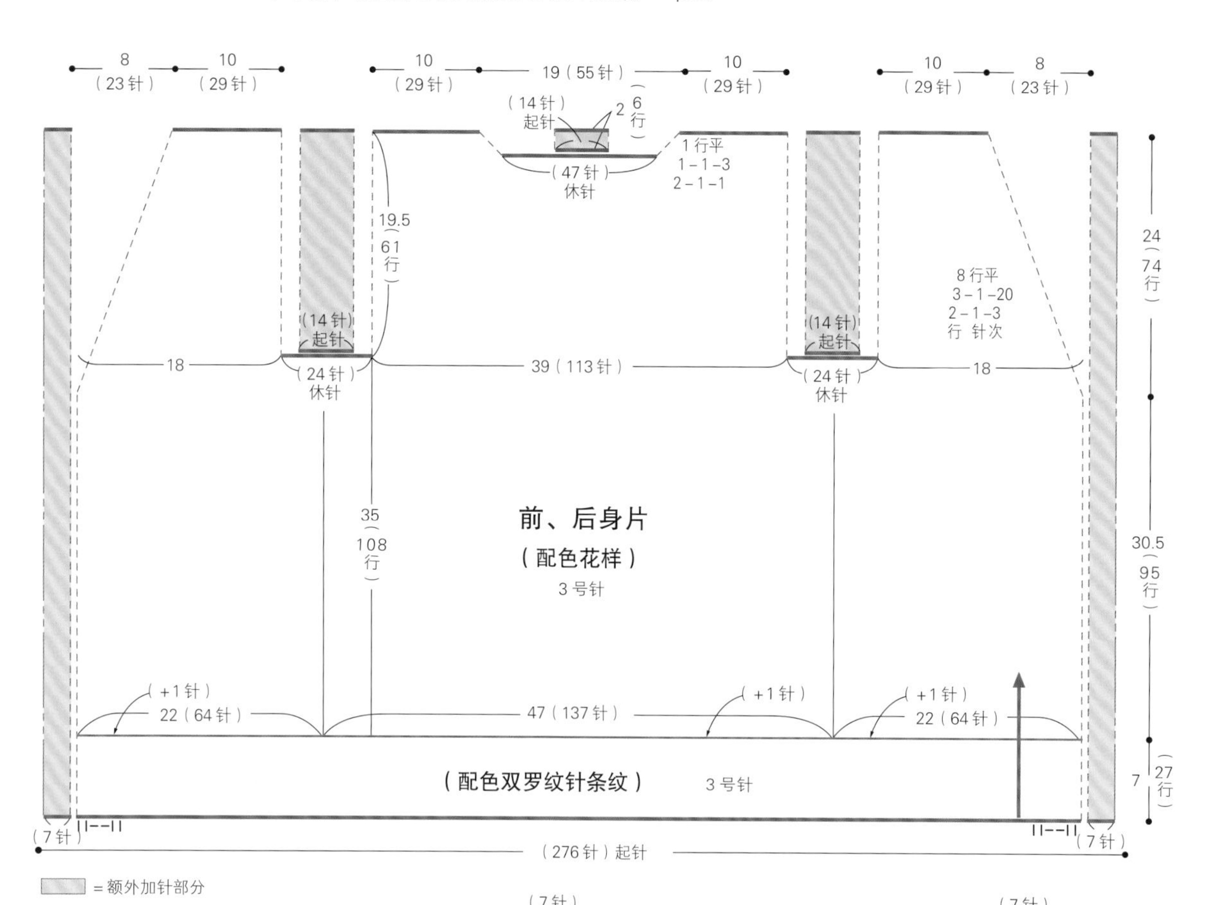

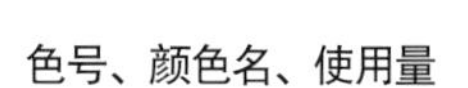

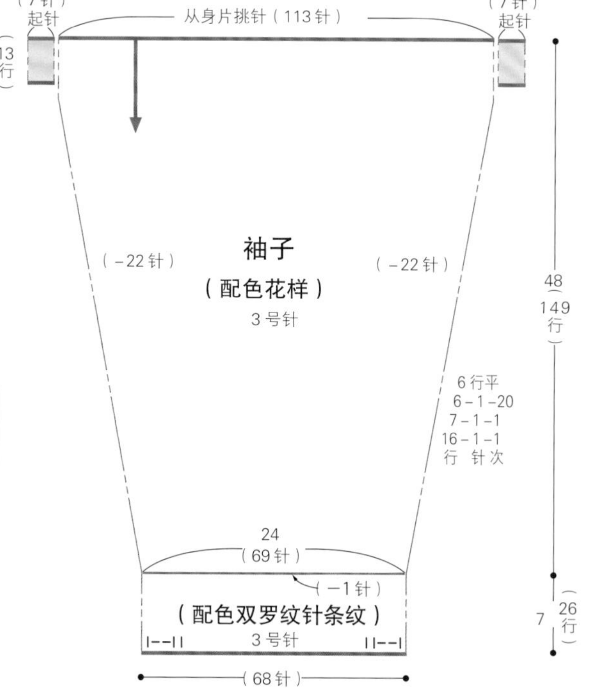

色号、颜色名、使用量

	色号・英文名称	颜色名	使用量
■	727・Admiral Navy	藏青色	110g / 5团
■	587・Madder	暗橙红色	95g / 4团
□	289・Gold	金黄色	85g / 4团
□	343・Ivory	象牙白色	55g / 3团
■	108・Moorit	棕色	55g / 3团

配色双罗纹针

袖口

引拔收针 3/0 号

26 20 15 10 5 1

727 587 289 343 289 587

4 3 2 1 底色线 配色线

编织起点

□ = ⊡ 配色编织下针

扣眼

（右前门襟）

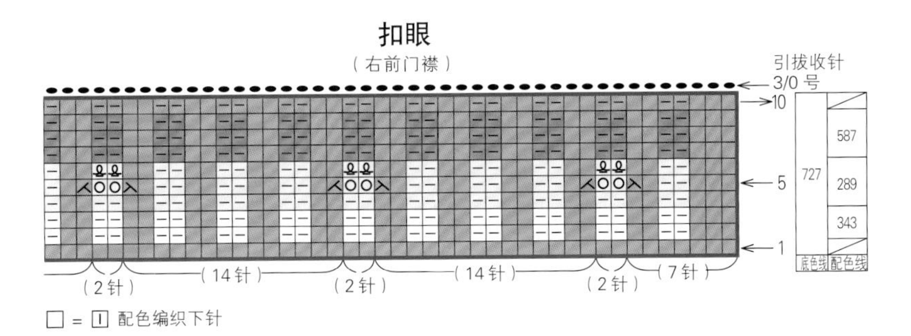

□ = ⊡ 配色编织下针

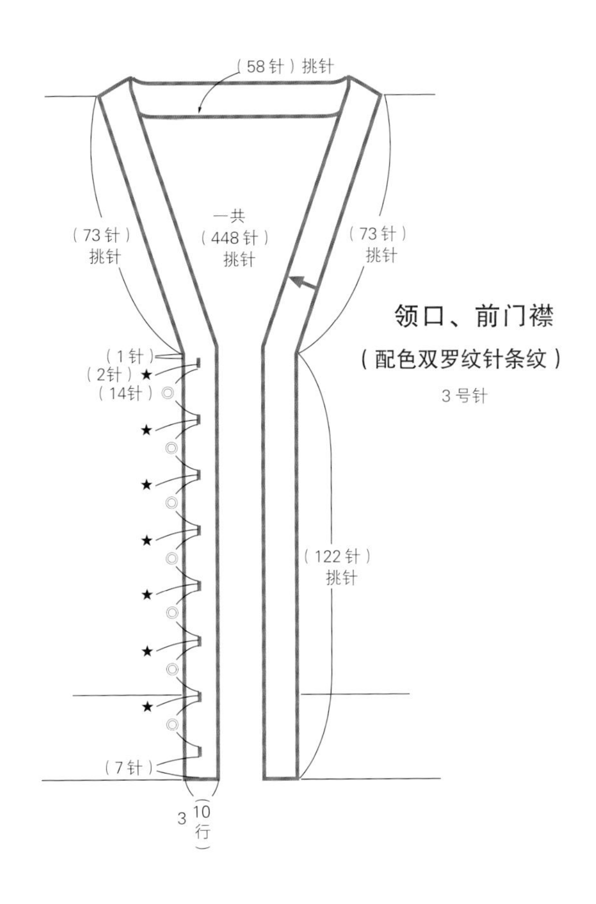

领口、前门襟

（配色双罗纹针条纹）

3号针

前开襟毛衣从下摆开始额外加针编织

前开襟的毛衣在前端部位额外加针一起编织。

第1行

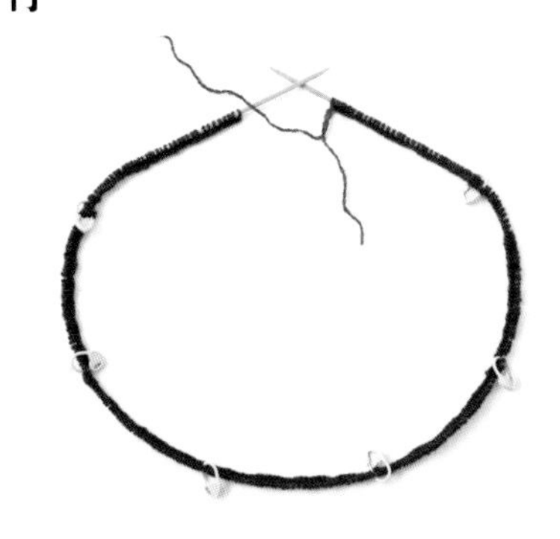

1. 留出290cm左右的线头，长度约为织物宽度的3倍。用1根3号环形针手指挂线起针，起276针，每40针放入1个记号扣。

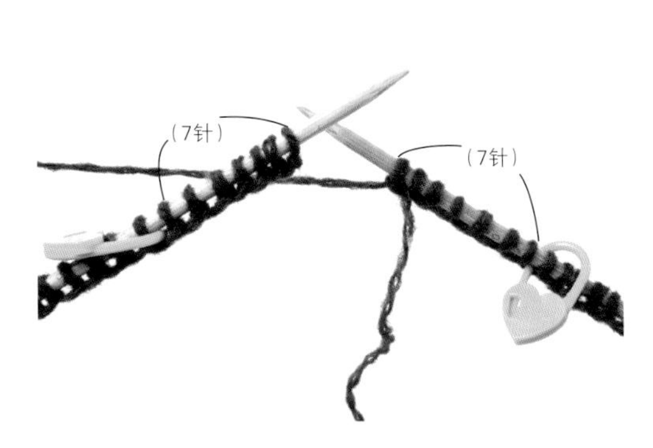

2. 编织起点的7针和编织终点的7针是额外加针部分，分别放入记号扣。

第2行

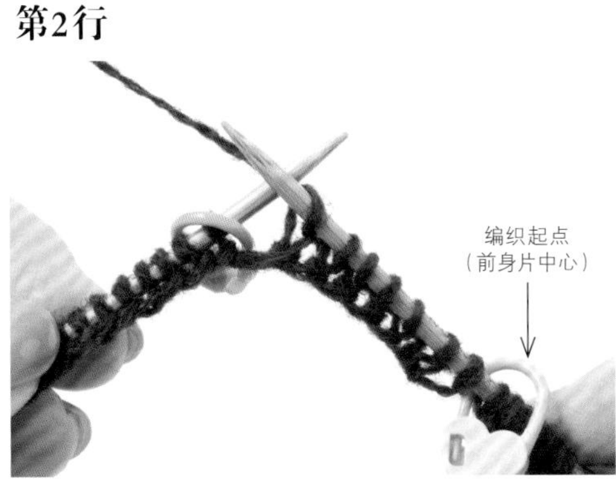

3. 在编织起点位置（前身片中心）也放入1个记号扣，在额外加针部分的7针里织下针。

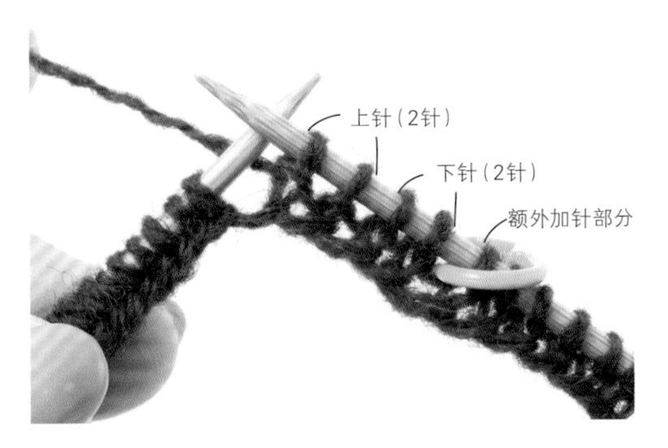

4. 下摆的罗纹针交替编织“2针下针、2针上针”。

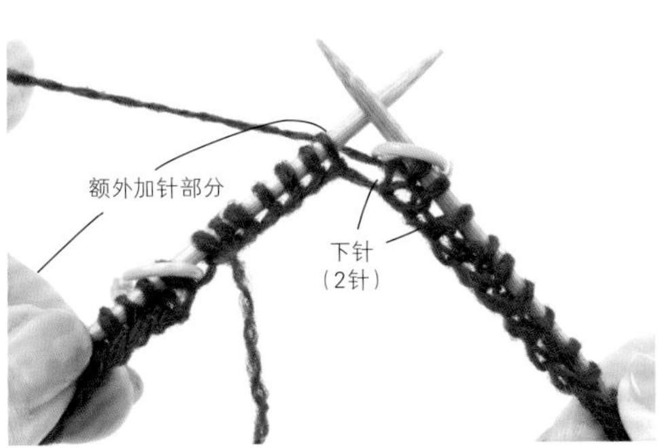

5. 重复“2针下针、2针上针”至编织终点的额外加针部分前，以2针下针结束。

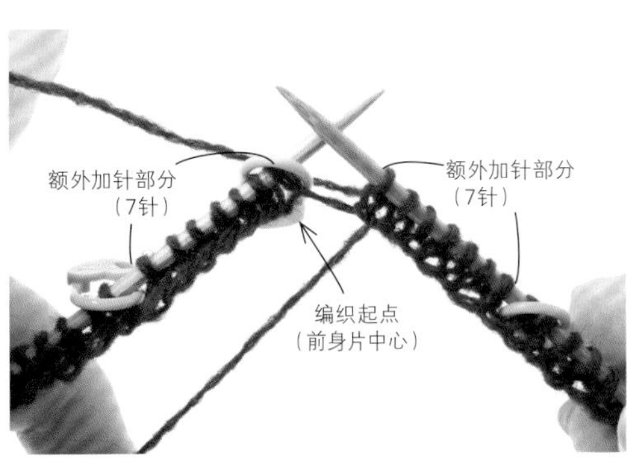

6. 编织终点的7针额外加针也按与编织起点相同要领织下针。至此，第2行完成。

左前身片
□ = ⊡ 配色编织下针
276
270
额外加针部分
260
250
240
230
220
210
200
190
180
170
160
150
727 · Admiral Navy 藏青色
343 · Ivory 象牙白色
587 · Madder 暗橙红色
289 · Gold 金黄色
108 · Moorit 棕色

后身片
右前身片
配色花样
配色双罗纹针条纹
中心
额外加针部分
编织起点

第3行

7. 从第3行开始配色编织。将配色线的线头松松地系在底色线上。

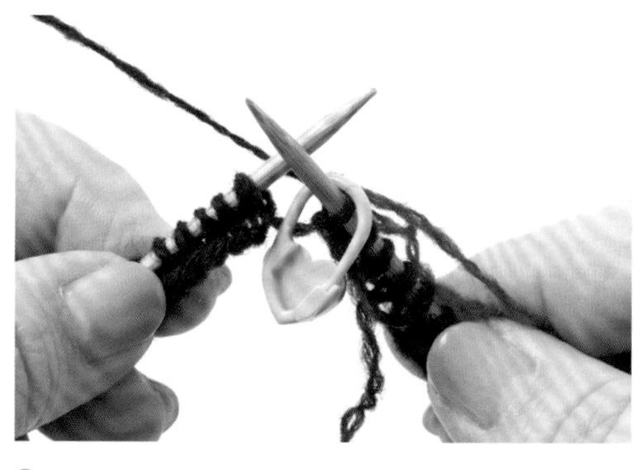

8. 将线结移至底色线的底端。不要忘记在编织起点位置放入记号扣。

9. 7针的额外加针按"配色线→底色线→配色线→底色线→配色线→底色线→配色线"交替编织。

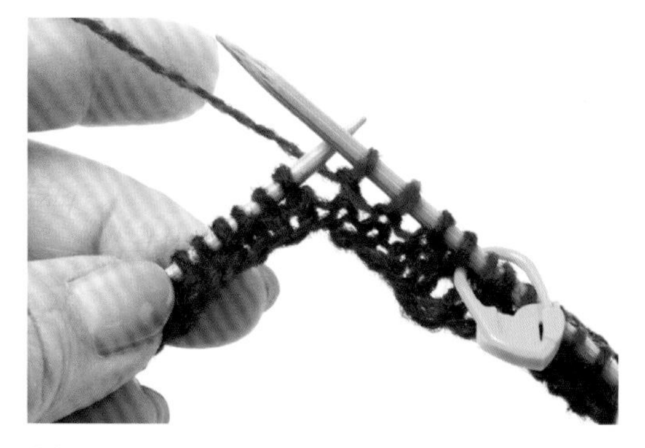

10. 下摆的罗纹针重复"用底色线织2针下针，用配色线织2针上针"。

11. 下摆的罗纹针重复"用底色线织2针下针，用配色线织2针上针"。

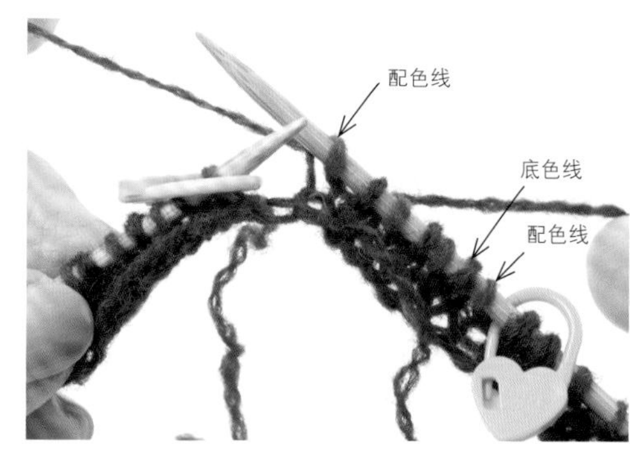

12. 编织终点的7针额外加针按"配色线→底色线→配色线→底色线→配色线→底色线→配色线"编织，这样额外加针部分的中间2针都是配色线。第4行之后的下摆部分也继续做配色编织。

在配色花样的第1行加针

根据花样的针数，从罗纹针换成配色花样编织的第1行有时需要加针。

1. 在上针和下针的交界处，在食指上绕线，插入棒针。

2. 食指退出后就是1针卷针加针。

3. 加针完成，在针目之间几乎看不出来。这件作品在3处做卷针加针。

剪开袖窿的额外加针部分

首先做好编织袖子的准备。

1. 身片的编织要领与背心几乎相同。将织物翻至反面，肩部用钩针做引拔接合。（※ 参照p.41）

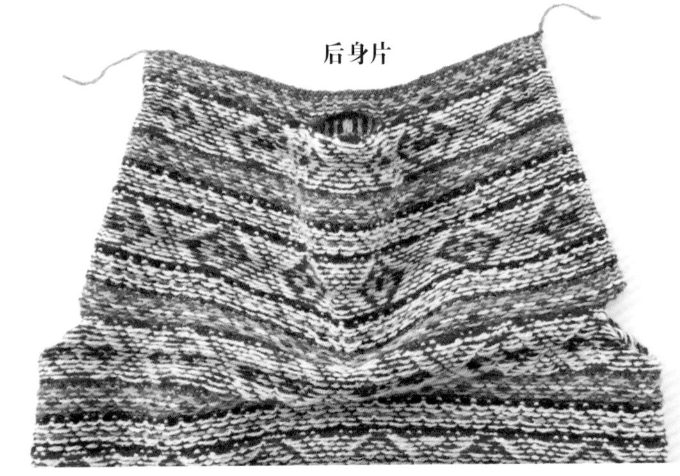

2. 肩部接合完成后的状态。线头暂时无须处理。

3. 接下来剪开袖窿的额外加针部分。在额外加针部分中间的2针配色线针目之间剪开。

4. 先在中间的2个针目之间剪出切口。请使用锋利的剪刀。

5. 用另一只手伸入身片内侧抵住织物，然后一点点慢慢地剪开。

6. 注意不要剪到其他针目！

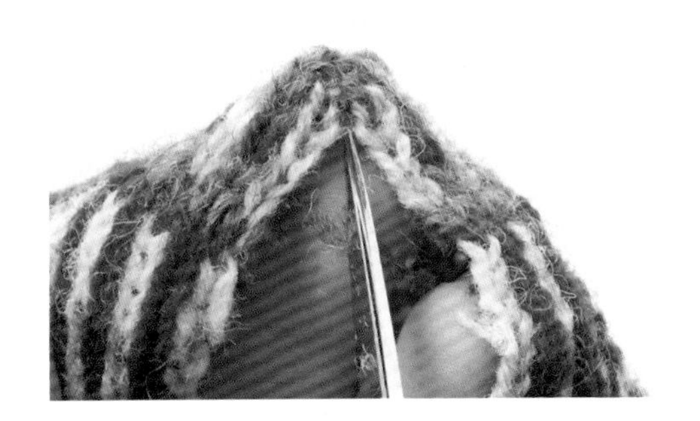

7. 剪至肩部接合的边缘。如果担心剪错，可以事先在最后一行放入1个记号扣。（※ 参照p.45）

■	727 · Admiral Navy	藏青色
□	343 · Ivory	象牙白色
■	587 · Madder	暗橙红色
□	289 · Gold	金黄色
■	108 · Moorit	棕色

袖子

挑针后编织袖子

编织袖子时，额外加针并从袖窿挑针后，从肩部向袖口方向编织。
额外加针部分收针后环形编织配色花样时，编织起点和编织终点用底色线编织。

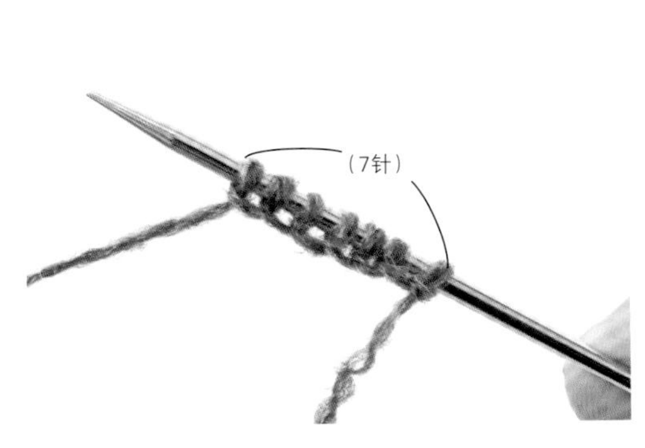

1. 编织起点和编织终点一共额外加针14针。用1号环形针做7针的卷针。

2. 在额外加针部分和身片的针目之间从正面插入棒针，然后将额外加针部分翻至前面，在针上挂线后将线拉出至正面。

3. 每行挑取1针。需要调整至袖子所需针目时，将多出的针目从针上取下即可。（※ 参照p.43）

727 · Admiral Navy 藏青色 | 343 · Ivory 象牙白色 | 587 · Madder 暗橙红色 | 289 · Gold 金黄色 | 108 · Moorit 棕色

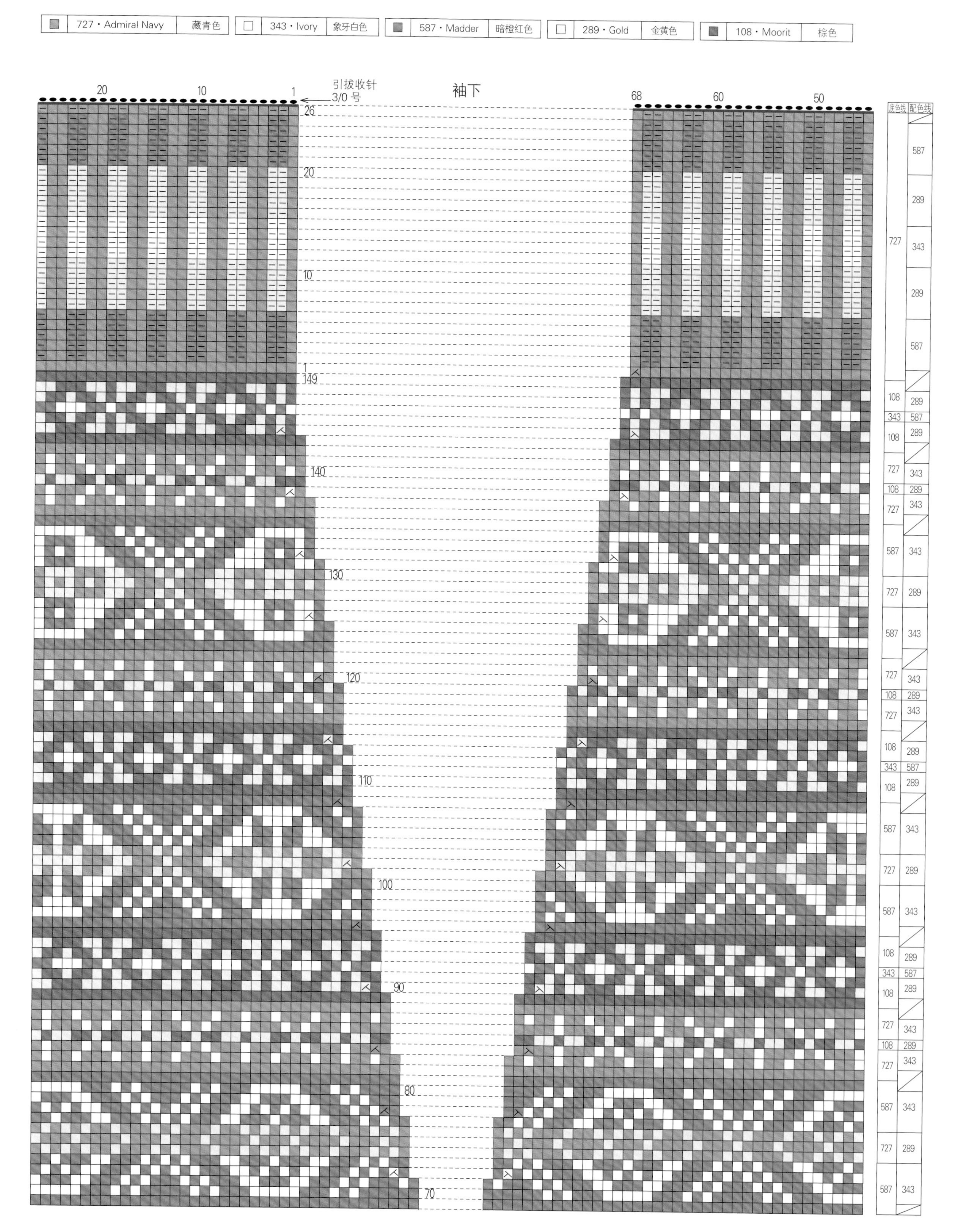

4. 跳过肩部接合位置继续挑针。

5. 挑针至身片胁部的休针位置，起7针卷针作为编织终点端的额外加针。从第2行开始换成3号环形针编织。

6. 从袖窿挑针完成后的状态。从第2行开始，编织起点的7针额外加针按"配色线→底色线→配色线→底色线→配色线→底色线→配色线"编织，编织终点的7针额外加针按"配色线→底色线→配色线→底色线→配色线→底色线→配色线"编织，这样中间的2针均为配色线。加上额外加针的14针，接下来无须加、减针编织配色花样至第13行。

第14行 编织起点

7. 将编织了13行的额外加针部分做伏针收针。首先，在编织起点的2针里织下针，用左棒针挑起右侧的针目覆盖在第2针上（也可以用钩针做引拔收针）。

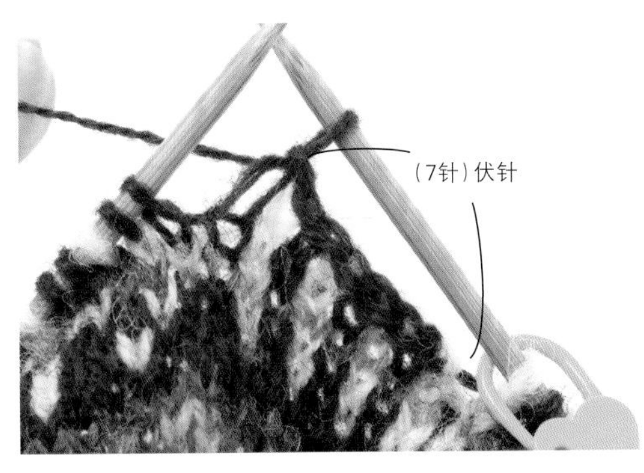

8. 重复"织1针下针，挑起右侧的针目覆盖在刚才织的下针上"，一共织7针伏针。接着，参照符号图编织配色花样。

第14行 编织终点

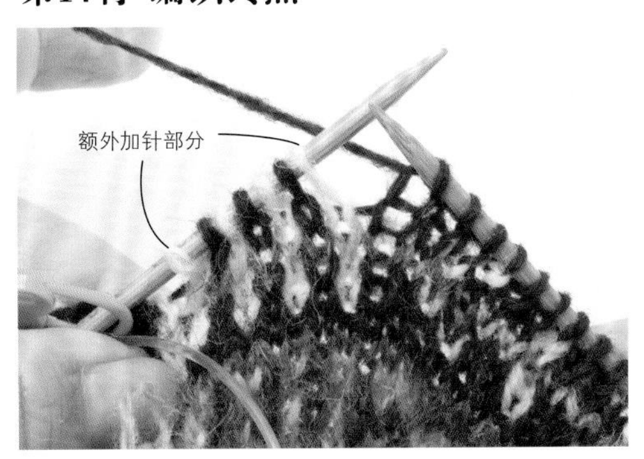

9. 编织至终点的额外加针部分前。

10. 在额外加针部分的2针里织下针，用左棒针挑起右侧的针目覆盖在第2针上。

11. 1针伏针收针后的状态。

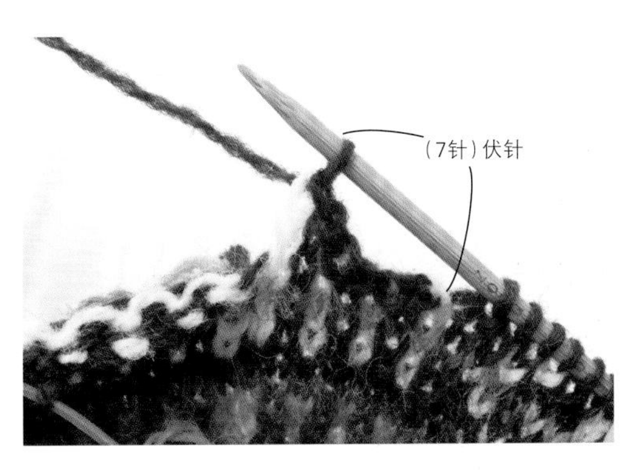

12. 按相同要领织7针伏针，然后将线剪断。

第15行之后

1. 从这里开始就无须编织额外加针部分，继续环形编织袖子。换线，并在编织起点位置放入记号扣。

2. 第15行完成后的状态。继续编织第16行。

3. 从第17行开始减针。在编织起点处用底色线织1针下针，在第2针和第3针里织左上2针并1针。

4. 在编织终点前的第2针和第3针里织右上2针并1针，最后1针用底色线织下针。按此要领，一边减针一边继续编织袖子。

5. 袖子完成后的状态。编织结束时做引拔收针。（※ 参照p.44）

往返编织前门襟

从下往上连续剪开额外加针部分，让人有种痛快的感觉。
编织前门襟，然后对剩下的少量线头和额外加针部分稍做处理，作品马上就可以完成了。

剪开额外加针部分

1. 从下摆开始，在中间的2针配色线针目之间剪开。用手指抵住织物内侧，以免剪到别的地方。

2. 径直剪到后领窝！在手法熟练之前，要一点点慢慢地剪开。

3. 剪开后，立刻呈现出开衫的形状。

编织前门襟　第1行（挑针）

1. 用1号环形针从右前端开始挑针。在额外加针部分和身片的针目之间入针，每行挑取1针。

2. 在前门襟和领子的交界处放入1个记号扣。领窝的2针并1针的地方在重叠的2针的下方针目里插入棒针挑针。（※ 参照p.42）

第2行

3. 前门襟是使用额外加针技法编织的作品中唯一进行往返编织的地方。从反面开始编织罗纹针。在第2行将针数调整至图解中指定的挑针针数。（※ 参照p.43）

第5行（扣眼）

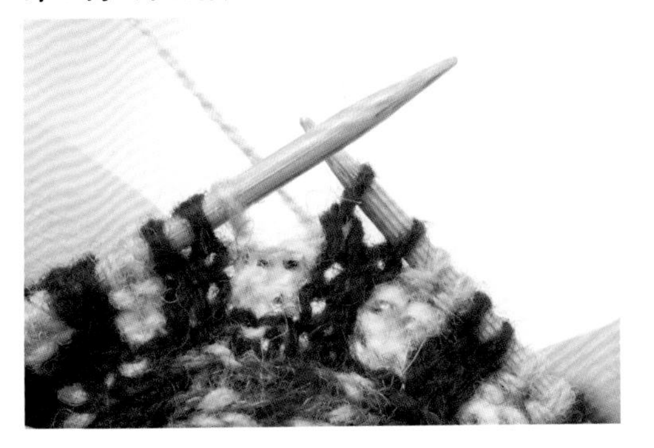

4. 编织至指定位置时，织右上2针并1针。

5. 用配色线在右棒针上绕2圈（2针挂针）。

6. 换成底色线，织左上2针并1针。

第6行

7. 第6行从反面编织时，在2针挂针里织下针的扭针。

8. 从正面看是2针上针的状态。

9. 编织至中途的状态。编织结束时用钩针做引拔收针。（※ 参照p.44）

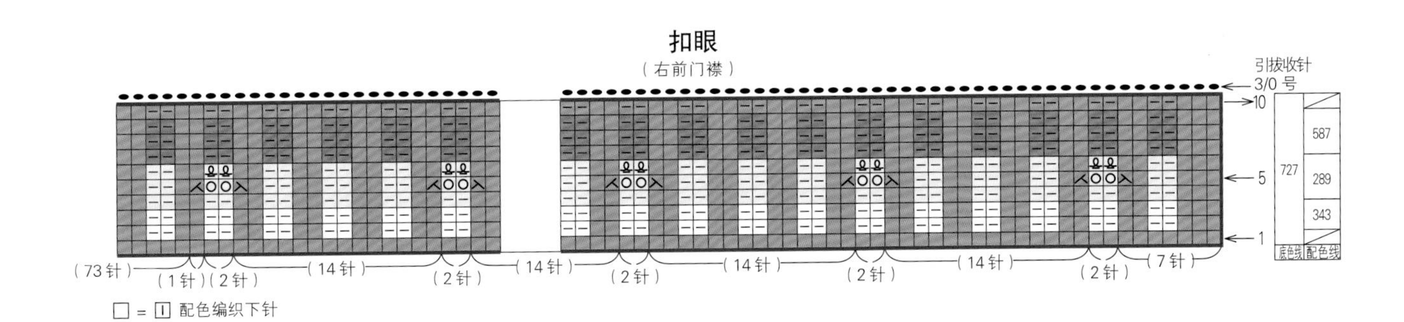

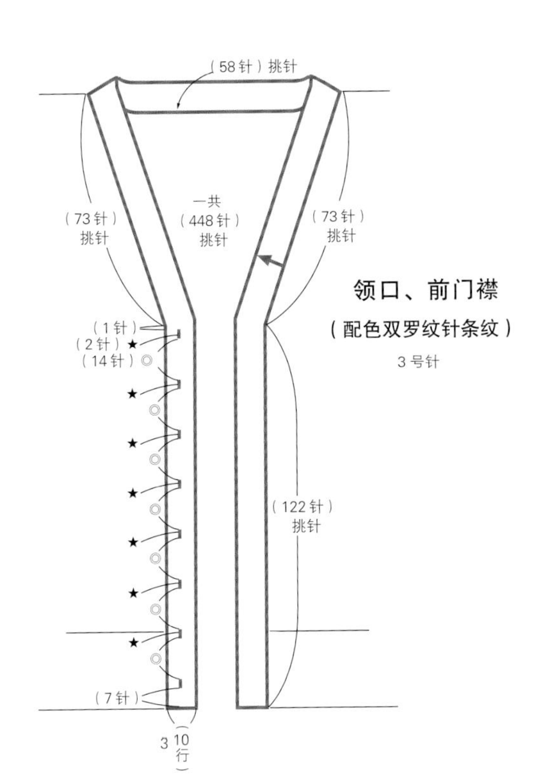

2针的扣眼（双罗纹针）

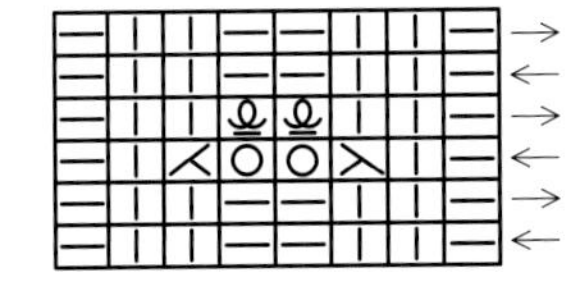

从正面编织的行

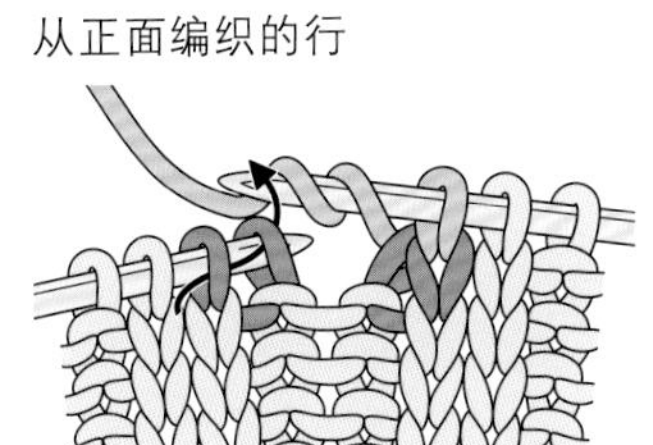

1. 如图所示，在右棒针上挂线做2针的挂针。

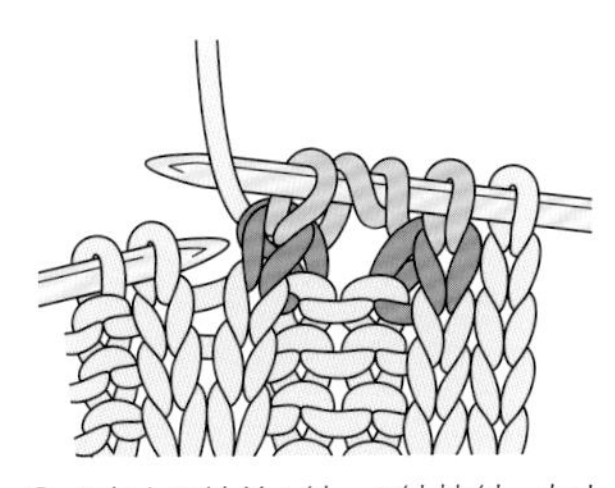

2. "右上2针并1针、2针挂针、左上2针并1针"完成。

从反面编织的行

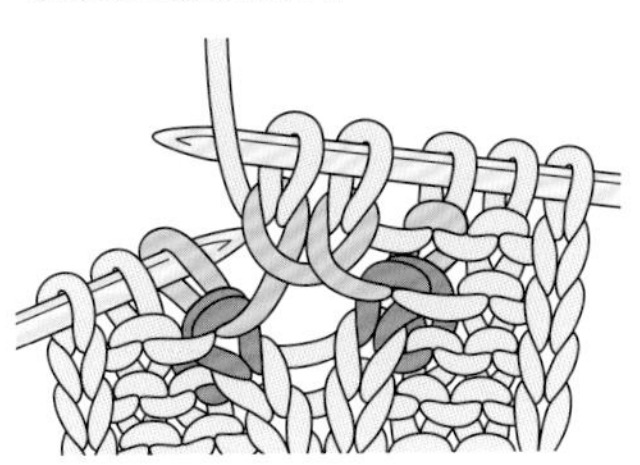

3. 分别在2针挂针里织扭针。

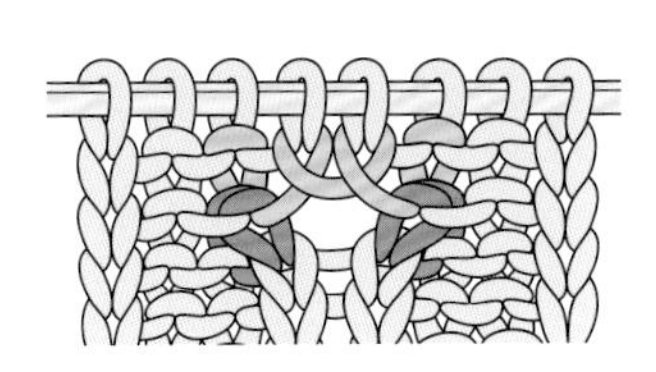

4. 下一针织上针。

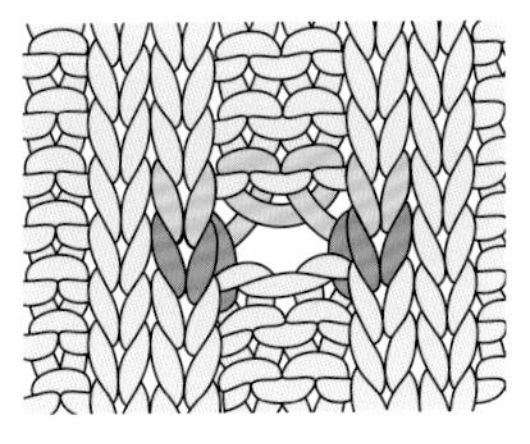

5. 从正面看到的状态。

各部位的收尾处理

腋下的缝合和额外加针部分稍做处理后，终于要完成了。

额外加针部分的收尾处理

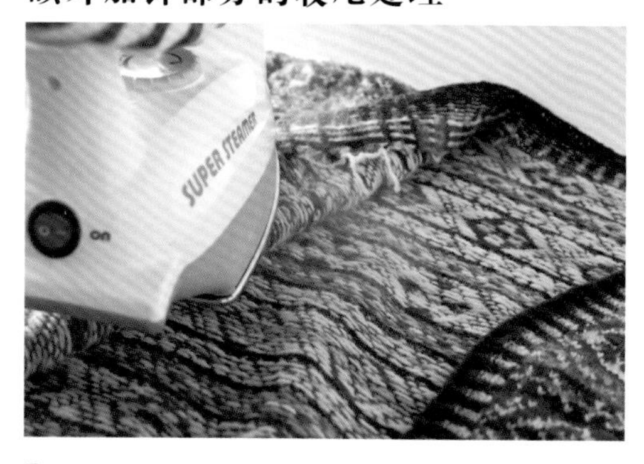

1. 在剪掉额外加针部分的边针前，可以先用蒸汽熨斗着重熨烫一下。

2. 额外加针部分留出5针，剪掉多余的边针。与剪开额外加针部分的要领相同，请使用锋利的剪刀。

3. 将边上的2针向内折，用珠针固定好。挑起折进内侧针目的边上半针、第3针的半针，以及身片的渡线做藏针缝。

腋下的缝合

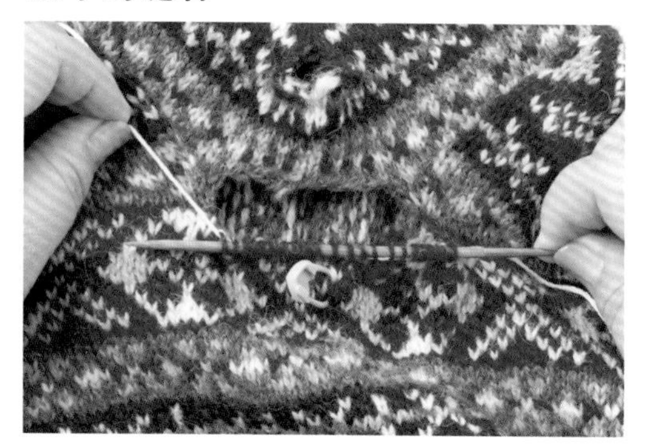

1. 将身片的休针针目移至棒针上。

2. 剪开袖子的额外加针部分。

3. 将额外加针部分与身片针目之间的各行和休针针目做“针与行的缝合”。

4. 虽然缝线在拉紧后是看不到针脚的，最好还是用不太显眼的颜色。

5. 缝合完成后的状态。

6. 在反面将袖子的额外加针部分按与前端相同要领做收尾处理。

针与行的缝合

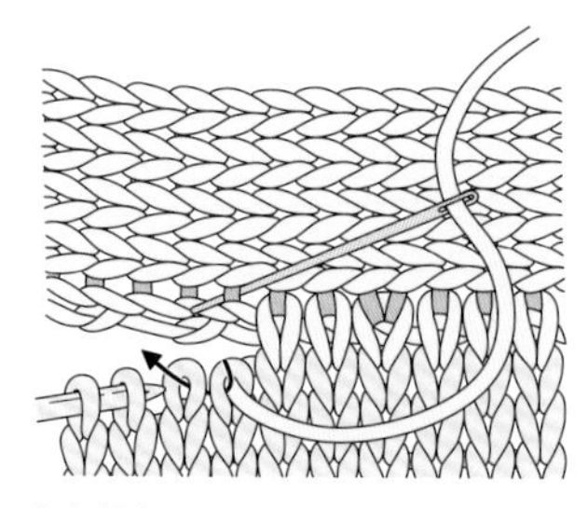

1. 先挑起1行，再如箭头所示在前面的2针里插入缝针。

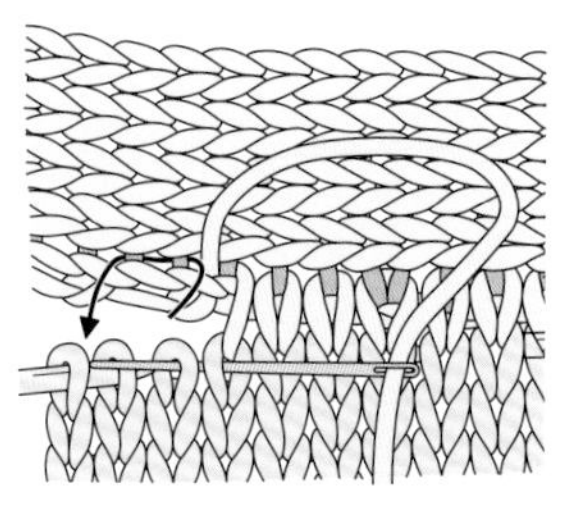

2. 行数比较多时，根据需要有时一次挑起2行进行调整。

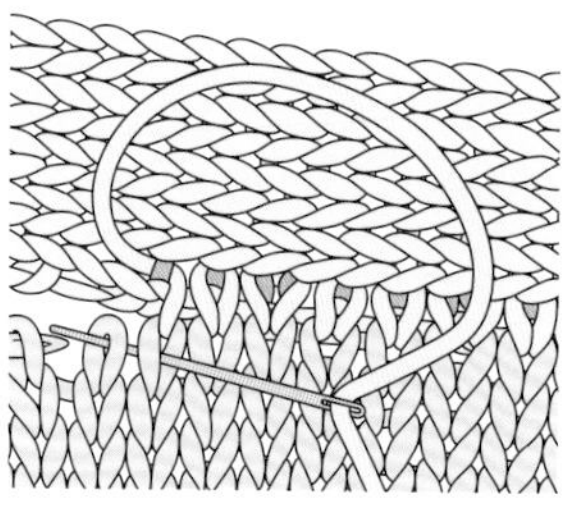

3. 交替在针与行里插入缝针。将缝线拉至看不见针脚为止。

7. 完成。

10-L ● Picture on p.15

［材料和工具］
用线…Jamieson' s Shetland Spindrift
色号、颜色名、使用量参照80页表
其他…直径15mm 的纽扣7颗
用针…3 号环形针（80cm）、1 号环形针（80cm），钩针 3/0号

［成品尺寸］
胸围107cm、肩背宽45cm、衣长66cm、袖长59cm

［密度］
10cm×10cm 面积内：配色花样29针、31行

［编织要点］
※ 挑针时用1号环形针，其他均用3号环形针编织。

1. 加上额外加针部分的14针一起起针。→ p.67
2. 从编织起点的7针额外加针开始环形编织，接着编织罗纹针，最后再编织终点的7针额外加针。→ p.67
3. 在第1行加针后，一边编织额外加针部分，一边编织配色花样。→ p.70
4. 一边编织额外加针部分，一边做领窝的减针。→ p.40
5. 将袖窿的针目休针，额外加针后继续编织。→ p.36
6. 肩部用钩针做引拔接合。→ p.41
7. 剪开袖窿的额外加针部分。→ p.71
8. 从袖窿挑针后编织袖子，其中额外加针部分编织至中途。→ p.73
9. 剪开前端和领窝的额外加针部分。→ p.76
10. 往返编织领口和前门襟，中途留出扣眼。→ p.76
11. 编织结束时用钩针做引拔收针。→ p.44
12. 线头处理和额外加针部分的收尾处理。→ p.78
13. 用蒸汽熨斗整烫定型。→ p.78
14. 最后缝上纽扣。

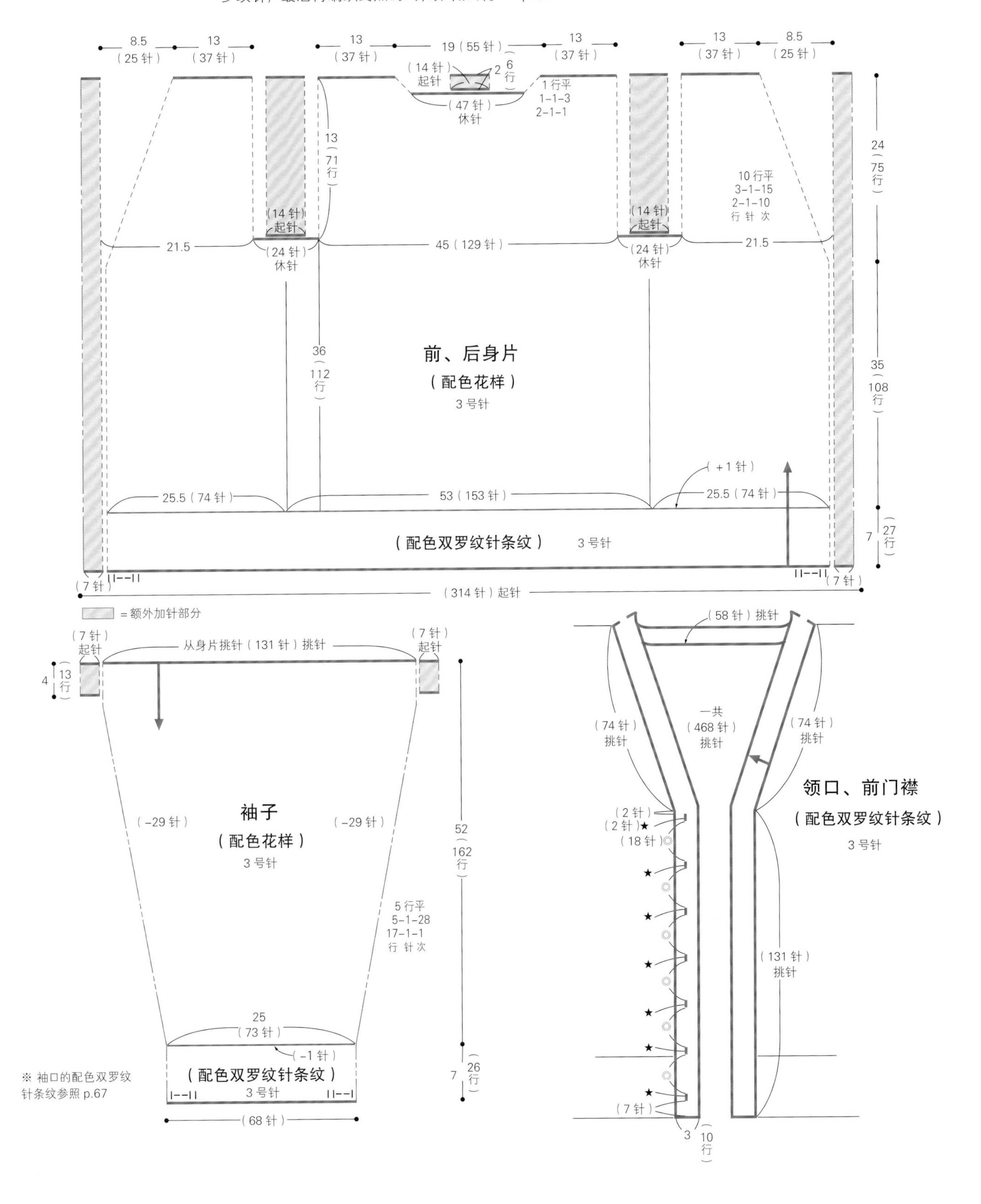

※ 下摆的配色双罗纹针条纹参照 p.68、69

色号、颜色名、使用量

	色号 · 英文名称	颜色名	使用量
■	727 · Admiral Navy	藏青色	125 g / 5 团
■	587 · Madder	暗橙红色	110 g / 5 团
□	289 · Gold	金黄色	100 g / 4 团
□	343 · Ivory	象牙白色	65 g / 3 团
■	108 · Moorit	棕色	65 g / 3 团

中心
— = L号(后身片)
— = XL号(后身片)
— = L号(袖子)
= XL号(袖子)
扣眼（右前门襟）
引拔收针
3/0号
（74针）
（2针）
（2针）
（18针）
（2针）
（18针）
（2针）
（18针）
（2针）
（7针）
□ = ⊡ 配色编织下针

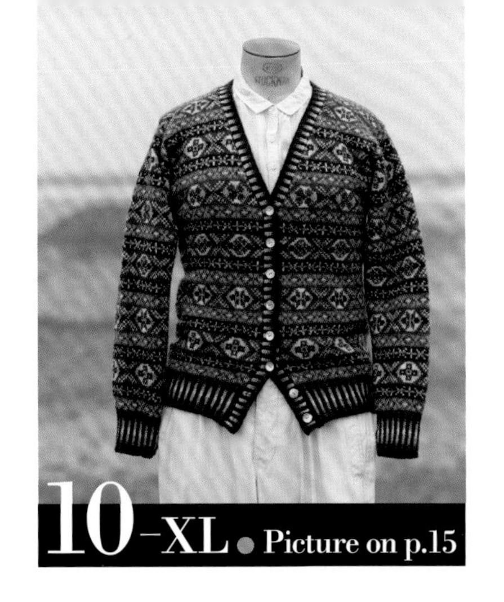

[材料和工具]

用线…Jamieson' s Shetland Spindrift

色号、颜色名、使用量参照83页表

其他…直径15mm 的纽扣8颗

用针…3 号环形针（80cm）、1 号环形针（80cm），钩针 3/0号

[成品尺寸]

胸围116cm、肩背宽50cm、衣长70cm、袖长61.5cm

[密度]

10cm×10cm 面积内：配色花样29针、31行

[编织要点]

※ 挑针时用1号环形针，其他均用3号环形针编织。

1. 加上额外加针部分的14针一起起针。→ p.67
2. 从编织起点的7针额外加针开始环形编织，接着编织罗纹针，最后再编织终点的7针额外加针。→ p.67
3. 在第 1 行加针后，一边编织额外加针部分，一边编织配色花样。→ p.70
4. 一边编织额外加针部分，一边做领窝的减针。→ p.40
5. 将袖窿的针目休针，额外加针后继续编织。→ p.36
6. 肩部用钩针做引拔接合。→ p.41
7. 剪开袖窿的额外加针部分。→ p.71
8. 从袖窿挑针后编织袖子，其中额外加针部分编织至中途。→ p.73
9. 剪开前端和领窝的额外加针部分。→ p.76
10. 往返编织领口和前门襟，中途留出扣眼。→ p.76
11. 编织结束时用钩针做引拔收针。→ p.44
12. 线头处理和额外加针部分的收尾处理。→ p.78
13. 用蒸汽熨斗整烫定型。→ p.78
14. 最后缝上纽扣。

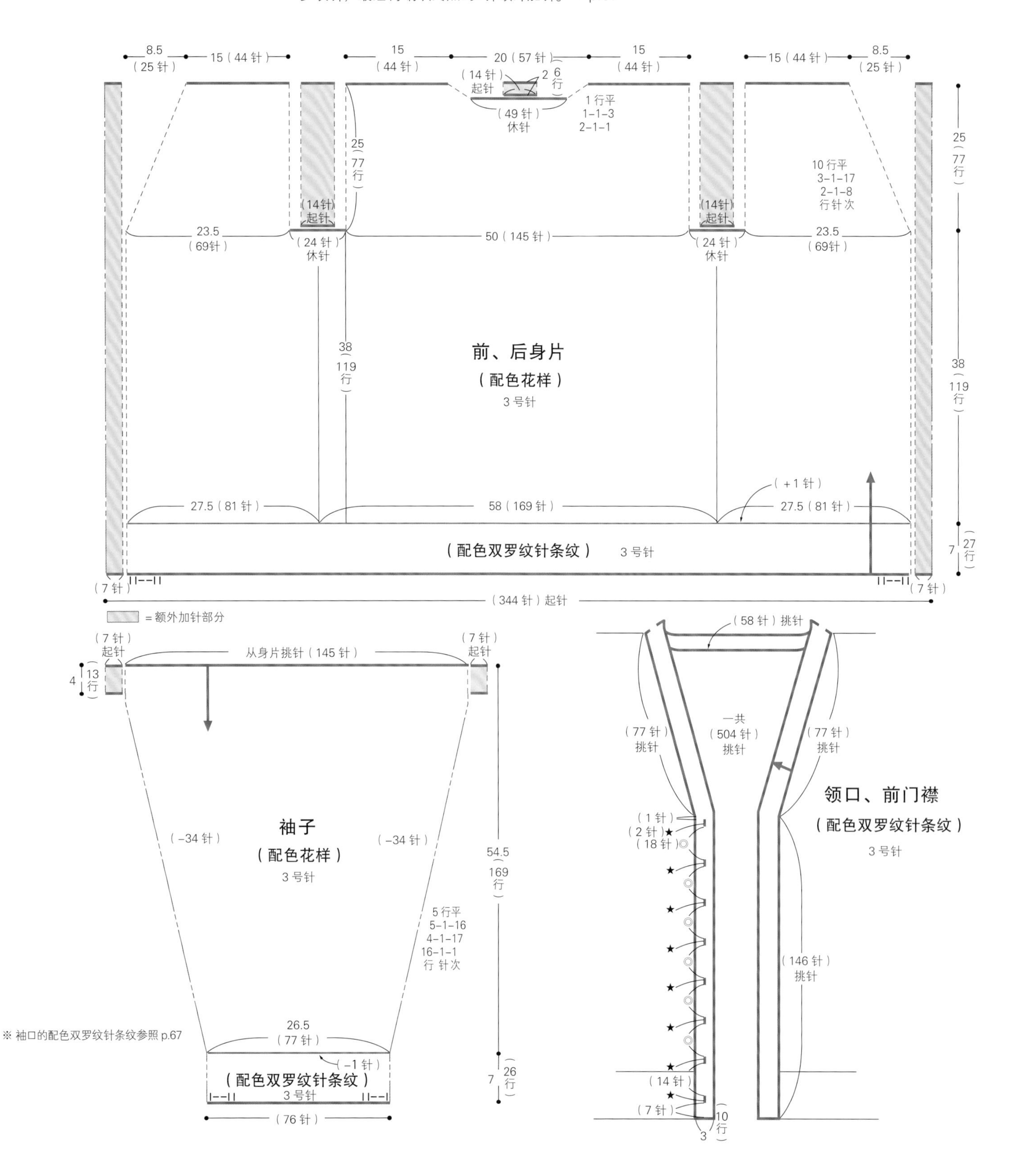

※ 后身片和袖子参照 p.81

扣眼 （右前门襟）

引拔收针
3/0 号
10
5
1
（2 针）（18 针）（2 针）（14 针）（2 针）（7 针）
□ = ▯ 配色编织下针

色号、颜色名、使用量

	色号 · 英文名称	颜色名	使用量
■	727 · Admiral Navy	藏青色	145 g / 6 团
■	587 · Madder	暗橙红色	125 g / 5 团
□	289 · Gold	金黄色	110 g / 5 团
□	343 · Ivory	象牙白色	75 g / 3 团
■	108 · Moorit	棕色	75 g / 3 团

［材料和工具］
用线…J & S（Jamieson & Smith） 2PLY
色号、颜色名、使用量参照下表
其他…直径18mm 的纽扣6颗
用针…3 号环形针（80cm）、1 号环形针（80cm），钩针3/0号

［成品尺寸］
胸围93cm、肩背宽38cm、衣长58.5cm、袖长54cm

［密度］
10cm×10cm 面积内：配色花样28针、30.5行

［编织要点］
※ 挑针时用1号环形针，其他均用3号环形针编织。

1. 加上额外加针部分的14针一起起针。→ p.67
2. 从编织起点的7针额外加针开始环形编织，接着编织罗纹针，最后再编织终点的7针额外加针。→ p.67
3. 在第 1 行减针后，一边编织额外加针部分，一边编织配色花样。
4. 一边编织额外加针部分，一边做领窝的减针。→ p.40
5. 一边编织额外加针部分，一边做袖窿的减针。→ p.36
6. 肩部用钩针做引拔接合。→ p.41
7. 剪开袖窿的额外加针部分。→ p.71
8. 从袖窿挑针后编织袖子，其中额外加针部分编织至中途。→ p.73
9. 剪开前端和领窝的额外加针部分。→ p.76
10. 挑针后往返编织领口和前门襟，中途留出扣眼。→ p.76
11. 编织结束时用钩针做引拔收针。→ p.44
12. 线头处理和额外加针部分的收尾处理。→ p.78
13. 用蒸汽熨斗整烫定型。→ p.78
14. 最后缝上纽扣。

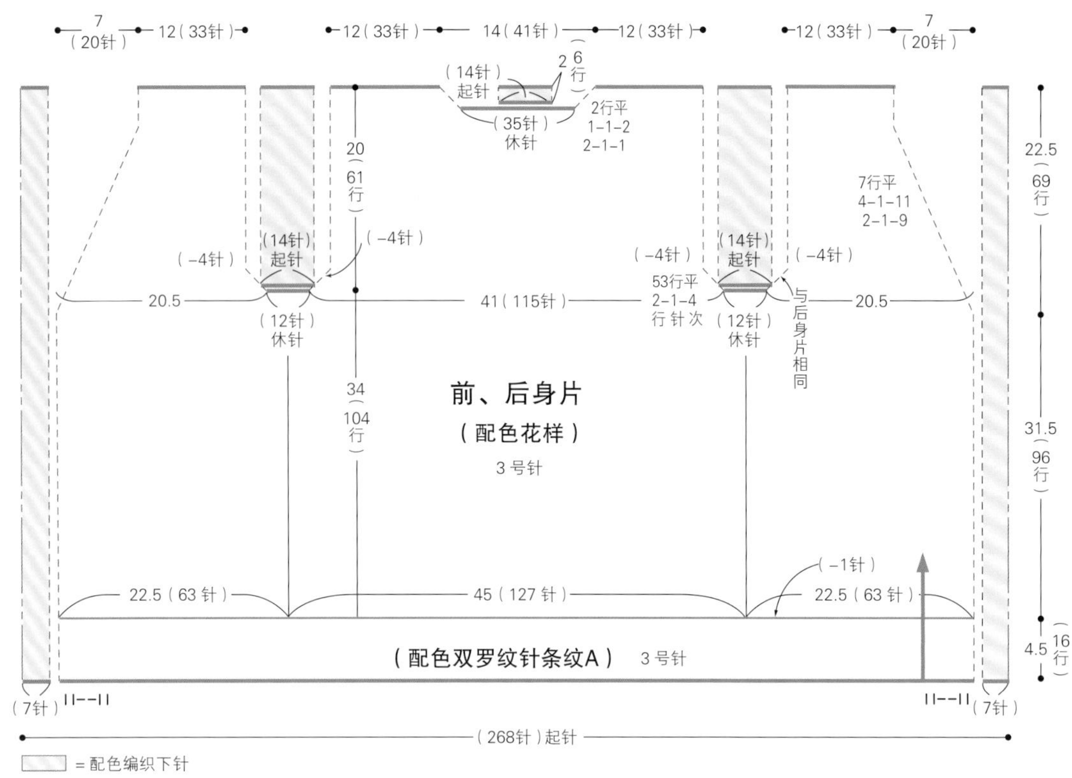

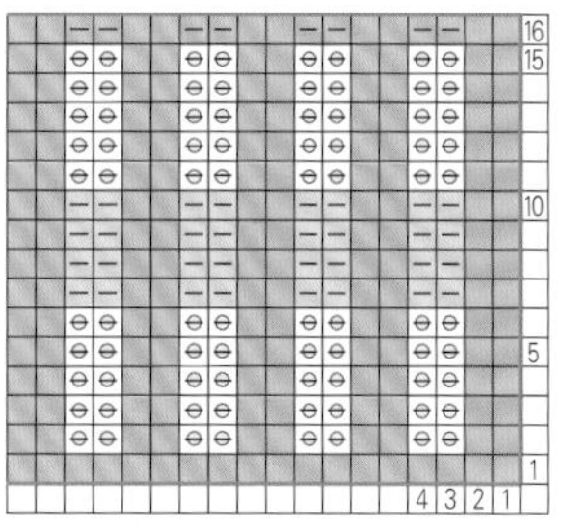

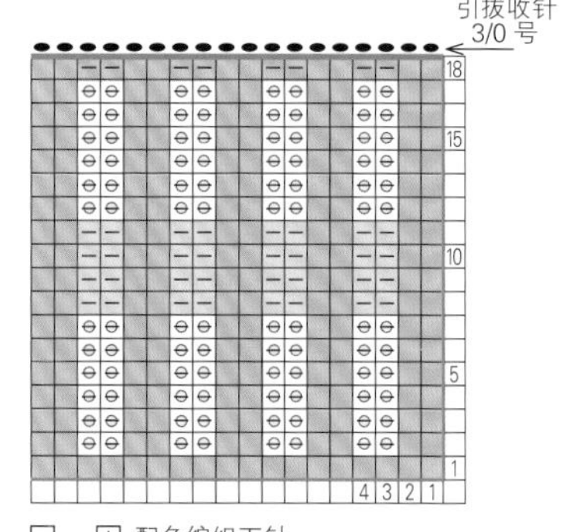

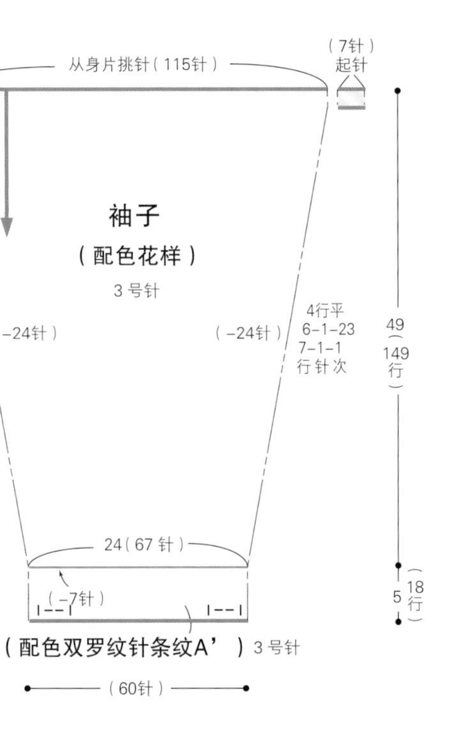

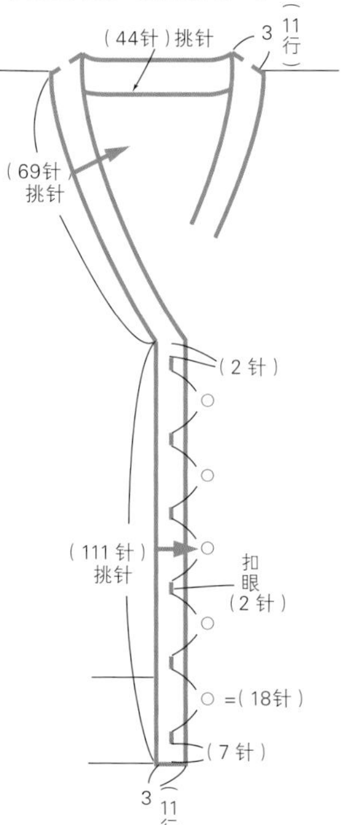

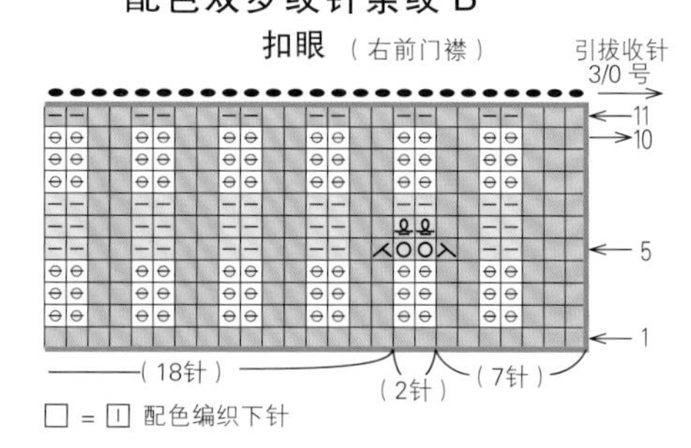

色号、颜色名、使用量

	色号・颜色名	使用量
■	5・黑褐色	100 g / 4 团
■	4・深棕色	100 g / 4 团
◎	202・灰米色	70 g / 3 团
□	FC61・蓝灰色	45 g / 2 团
■	125・砖红色	30 g / 2 团
●	FC58・褐色	20 g / 1 团
■	142・钴蓝色	少量 / 1 团
□	121・黄色	少量 / 1 团

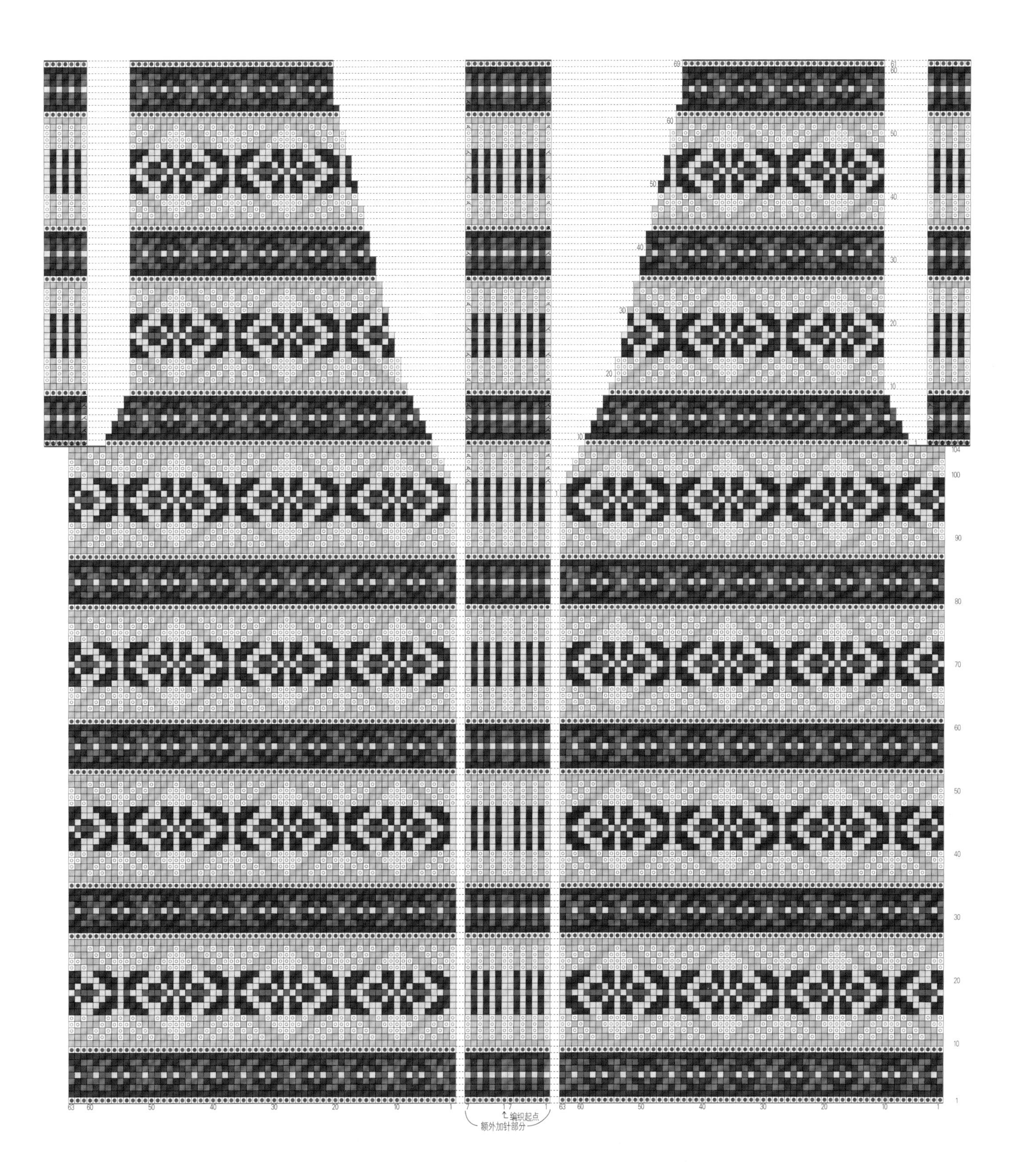
编织起点
额外加针部分

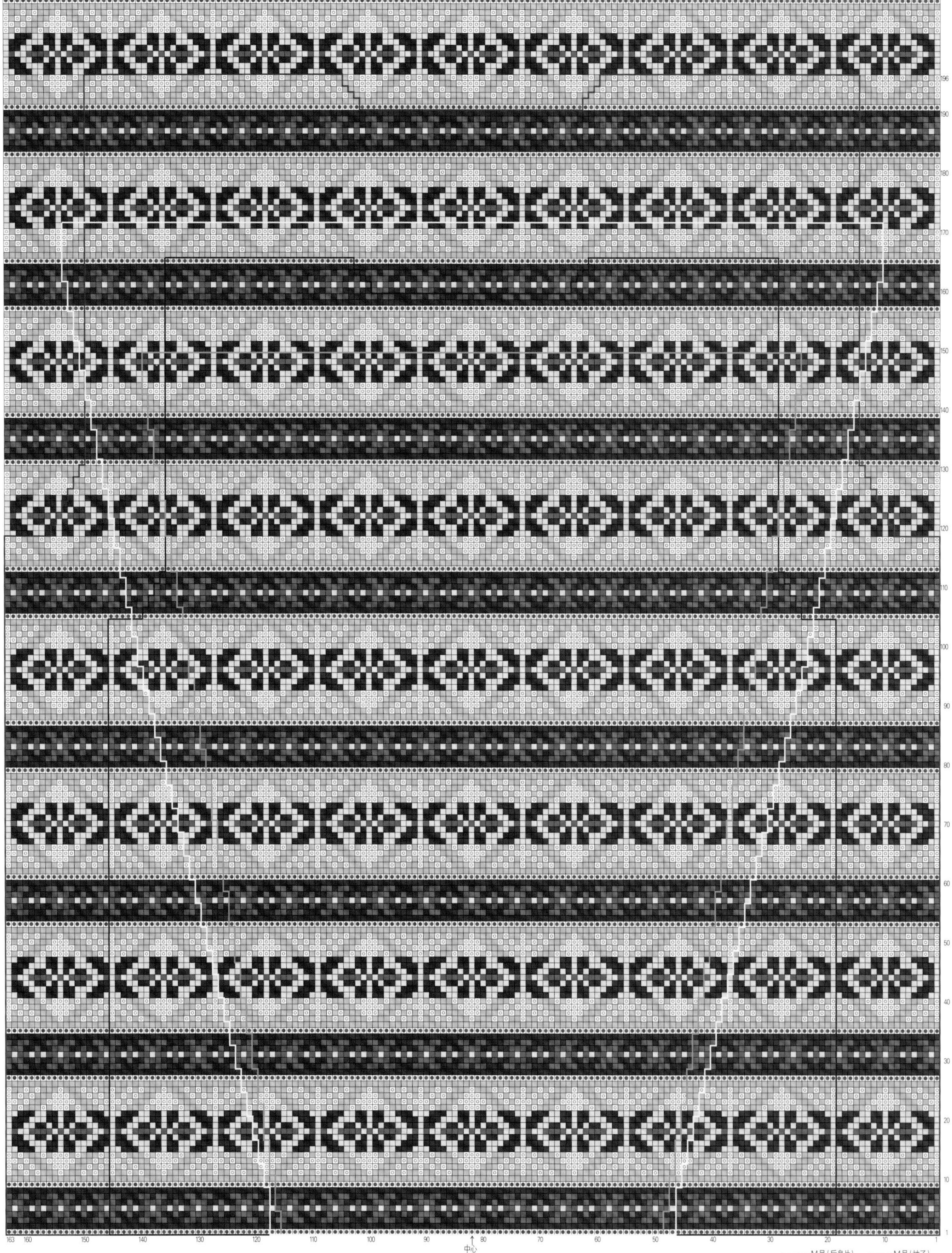

※ 花样由中心向左右两侧对称分布

［材料和工具］

用线…J & S（Jamieson & Smith） 2PLY

色号、颜色名、使用量参照下表

其他…直径18mm 的纽扣7颗

用针…3 号环形针（80cm）、1 号环形针（80cm），钩针3/0号

［成品尺寸］

胸围106cm、肩背宽42cm、衣长64.5cm、袖长59.5cm

［密度］

10cm×10cm 面积内：配色花样28针、30.5行

［编织要点］

※ 挑针时用1号环形针，其他均用3号环形针编织。

1. 加上额外加针部分的14针一起起针。→ p.67
2. 从编织起点的7针额外加针开始环形编织，接着编织罗纹针，最后再编织终点的7针额外加针。→ p.67
3. 在第 1 行加针后，一边编织额外加针部分，一边编织配色花样。→ p.70
4. 一边编织额外加针部分，一边做领窝的减针。→ p.40
5. 一边编织额外加针部分，一边做袖窿的减针。→ p.36
6. 肩部用钩针做引拔接合。→ p.41
7. 剪开袖窿的额外加针部分。→ p.71
8. 从袖窿挑针后编织袖子，其中额外加针部分编织至中途。→ p.73
9. 剪开前端和领窝的额外加针部分。→ p.76
10. 挑针后往返编织领口和前门襟，中途留出扣眼。→ p.76
11. 编织结束时用钩针做引拔收针。→ p.44
12. 线头处理和额外加针部分的收尾处理。→ p.78
13. 用蒸汽熨斗整烫定型。→ p.78
14. 最后缝上纽扣。

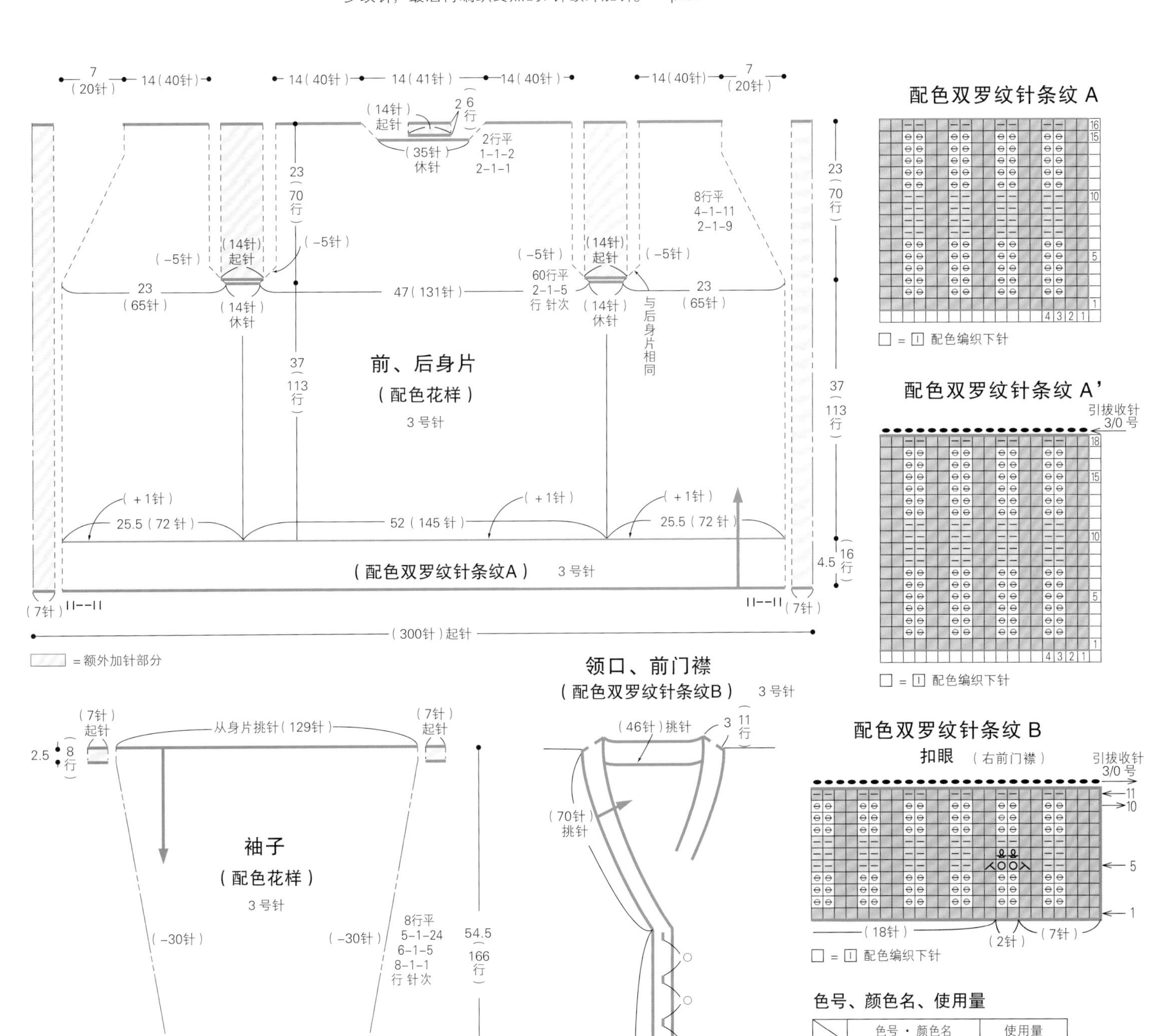

色号、颜色名、使用量

	色号・颜色名	使用量
■	5・黑褐色	125 g / 5 团
▨	4・深棕色	125 g / 5 团
◎	202・灰米色	90 g / 4 团
□	FC61・蓝灰色	60 g / 3 团
▩	125・砖红色	40 g / 2 团
◉	FC58・褐色	25 g / 1 团
▦	142・钴蓝色	少量 / 1 团
□	121・黄色	少量 / 1 团

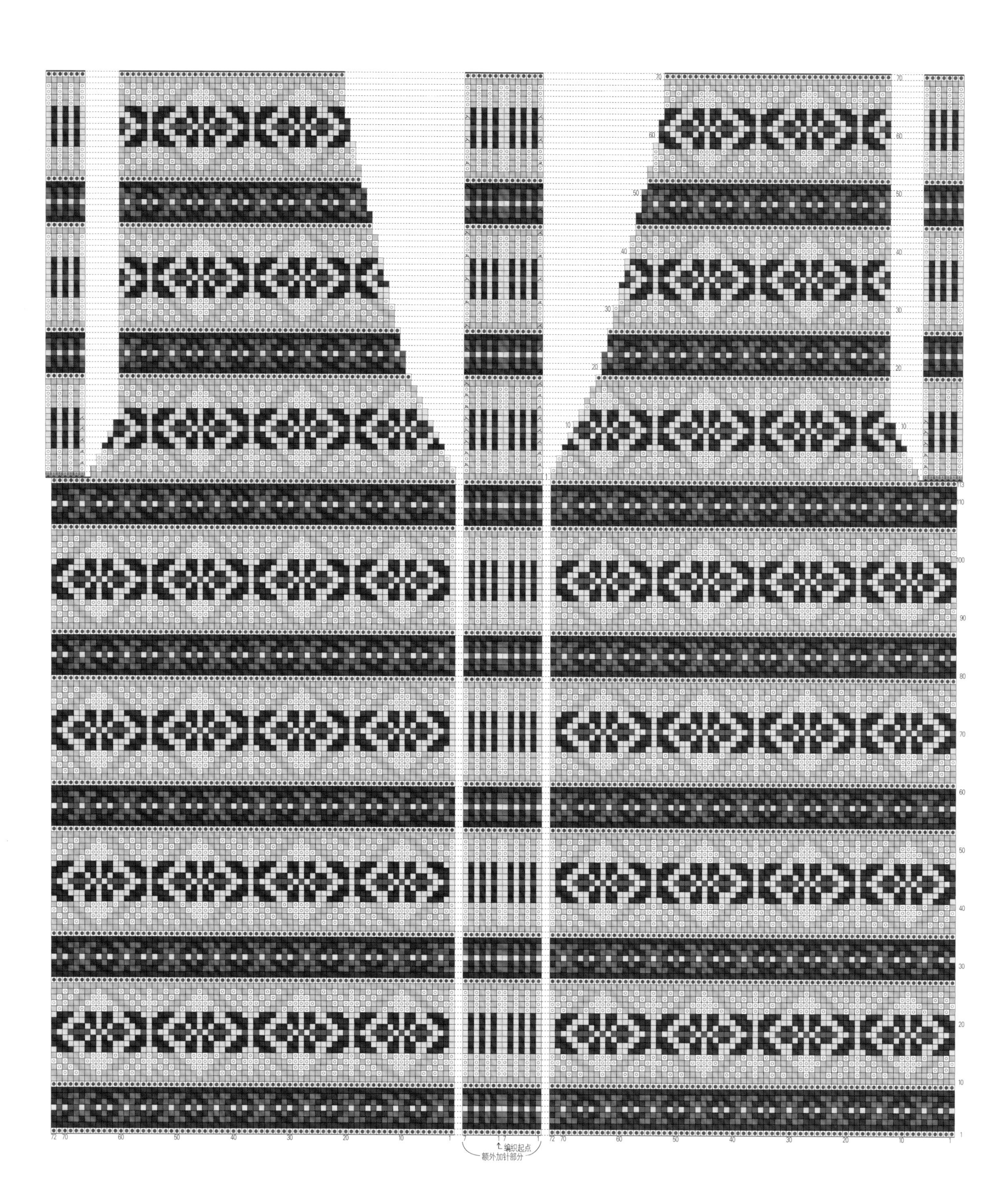

编织起点
额外加针部分

※ 花样由中心向左右两侧对称分布

[材料和工具]
用线…J & S（Jamieson & Smith） 2PLY
色号、颜色名、使用量参照下表
其他…直径18mm 的纽扣8颗
用针…3 号环形针（80cm）、1 号环形针（80cm），钩针3/0号

[成品尺寸]
胸围119cm、肩背宽48cm、衣长68.5cm、袖长61cm

[密度]
10cm×10cm 面积内：配色花样28针、30.5行

[编织要点]
※ 挑针时用1号环形针，其他均用3号环形针编织。

1. 加上额外加针部分的14针一起起针。→ p.67
2. 从编织起点的7针额外加针开始环形编织，接着编织罗纹针，最后再编织终点的7针额外加针。→ p.67
3. 在第 1 行加针后，一边编织额外加针部分，一边编织配色花样。→ p.70
4. 一边编织额外加针部分，一边做领窝的减针。→ p.40
5. 一边编织额外加针部分，一边做袖窿的减针。→ p.36
6. 肩部用钩针做引拔接合。→ p.41
7. 剪开袖窿的额外加针部分。→ p.71
8. 从袖窿挑针后编织袖子，其中额外加针部分编织至中途。→ p.73
9. 剪开前端和领窝的额外加针部分。→ p.76
10. 前门襟一边挑针一边做卷针加针。往返编织领口和前门襟，中途留出扣眼。→ p.76
11. 编织结束时用钩针做引拔收针。→ p.44
12. 线头处理和额外加针部分的收尾处理。→ p.78
13. 用蒸汽熨斗整烫定型。→ p.78
14. 最后缝上纽扣。

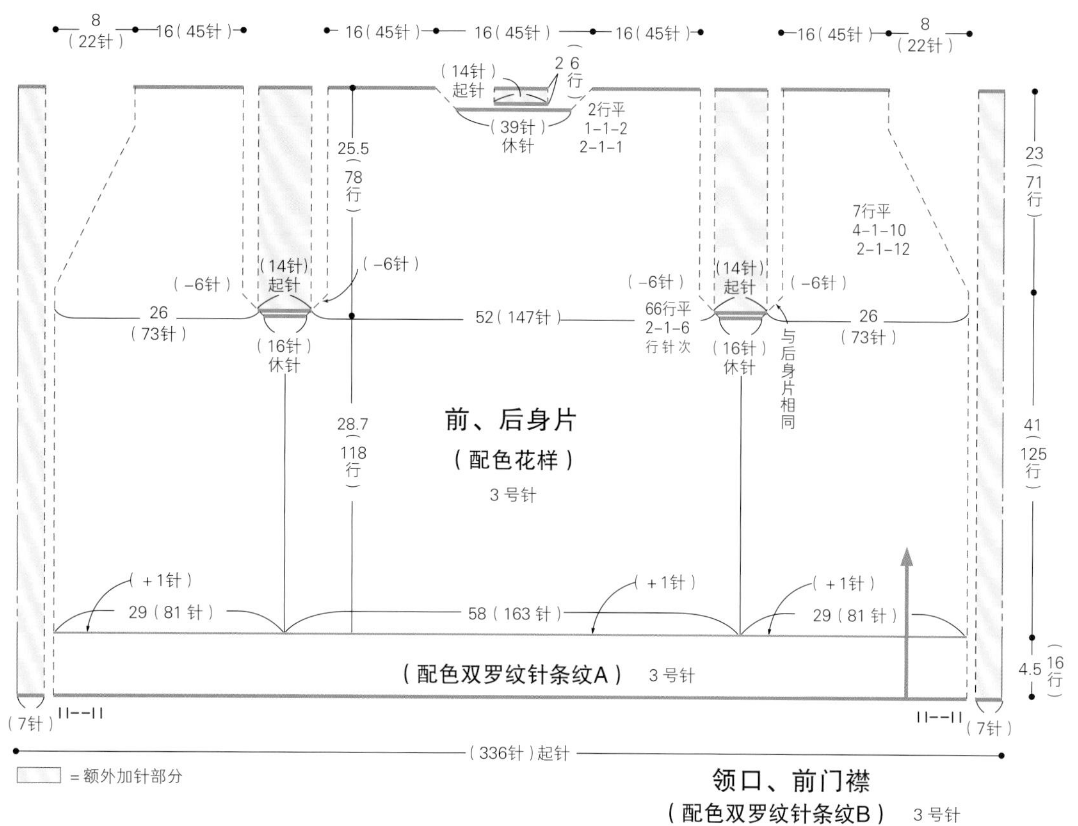

领口、前门襟
（配色双罗纹针条纹B） 3 号针

（50针）挑针　3（11行）
（70针）挑针
扣眼（2 针）
（145 针）挑针
○ =（18针）
（3 针）
3（11行）

袖子
（配色花样）
3 号针

（7针）起针　从身片挑针（143针）　（7针）起针
3（10行）
（-36针）　（-36针）
8行平
4-1-22
5-1-13
10-1-1
行 针 次
56（171行）
25（71 针）
（-3针）
5（18行）
（配色双罗纹针条纹A'） 3 号针
（68针）

配色双罗纹针条纹 A

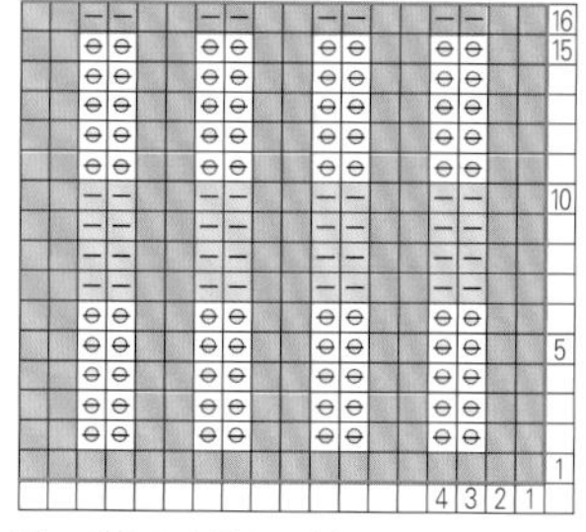

□ = 丨 配色编织下针

配色双罗纹针条纹 A'

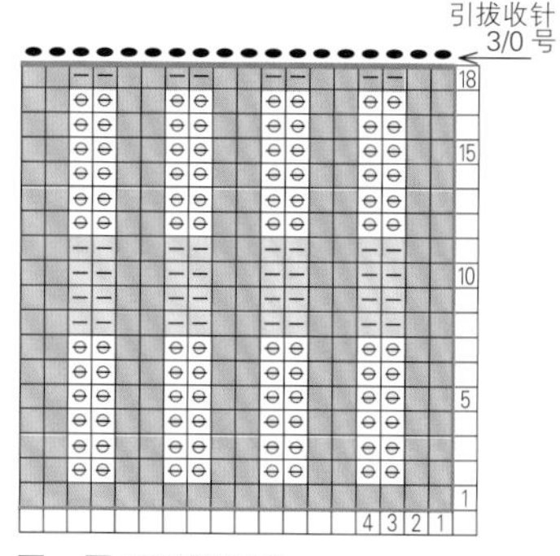

□ = 丨 配色编织下针

配色双罗纹针条纹 B

扣眼 （右前门襟）

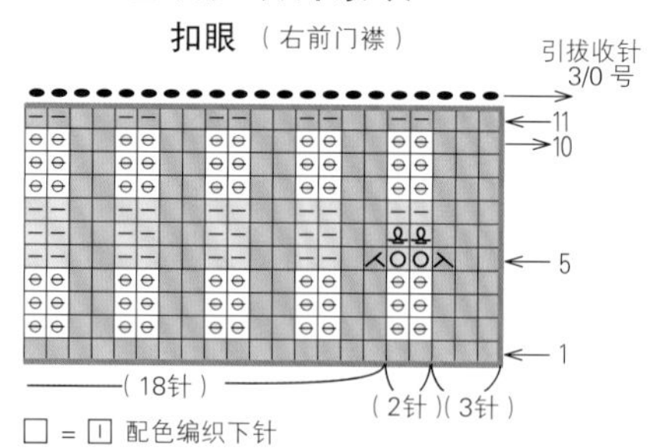

□ = 丨 配色编织下针

色号、颜色名、使用量

	色号・颜色名	使用量
■	5・黑褐色	150 g / 6 团
■	4・深棕色	150 g / 6 团
◎	202・灰米色	110 g / 5 团
□	FC61・蓝灰色	65 g / 3 团
■	125・砖红色	45 g / 2 团
●	FC58・褐色	30 g / 2 团
■	142・钴蓝色	少量 / 1 团
□	121・黄色	少量 / 1 团

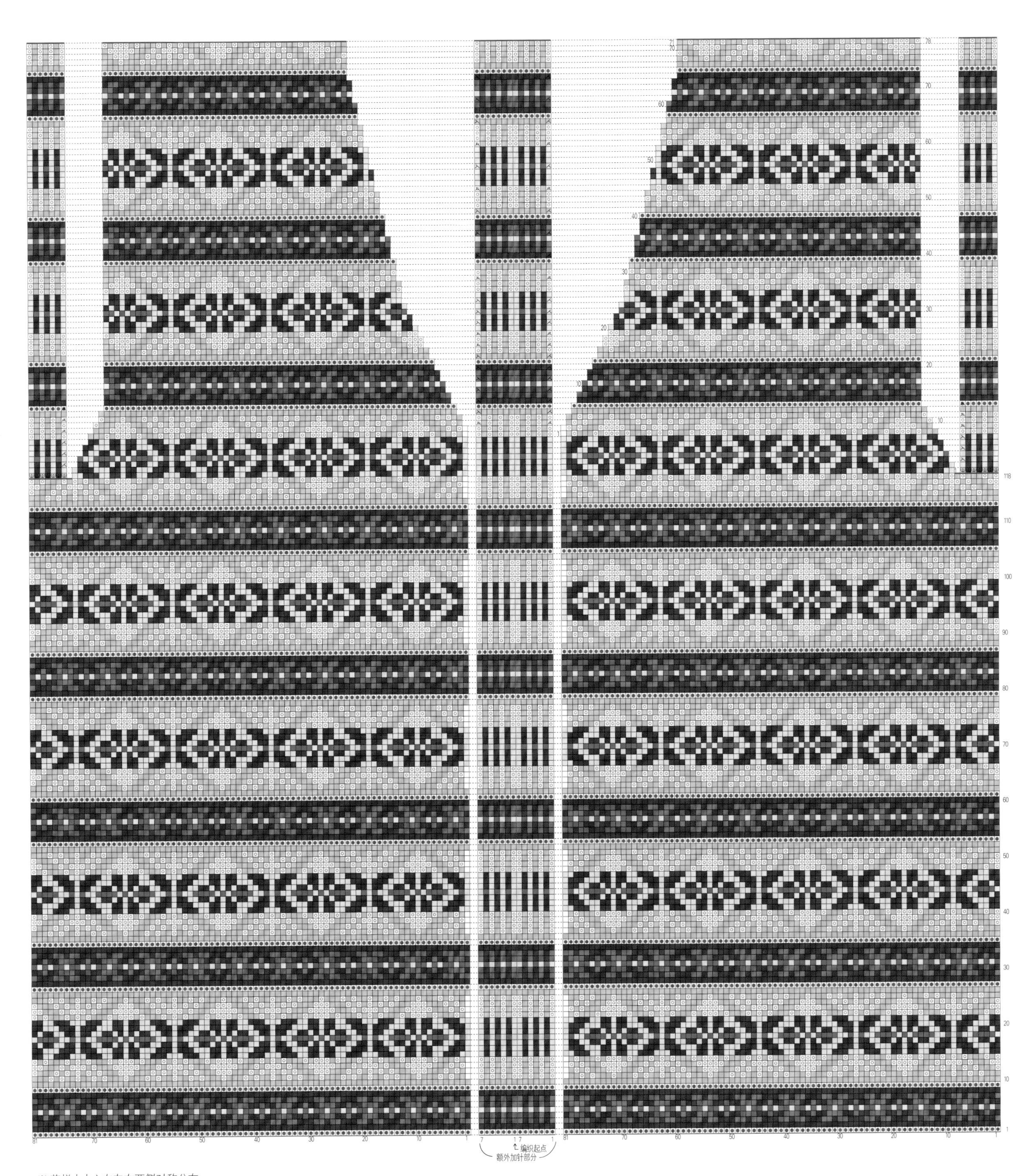

※ 花样由中心向左右两侧对称分布

※ 后身片和袖子参照 p.86

7-M ● Picture on p.13

[材料和工具]

用线…Jamieson's Shetland Spindrift

色号、颜色名、使用量参照下表

其他…直径20mm 的纽扣7颗

用针…3 号环形针（80cm）、1 号环形针（80cm），钩针3/0号

[成品尺寸]

胸围90.5cm、肩背宽35cm、衣长57cm、袖长55.5cm

[密度]

10cm×10cm 面积内：配色花样31.5针、33行

[编织要点]

※ 挑针时用1号环形针，其他均用3号环形针编织。

1. 加上额外加针部分的14针一起起针。→ p.67
2. 从编织起点的7针额外加针开始环形编织，接着编织罗纹针，最后再编织终点的7针额外加针。→ p.67
3. 在第 1 行加针后，一边编织额外加针部分，一边编织配色花样。→ p.70
4. 将袖窿的针目休针，额外加针后继续编织。→ p.36
5. 一边编织额外加针部分，一边做领窝的减针。→ p.40
6. 肩部用钩针做引拔接合。→ p.41
7. 剪开袖窿的额外加针部分。→ p.71
8. 从袖窿挑针后编织袖子，其中额外加针部分编织至中途。→ p.73
9. 剪开前端和领窝的额外加针部分。→ p.76
10. 往返编织领口。→ p.76
11. 往返编织前门襟，中途留出扣眼。→ p.76
12. 编织结束时用钩针做引拔收针。→ p.44
13. 线头处理和额外加针部分的收尾处理。→ p.78
14. 用蒸汽熨斗整烫定型。→ p.78
15. 最后缝上纽扣。

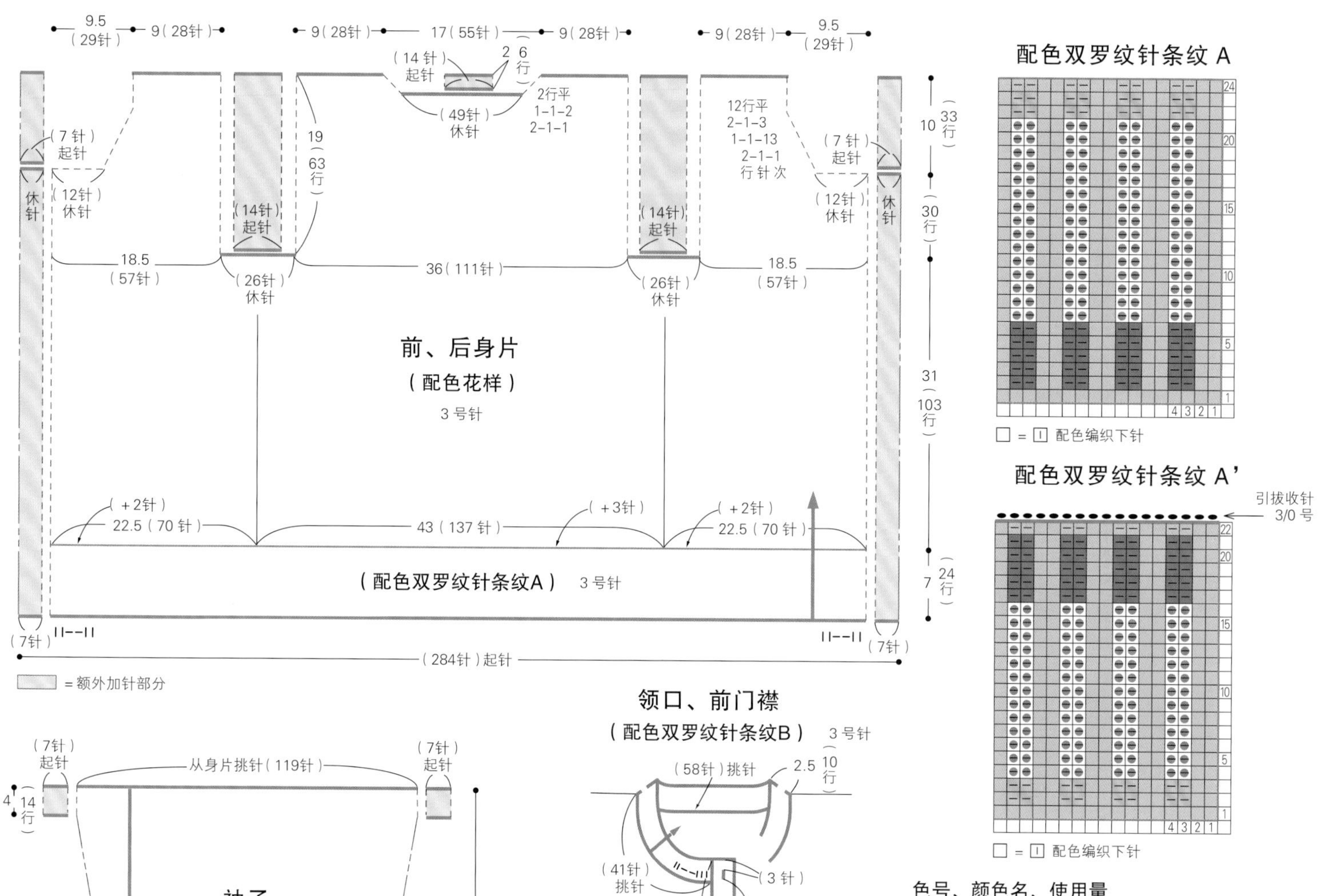

袖子（配色花样）3 号针

（7针）起针 从身片挑针（119针） 4（14行） 49（162行） （−25针） 4行平 6-1-24 14-1-1 行针次 22（69针） （−1针） 6.5（22行） （配色双罗纹针条纹A'） 3号针 （68针）

领口、前门襟（配色双罗纹针条纹B） 3 号针

（58针）挑针 2.5（10行） （41针）挑针 （3针） 扣眼（2针） （132针）挑针 ○ =（18针） （7针） 2.5（10行）

色号、颜色名、使用量

	色号・英文名称	颜色名	使用量
	103・Sholmit	灰色	100 g / 4 团
	1130・Lichen	绿灰色	40 g / 2 团
	253・Seaweed	卡其色	40 g / 2 团
	168・Clyde blue	灰蓝色	35 g / 2 团
	580・Cherry	深红色	30 g / 2 团
	861・Sandal wood	灰橙色	20 g / 1 团
	239・Purple Heather	酒红色混染	20 g / 1 团
	1300・Aubretia	蓝紫色	20 g / 1 团
	789・Marjoram	苔绿色	20 g / 1 团
	578・Rust	深橙红色	15 g / 1 团
	140・Rye	黄灰色	15 g / 1 团
	769・Willow	灰黄绿色	少量 / 1 团
	595・Maroon	绛紫色	少量 / 1 团
	350・Lemon	柠檬黄色	少量 / 1 团

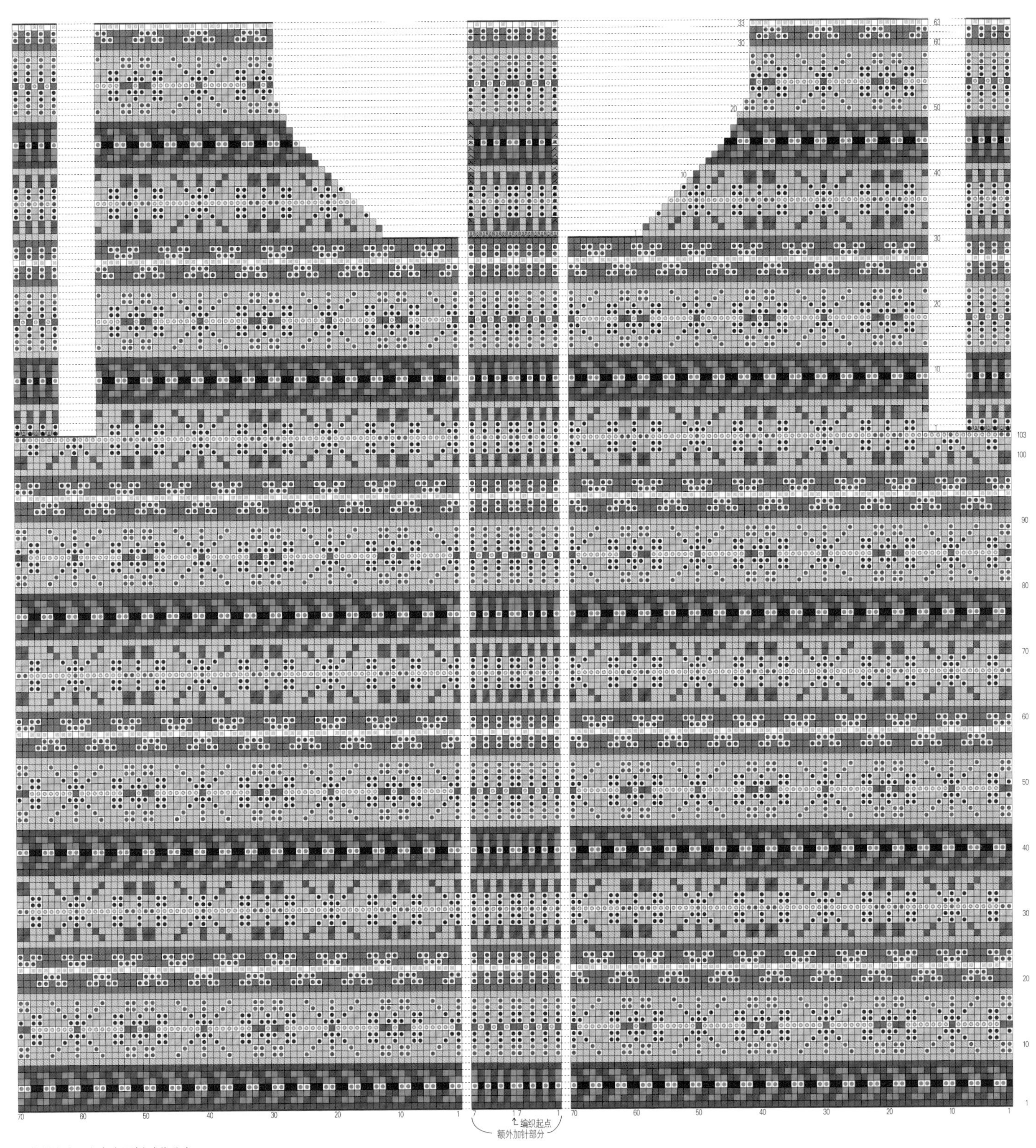

※ 花样由中心向左右两侧对称分布

配色双罗纹针条纹 B 领口、前门襟

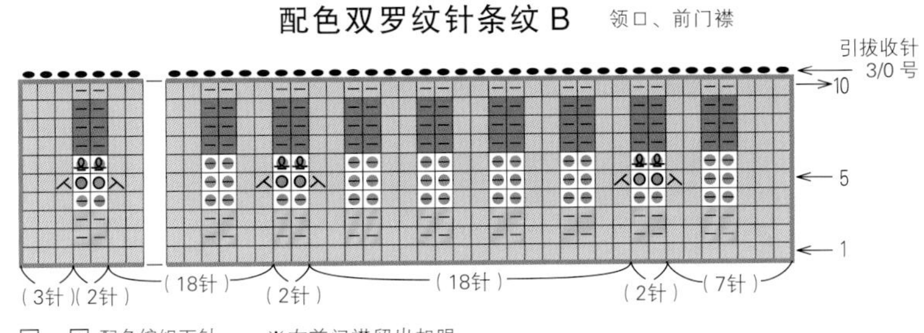

□ = ⊡ 配色编织下针　※右前门襟留出扣眼

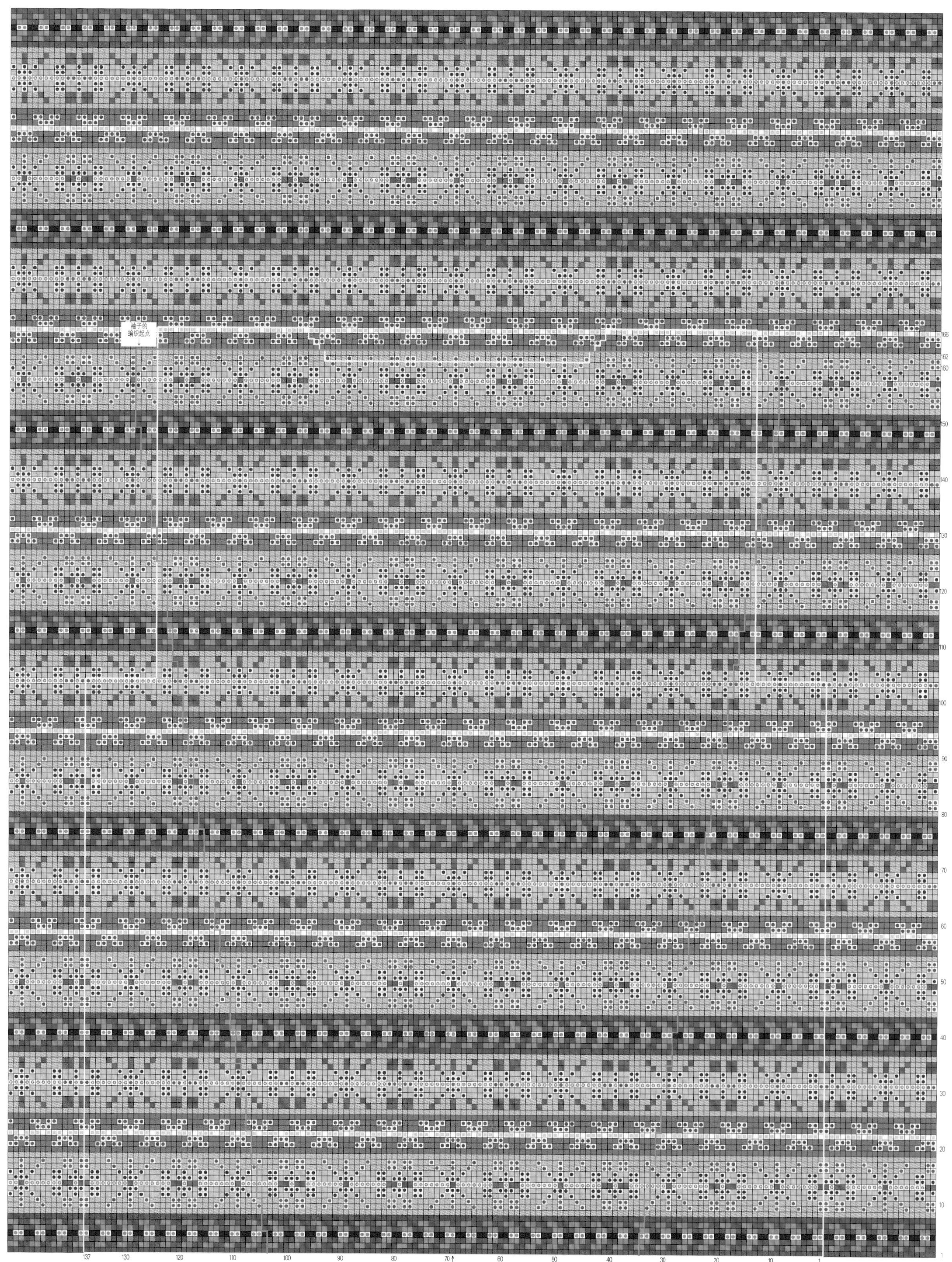

※ 花样由中心向左右两侧对称分布

7-L ● Picture on p.13

[材料和工具]
用线…Jamieson's Shetland Spindrift
色号、颜色名、使用量参照下表
其他…直径20mm 的纽扣7颗
用针…3 号环形针（80cm）、1 号环形针（80cm），钩针3/0号

[成品尺寸]
胸围101.5cm、肩背宽41cm、衣长62cm、袖长56.5cm

[密度]
10cm×10cm 面积内：配色花样31.5针、33行

[编织要点]
※ 挑针时用1号环形针，其他均用3号环形针编织。

1. 加上额外加针部分的14针一起起针。→ p.67
2. 从编织起点的7针额外加针开始环形编织，接着编织罗纹针，最后再编织终点的7针额外加针。→ p.67
3. 在第 1 行加针后，一边编织额外加针部分，一边编织配色花样。→ p.70
4. 将袖窿的针目休针，额外加针后继续编织。→ p.36
5. 一边编织额外加针部分，一边做领窝的减针。→ p.40
6. 肩部用钩针做引拔接合。→ p.41
7. 剪开袖窿的额外加针部分。→ p.71
8. 从袖窿挑针后编织袖子，其中额外加针部分编织至中途。→ p.73
9. 剪开前端和领窝的额外加针部分。→ p.76
10. 往返编织领口。→ p.76
11. 往返编织前门襟，中途留出扣眼。→ p.76
12. 编织结束时用钩针做引拔收针。→ p.44
13. 线头处理和额外加针部分的收尾处理。→ p.78
14. 用蒸汽熨斗整烫定型。→ p.78
15. 最后缝上纽扣。

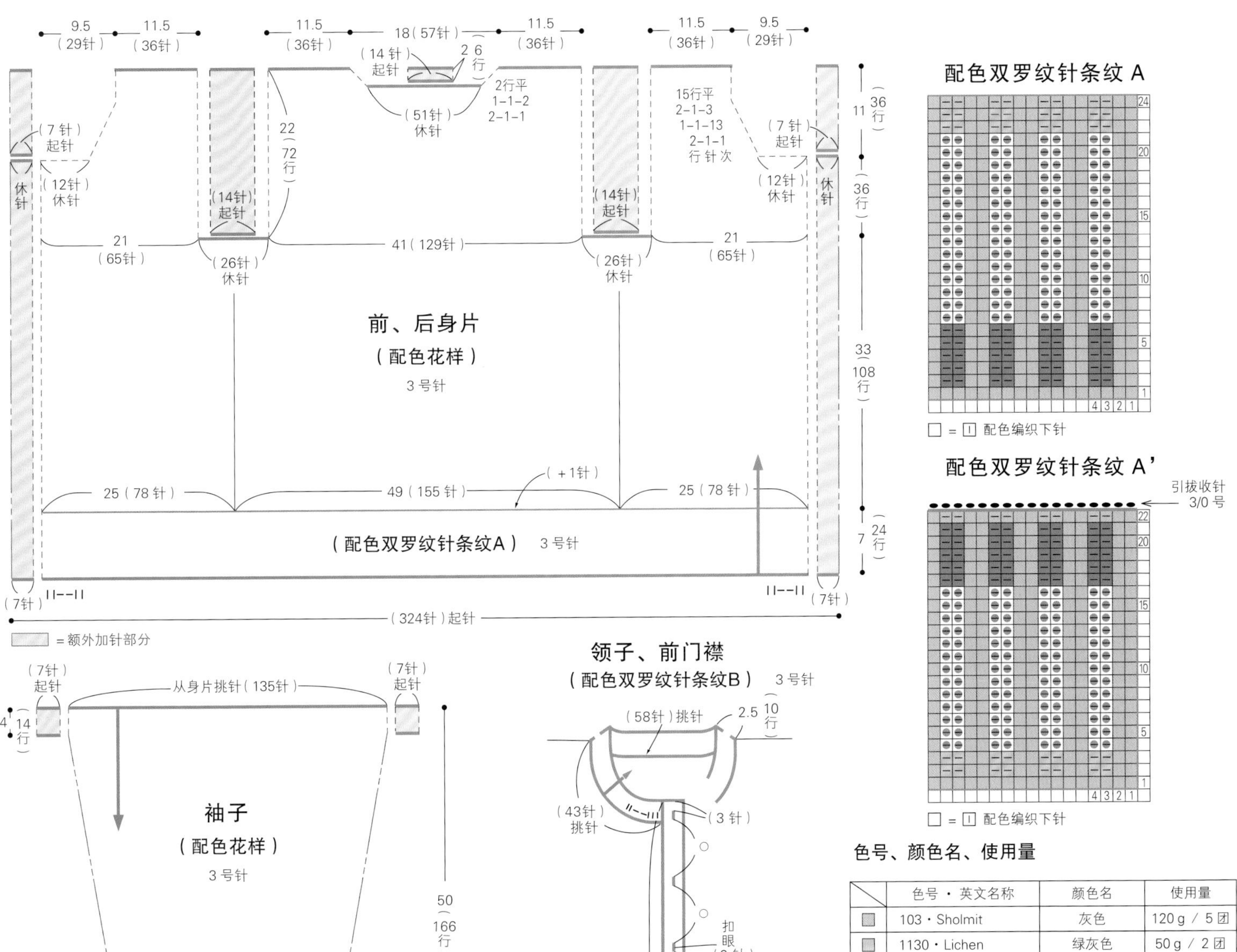

色号、颜色名、使用量

	色号 · 英文名称	颜色名	使用量
	103 · Sholmit	灰色	120 g / 5 团
	1130 · Lichen	绿灰色	50 g / 2 团
	253 · Seaweed	卡其色	50 g / 2 团
	168 · Clyde blue	灰蓝色	45 g / 2 团
	580 · Cherry	深红色	35 g / 2 团
	861 · Sandal wood	灰橙色	25 g / 1 团
	239 · Purple Heather	酒红色混染	25 g / 1 团
	1300 · Aubretia	蓝紫色	25 g / 1 团
	789 · Marjoram	苔绿色	25 g / 1 团
	578 · Rust	深橙红色	20 g / 1 团
	140 · Rye	黄灰色	20 g / 1 团
	769 · Willow	灰黄绿色	10 g / 1 团
	595 · Maroon	绛紫色	少量 / 1 团
	350 · Lemon	柠檬黄色	少量 / 1 团

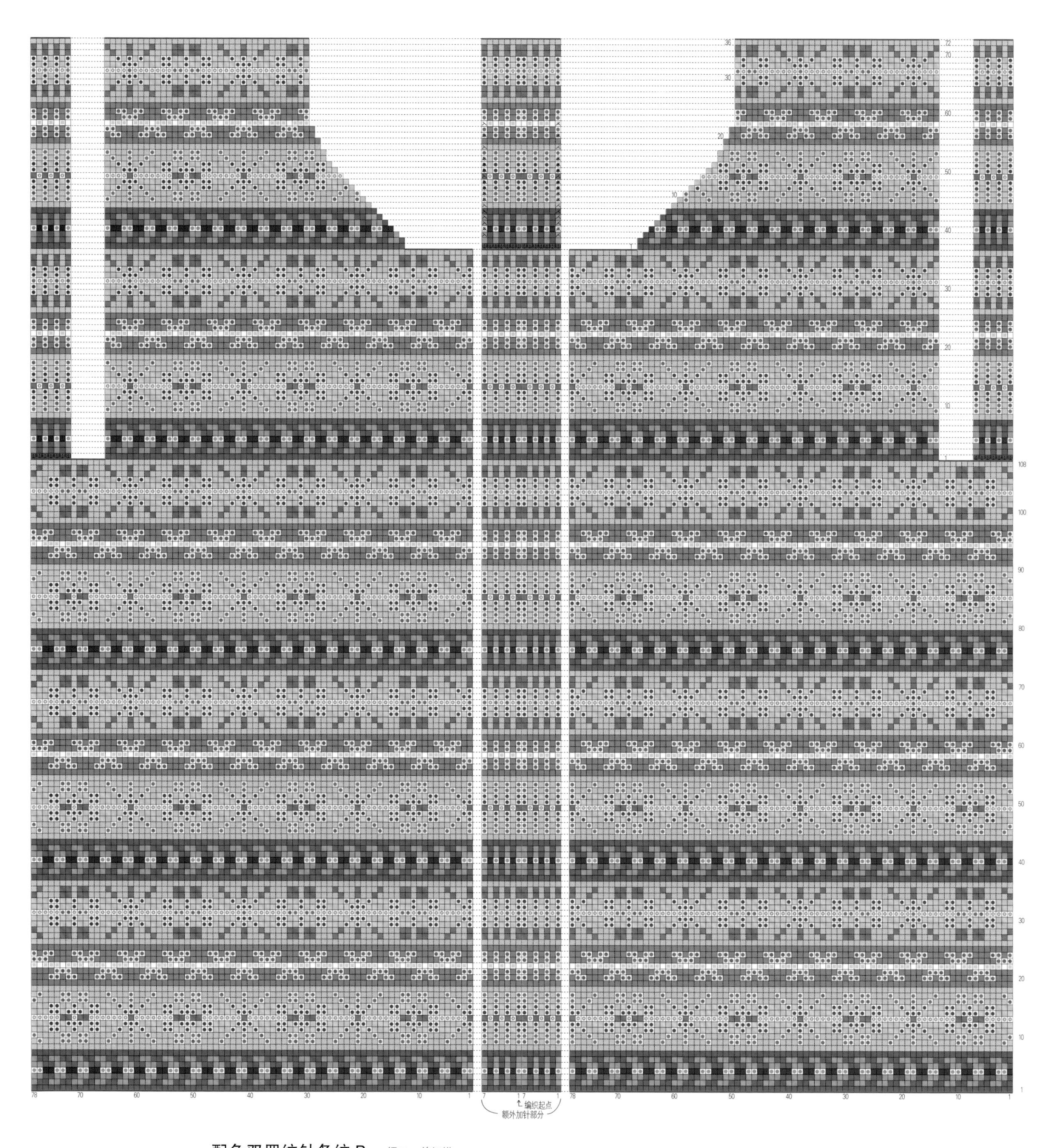

配色双罗纹针条纹 B 领口、前门襟

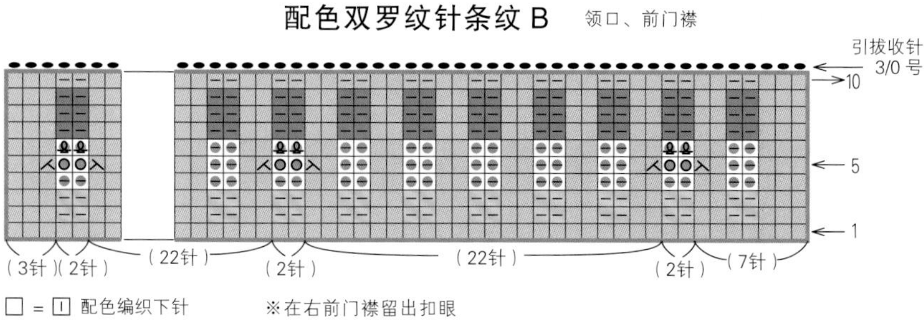

□ = ⊡ 配色编织下针　　※在右前门襟留出扣眼

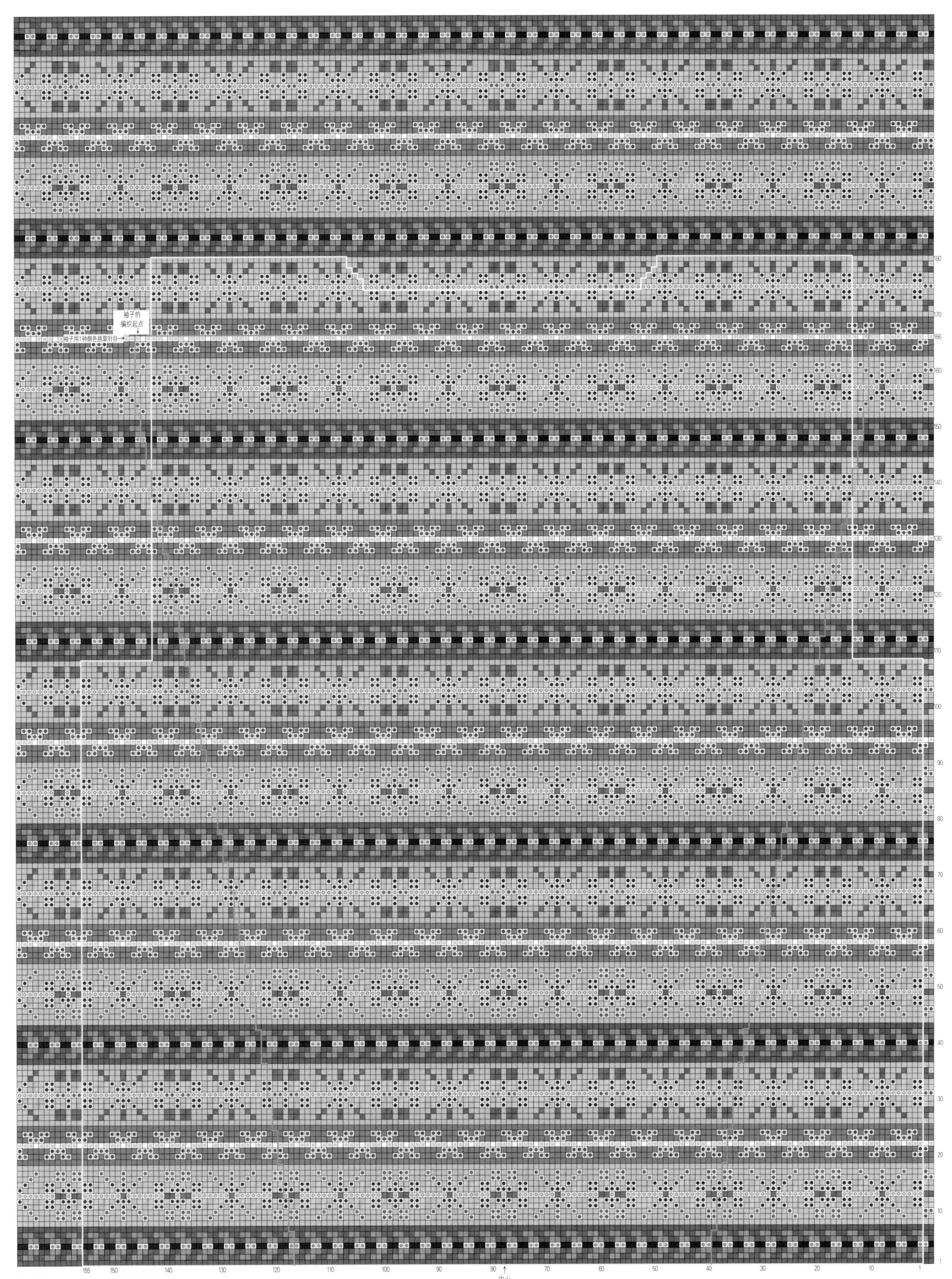

※ 花样由中心向左右两侧对称分布

[材料和工具]
用线…Jamieson's Shetland Spindrift
色号、颜色名、使用量参照下表
用针…3号环形针（80cm），钩针3/0号
[成品尺寸]
8　长40cm
9　头围51cm、帽深22.5cm
[密度]
10cm×10cm 面积内：配色花样31.5针、33行

[编织要点]
※ 全部用3号环形针编织。
1. 起针。→ p.32
2. 环形编织罗纹针。→ p.32
3. 接着编织配色花样。→ p.70
4. 保暖袜套编织结束时用钩针做引拔收针。→ p.44
5. 线头处理。→ p.46
6. 用蒸汽熨斗整烫定型。→ p.46

色号、颜色名、使用量

	色号 · 英文名称	颜色名	保暖袜套使用量	帽子使用量
□	103・Sholmit	灰色	30g / 2团	20g / 1团
□	1130・Lichen	绿灰色	15g / 1团	少量 / 1团
■	253・Seaweed	卡其色	10g / 1团	少量 / 1团
■	168・Clyde blue	灰蓝色	10g / 1团	少量 / 1团
◙	580・Cherry	深红色	10g / 1团	少量 / 1团
■	861・Sandal wood	灰橙色	10g / 1团	少量 / 1团
◙	239・Purple Heather	酒红色混染	5g / 1团	少量 / 1团
■	1300・Aubretia	蓝紫色	5g / 1团	少量 / 1团
◙	578・Rust	深橙红色	5g / 1团	少量 / 1团
◙	789・Marjoram	苔绿色	少量 / 1团	少量 / 1团
◙	140・Rye	黄灰色	少量 / 1团	少量 / 1团
□	769・Willow	灰黄绿色	少量 / 1团	少量 / 1团
■	595・Maroon	绛紫色	少量 / 1团	少量 / 1团
□	350・Lemon	柠檬黄色	少量 / 1团	少量 / 1团

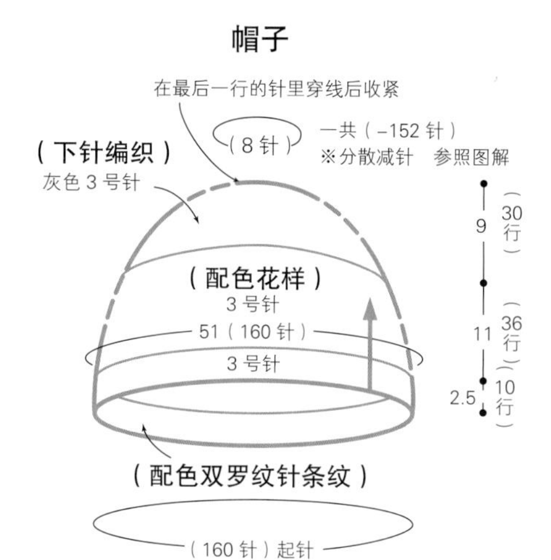

帽子的分散减针

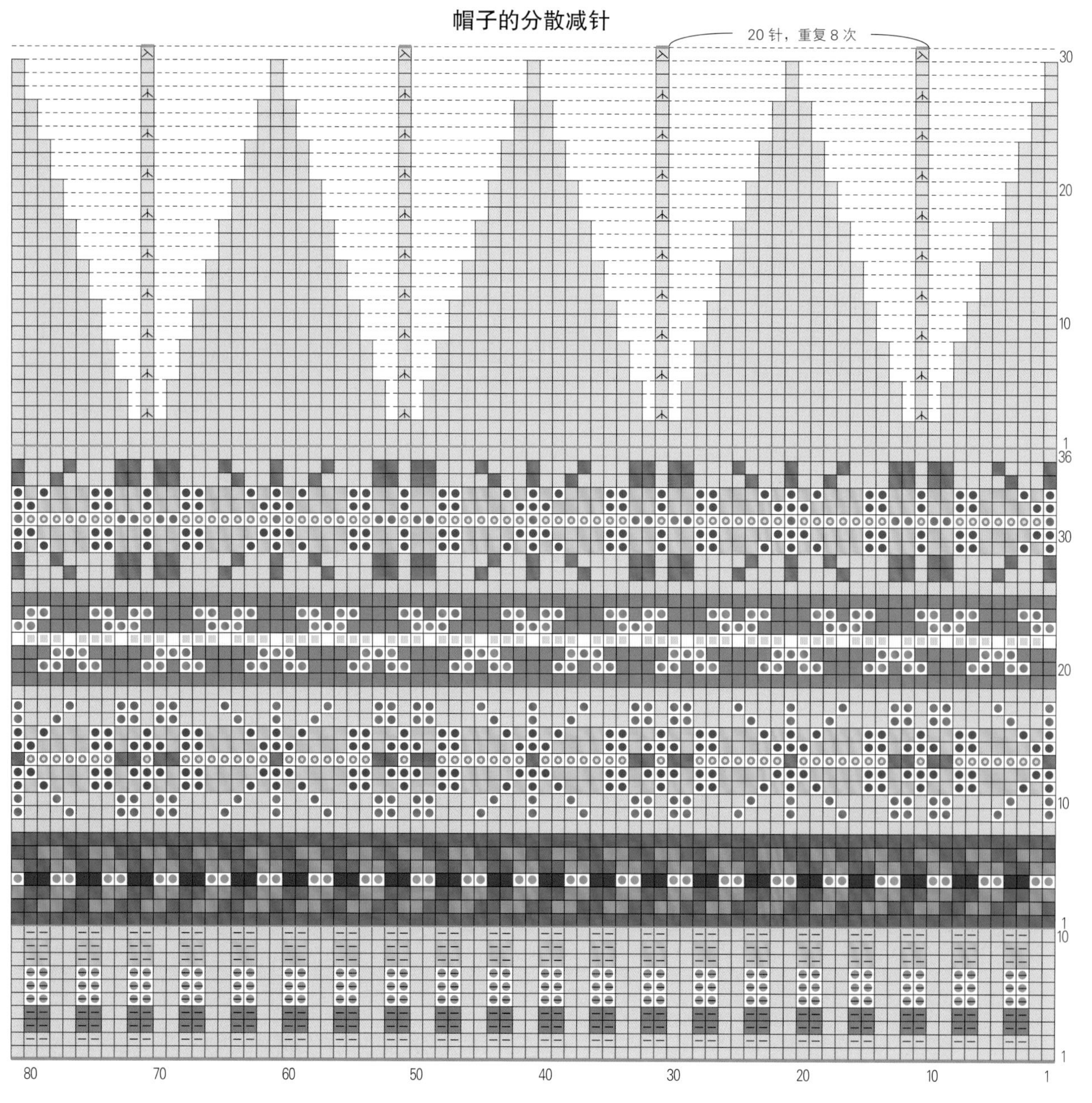

□ = □ 配色编织下针

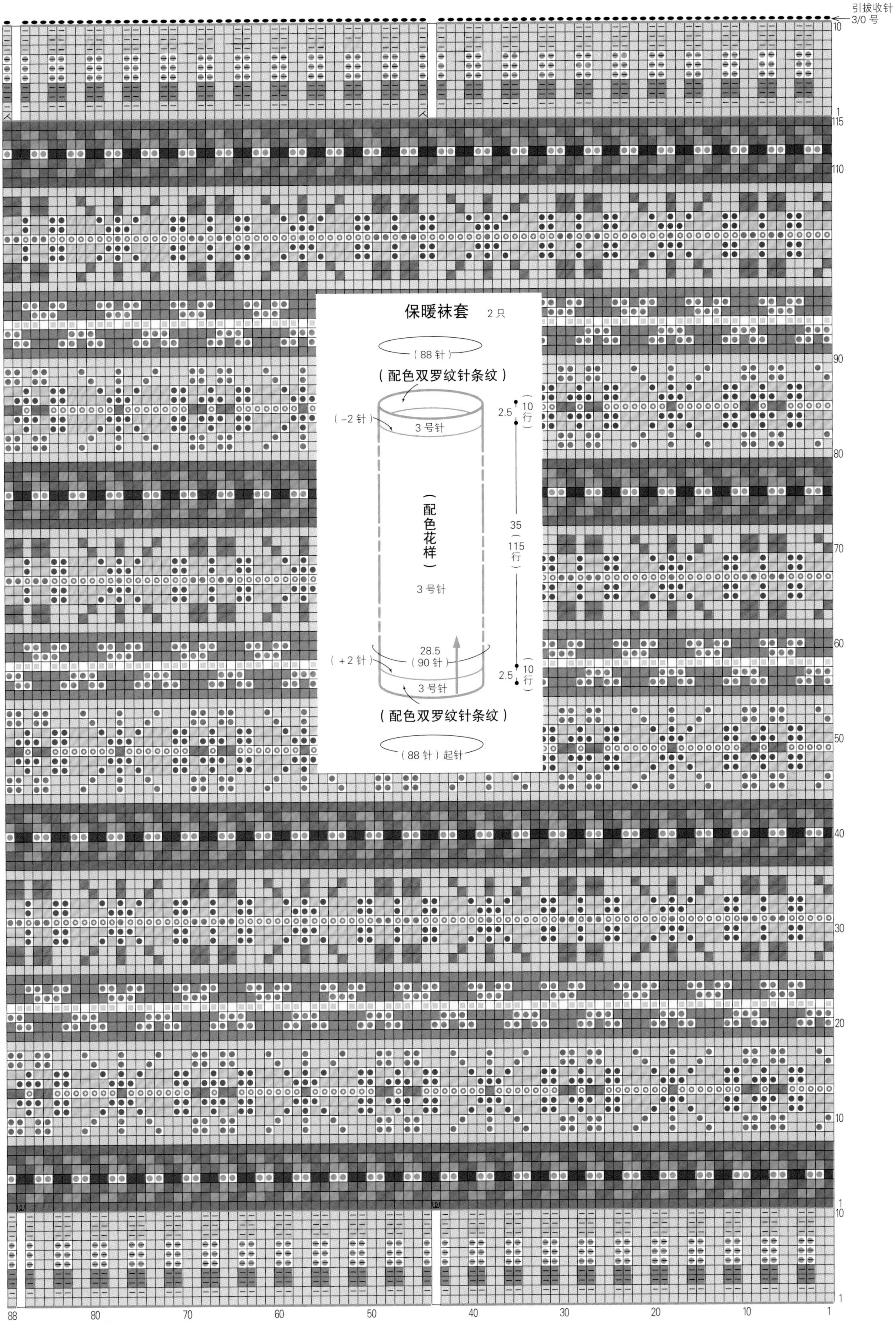

引拔收针
3/0 号

10
1
115
110
90
80
70
60
50
40
30
20
10
1
10
1

保暖袜套 2只

(88 针)
(配色双罗纹针条纹)
(-2 针)
3 号针
2.5 (10 行)
(配色花样)
3 号针
35 (115 行)
28.5 (90 针)
(+2 针)
3 号针
2.5 (10 行)
(配色双罗纹针条纹)
(88 针) 起针

88 80 70 60 50 40 30 20 10 1

□ = ⊡ 配色编织下针

［材料和工具］

用线…J & S（Jamieson & Smith） 2PLY

色号、颜色名、使用量参照下表

用针…3 号环形针（80cm）、1 号环形针（80cm），钩针 3/0号

［成品尺寸］

胸围94cm、肩背宽42cm、衣长55.5cm、袖长53cm

［密度］

10cm×10cm 面积内：配色花样28针、32行

［编织要点］

※ 挑针时用1号环形针，其他均用3号环形针编织。

1. 起针。→ p.32
2. 环形编织罗纹针。→ p.32
3. 接着编织配色花样。→ p.70
4. 在袖窿额外加针后继续编织。→ p.36
5. 一边编织额外加针部分，一边做领窝的减针。→ p.40
6. 肩部用钩针做引拔接合。→ p.41
7. 剪开袖窿的额外加针部分。→ p.71
8. 从袖窿挑针后编织袖子，其中额外加针部分编织至中途。→ p.73
9. 编织结束时用钩针做引拔收针。→ p.44
10. 剪开领窝的额外加针部分，编织领口。→ p.42
11. 编织结束时用钩针做引拔收针。→ p.44
12. 线头处理和额外加针部分的收尾处理。→ p.78
13. 用蒸汽熨斗整烫定型。→ p.78

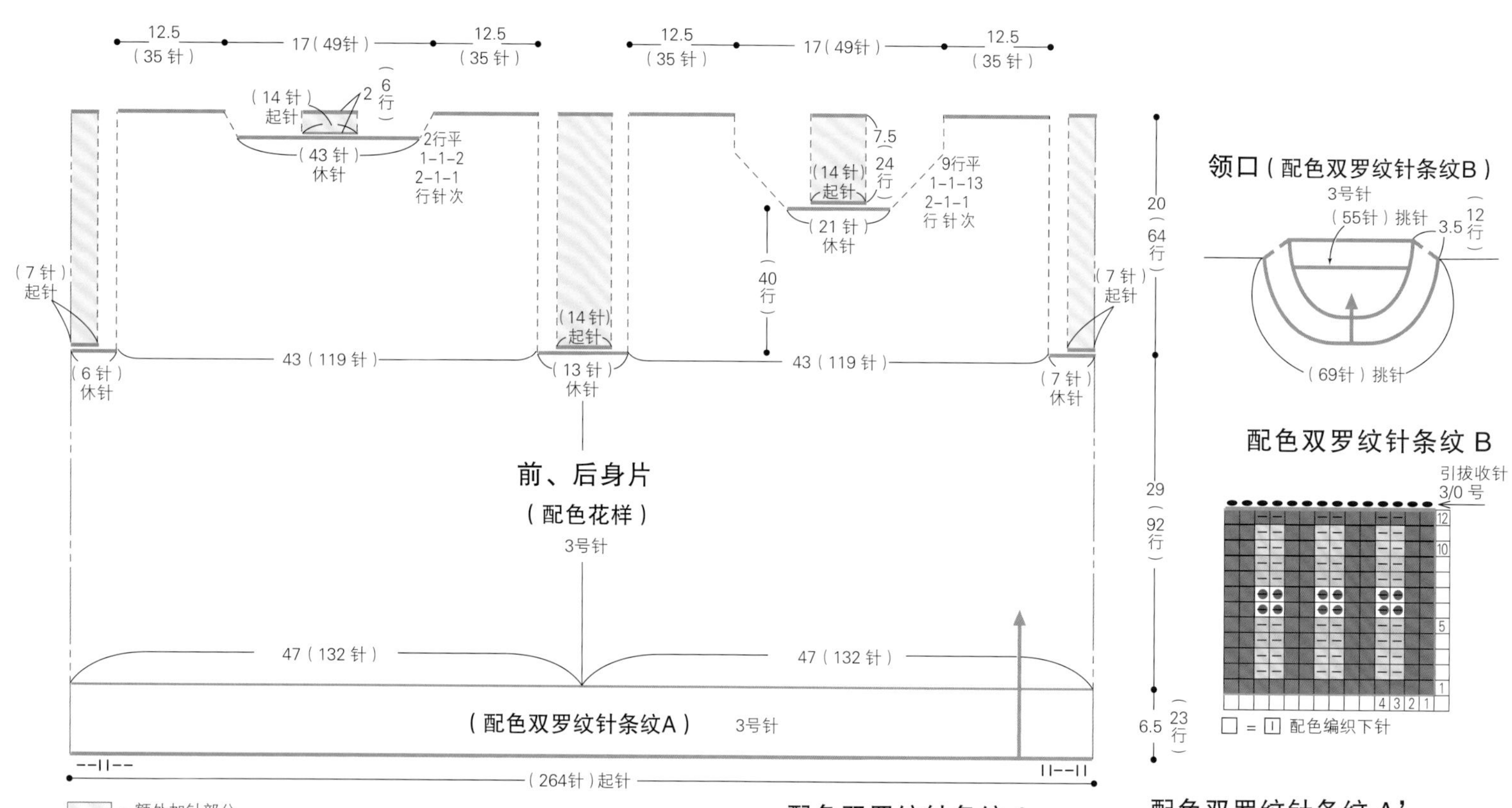

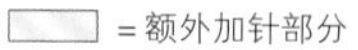
= 额外加针部分

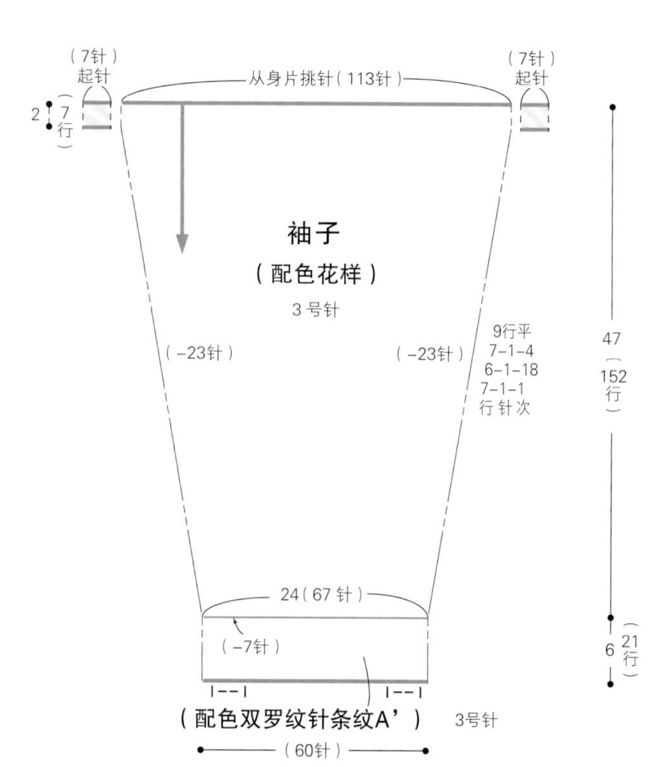

配色双罗纹针条纹 A

□ = ⊡ 配色编织下针

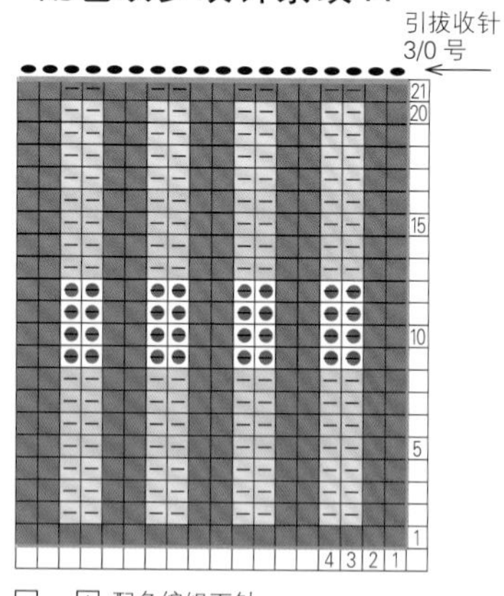

色号、颜色名、使用量

	色号・颜色名	使用量
■	133・紫色	85 g / 4 团
■	5・深棕色	50 g / 2 团
□	FC15・灰蓝色	45 g / 2 团
⊙	131・宝蓝色	45 g / 2 团
□	FC51・淡紫色	45 g / 2 团
◆	FC56・蓝紫色	35 g / 2 团
▣	FC37・浅蓝色	25 g / 1 团
■	21・藏青色	15 g / 1 团
□	FC43・米黄色	10 g / 1 团

※ 花样由中心向左右两侧对称分布，前、后身片的编织起点相同

额外加针部分
中心
额外加针部分

[材料和工具]

用线…J＆S（Jamieson & Smith） 2PLY

色号、颜色名、使用量参照下表

用针…3 号环形针（80cm）、1 号环形针（80cm），钩针3/0号

[成品尺寸]

胸围103cm、肩背宽46cm、衣长62.5cm、袖长58cm

[密度]

10cm×10cm 面积内：配色花样28针、32行

[编织要点]

※ 挑针时用1号环形针，其他均用3号环形针编织。

1. 起针。→ p.32
2. 环形编织罗纹针。→ p.32
3. 在第1行加针后，编织配色花样。→ p.70
4. 在袖窿额外加针后继续编织。→ p.36
5. 一边编织额外加针部分，一边做领窝的减针。→ p.40
6. 肩部用钩针做引拔接合。→ p.41
7. 剪开袖窿的额外加针部分。→ p.71
8. 从袖窿挑针后编织袖子，其中额外加针部分编织至中途。→ p.73
9. 编织结束时用钩针做引拔收针。→ p.44
10. 剪开领窝的额外加针部分，编织领口。→ p.42
11. 编织结束时用钩针做引拔收针。→ p.44
12. 线头处理和额外加针部分的收尾处理。→ p.78
13. 用蒸汽熨斗整烫定型。→ p.78

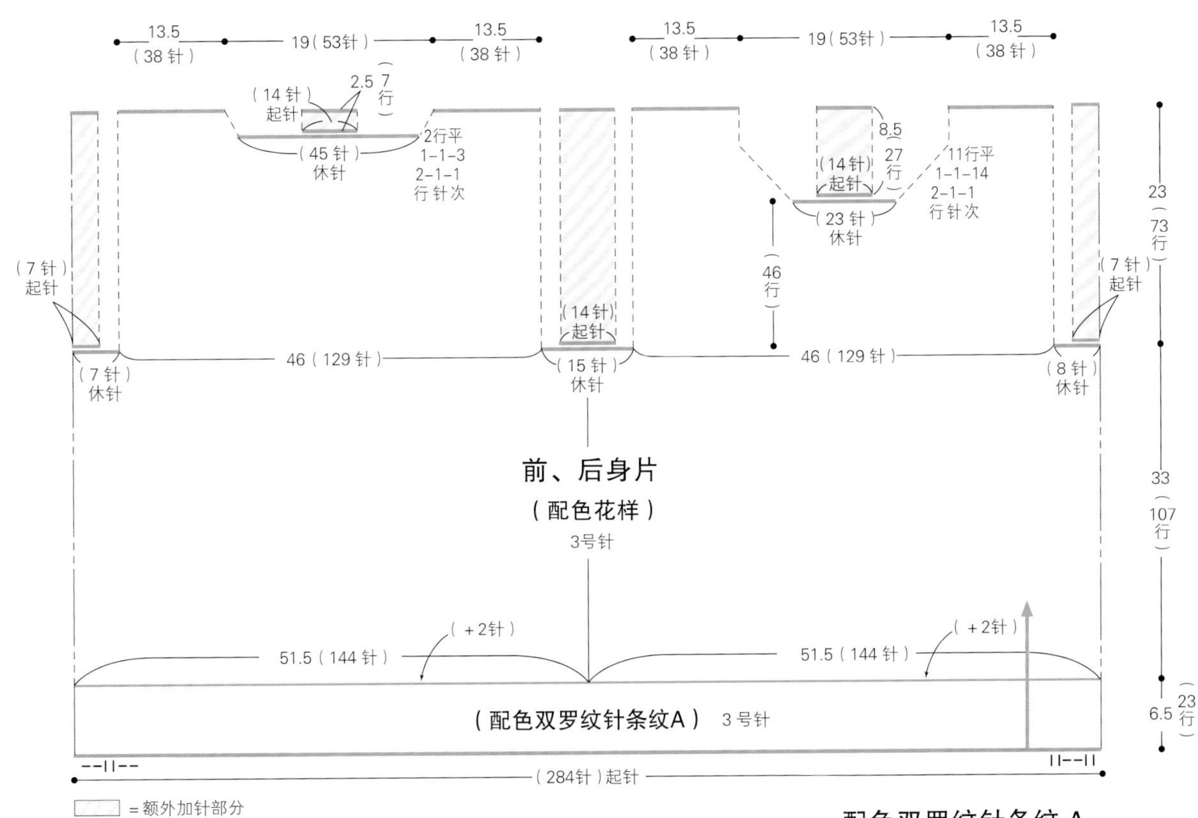

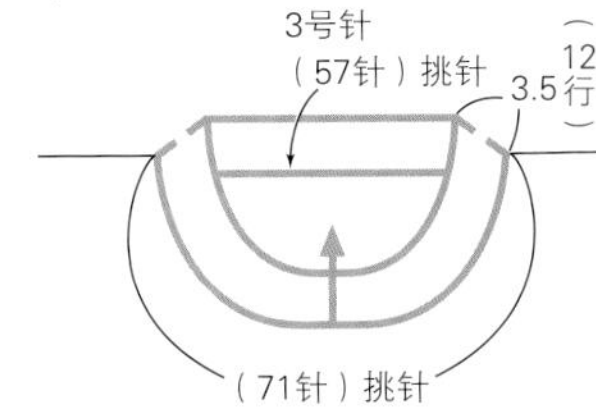

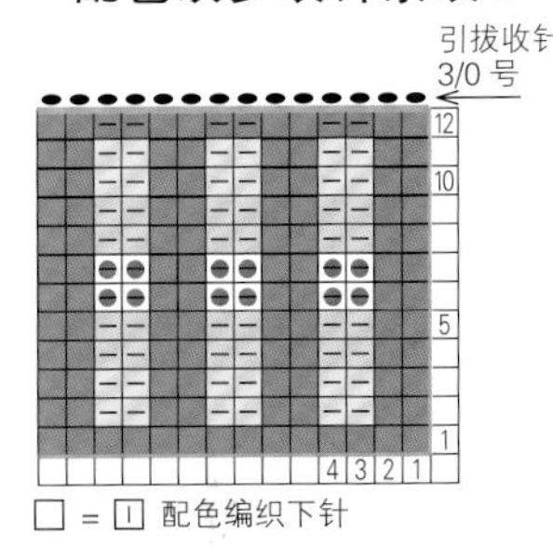

（7针）起针 从身片挑针（127针） （7针）起针

2.5（9行）

袖子

（配色花样）

3 号针

（－29针） （－29针）

8行平
5-1-18
6-1-10
9-1-1
行 针 次

52（167行）

25（69 针）

（－5针）

6（21行）

（配色双罗纹针条纹A'） 3 号针

（64针）

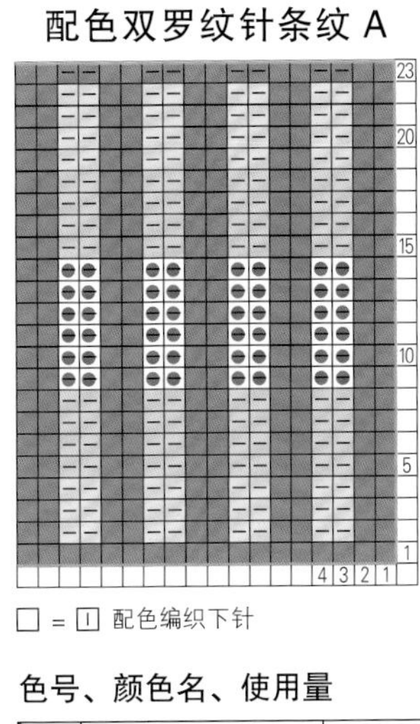

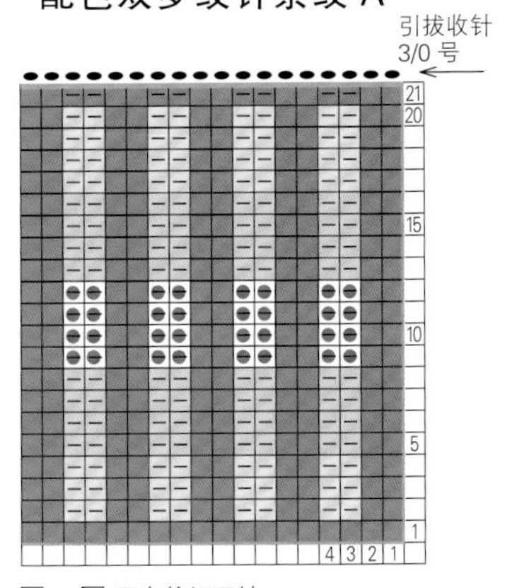

色号、颜色名、使用量

	色号 · 颜色名	使用量
■	133 · 紫色	110 g / 5 团
■	5 · 深棕色	65 g / 3 团
□	FC15 · 灰蓝色	60 g / 3 团
◙	131 · 宝蓝色	60 g / 3 团
□	FC51 · 淡紫色	60 g / 3 团
◈	FC56 · 蓝紫色	45 g / 2 团
▣	FC37 · 浅蓝色	35 g / 2 团
■	21 · 藏青色	20 g / 1 团
□	FC43 · 米黄色	15 g / 1 团

※ 花样由中心向左右两侧对称分布，前、后身片的编织起点相同

额外加针部分
中心
额外加针部分

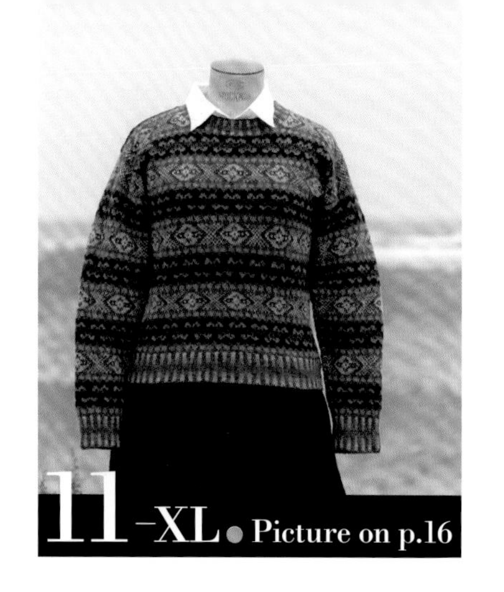

11-XL ● Picture on p.16

［材料和工具］
用线…J & S（Jamieson & Smith） 2PLY
色号、颜色名、使用量参照下表
用针…3 号环形针（80cm）、1 号环形针（80cm），钩针 3/0号
［成品尺寸］
胸围111cm、肩背宽49cm、衣长68.5cm、袖长59.5cm
［密度］
10cm×10cm 面积内：配色花样28针、32行
［编织要点］
※10cm×10cm 面积内：配色花样28针、32行
1. 起针。→ p.32
2. 环形编织罗纹针。→ p.32
3. 在第1行加针后，编织配色花样。→ p.70
4. 在袖窿额外加针后继续编织。→ p.36
5. 一边编织额外加针部分，一边做领窝的减针。→ p.40
6. 肩部用钩针做引拔接合。→ p.41
7. 剪开袖窿的额外加针部分。→ p.71
8. 从袖窿挑针后编织袖子，其中额外加针部分编织至中途。→ p.73
9. 编织结束时用钩针做引拔收针。→ p.44
10. 剪开领窝的额外加针部分，编织领口。→ p.42
11. 编织结束时用钩针做引拔收针。→ p.44
12. 线头处理和额外加针部分的收尾处理。→ p.78
13. 用蒸汽熨斗整烫定型。→ p.78

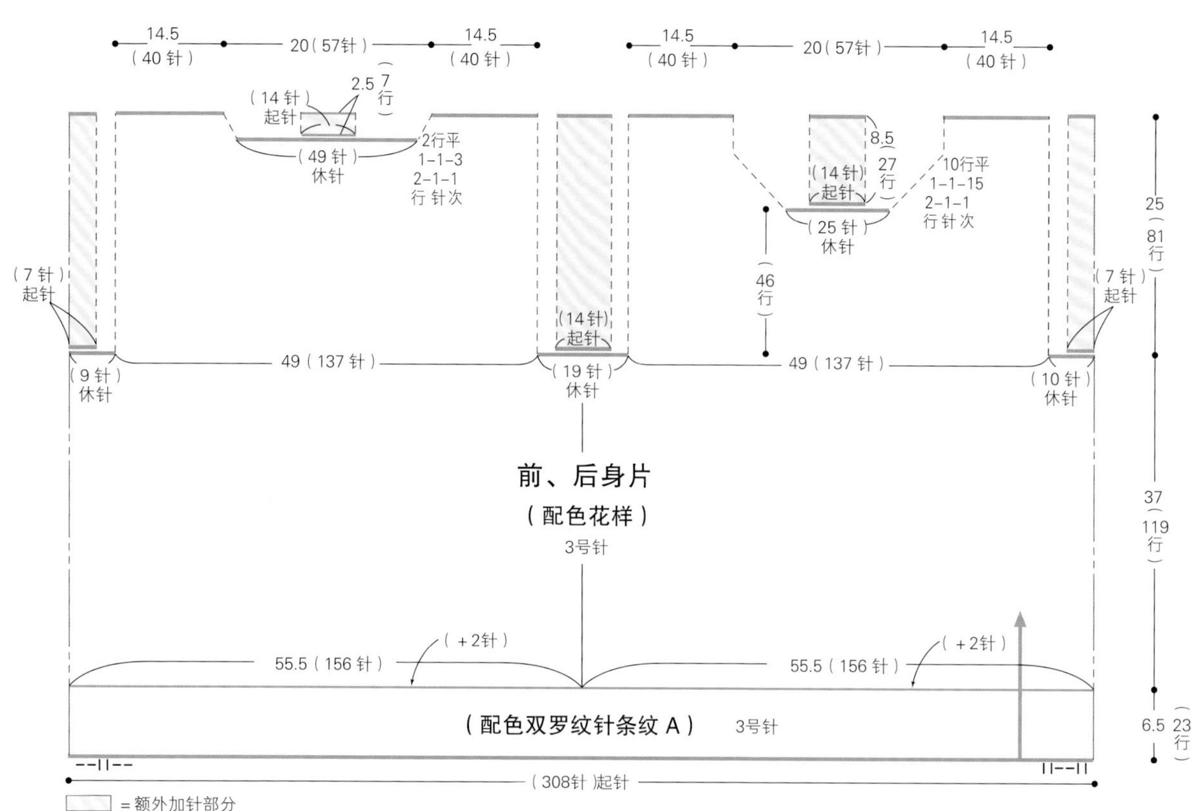

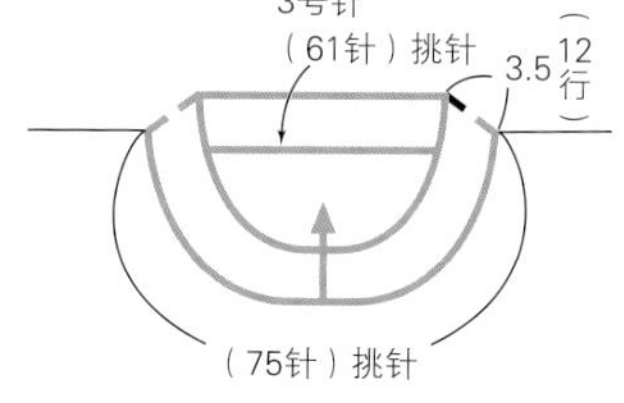

配色双罗纹针条纹 B

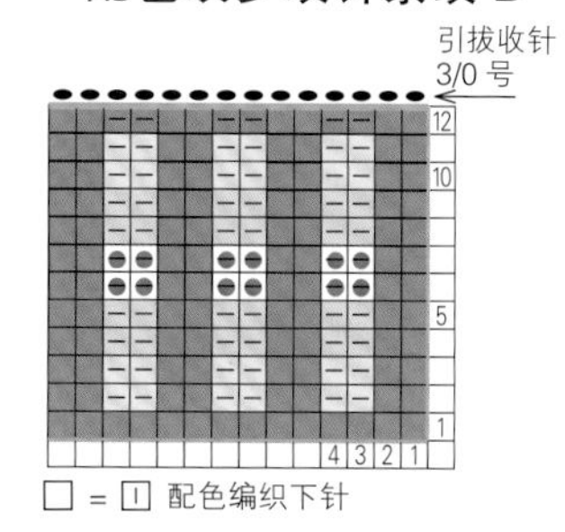

（7针）起针
从身片挑针（139针）
（7针）起针
3.5 12行

袖子
（配色花样）
3 号针

（-33针）
（-33针）
8行平
4-1-8
5-1-24
12-1-1
行 针 次
53.5
172行

26（73针）
（-5针）
6 21行

（配色双罗纹针条纹A'） 3 号针
（68针）

配色双罗纹针条纹 A

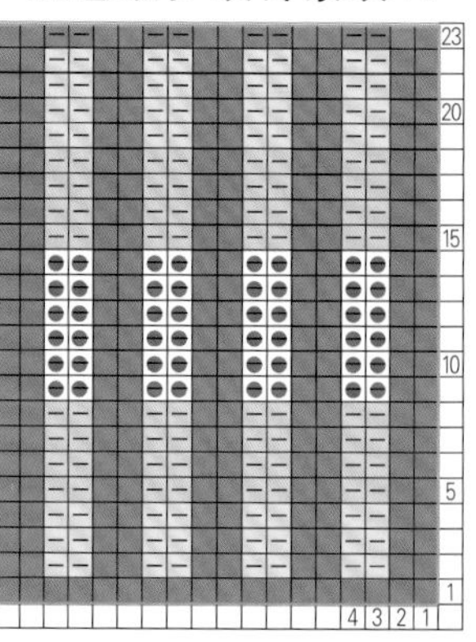

配色双罗纹针条纹 A'

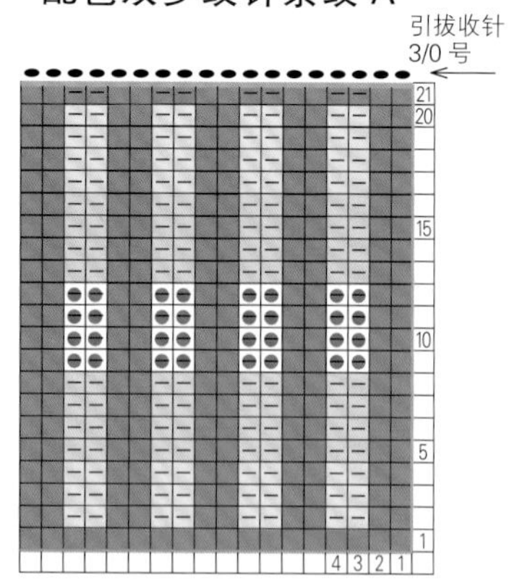

色号、颜色名、使用量

	色号 · 颜色名	使用量
■	133 · 紫色	125 g / 5 团
■	5 · 深棕色	75 g / 3 团
□	FC15 · 灰蓝色	65 g / 3 团
◉	131 · 宝蓝色	65 g / 3 团
□	FC51 · 淡紫色	65 g / 3 团
◆	FC56 · 蓝紫色	50 g / 2 团
▣	FC37 · 浅蓝色	40 g / 2 团
■	21 · 藏青色	25 g / 1 团
□	FC43 · 米黄色	15 g / 1 团

※ 花样由中心向左右两侧对称分布，前、后身片的编织起点相同

[材料和工具]
用线…Jamieson' s Shetland Spindrift
色号、颜色名、使用量参照下表
用针…3 号环形针（80cm）、1 号环形针（80cm），钩针 3/0号

[成品尺寸]
胸围92cm、肩背宽38cm、衣长57cm、袖长53.5cm

[密度]
10cm×10cm 面积内：配色花样30针、33行

[编织要点]
※ 挑针时用1号环形针，其他均用3号环形针编织。

1. 起针。→ p.32
2. 环形编织罗纹针。→ p.32
3. 在第1行加针后，编织配色花样。→ p.70
4. 在袖窿额外加针后继续编织。→ p.36
5. 一边编织额外加针部分，一边做领窝的减针。→ p.40
6. 肩部用钩针做引拔接合。→ p.41
7. 剪开袖窿的额外加针部分。→ p.71
8. 从袖窿挑针后编织袖子，其中额外加针部分编织至中途。→ p.73
9. 编织结束时用钩针做引拔收针。→ p.44
10. 剪开领窝的额外加针部分，编织领口。→ p.42
11. 编织结束时用钩针做引拔收针。→ p.44
12. 线头处理和额外加针部分的收尾处理。→ p.78
13. 用蒸汽熨斗整烫定型。→ p.78

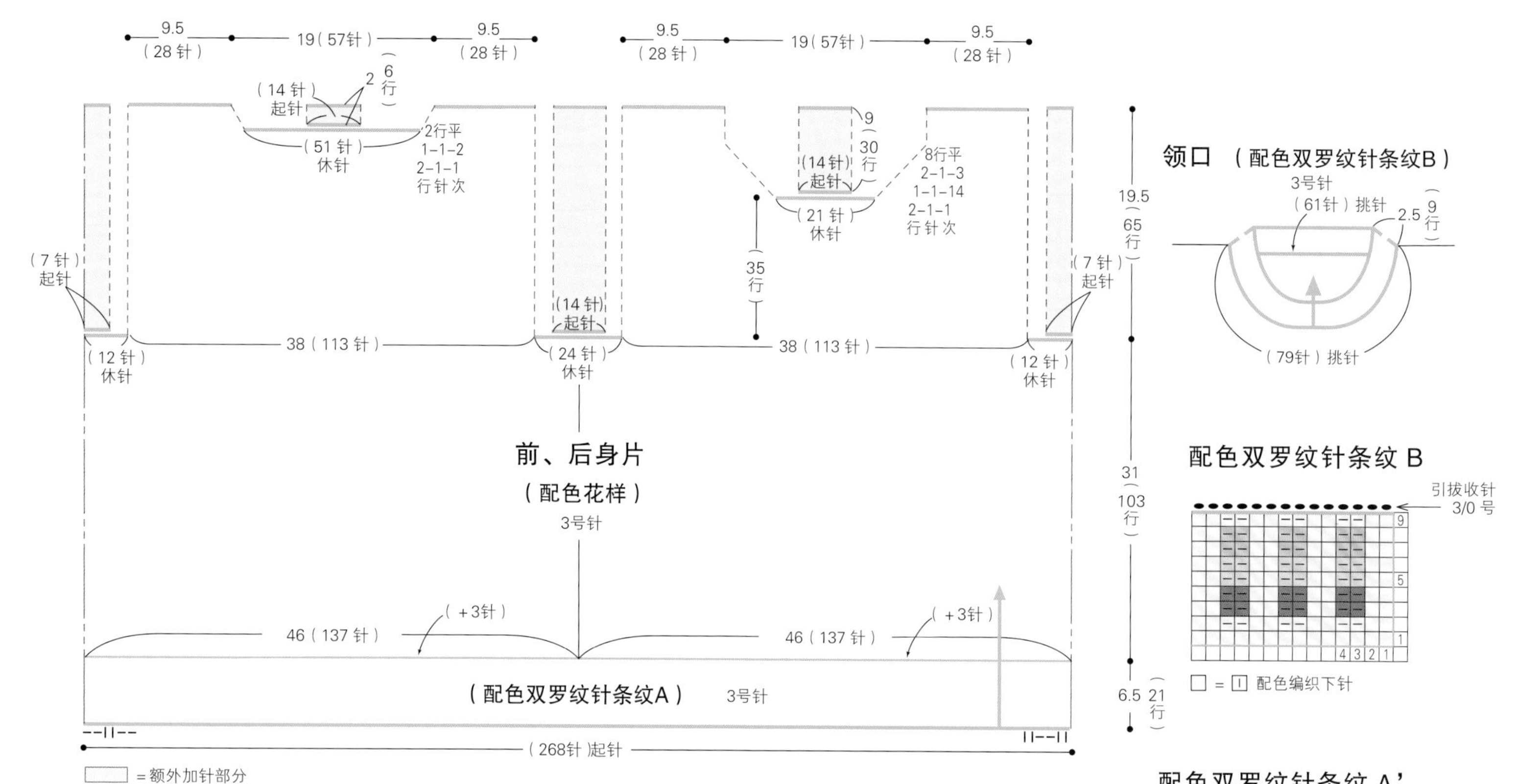

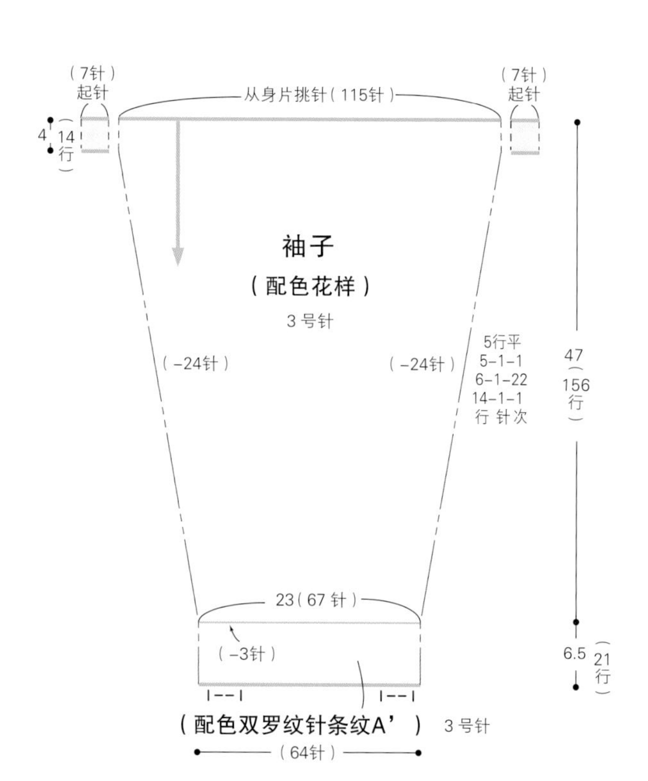

配色双罗纹针条纹 A

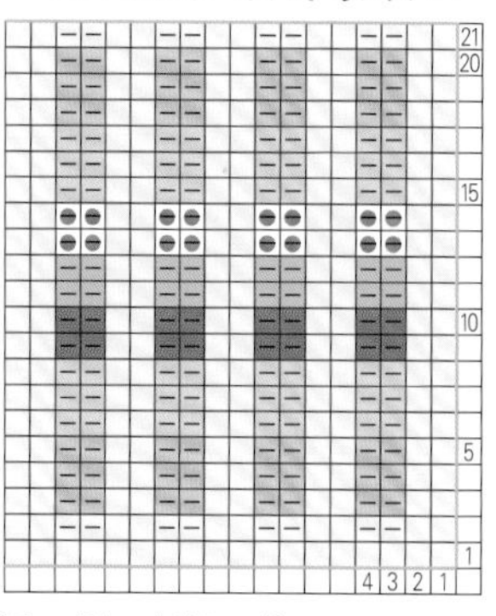

配色双罗纹针条纹 A'

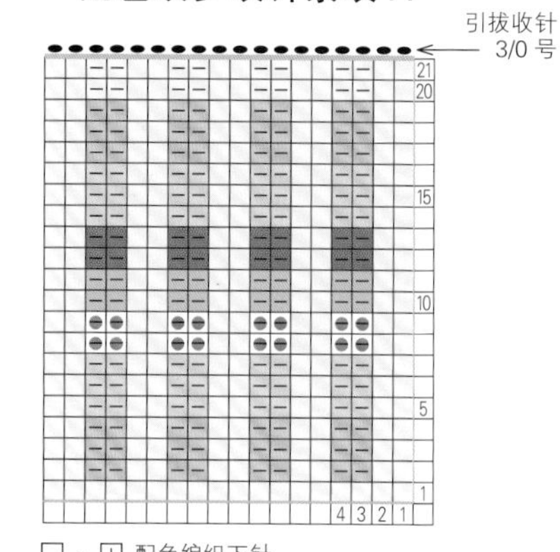

色号、颜色名、使用量

	色号・英文名称	颜色名	使用量
	760・Caspian	翠蓝色	75 g / 3 团
	120・Eesit/White	原白色混染	70 g / 3 团
	791・Pistachio	深灰黄绿色	50 g / 2 团
	478・Amber	淡橙色	40 g / 2 团
	105・Eesit	浅米色	30 g / 2 团
	274・Green Mist	薄荷绿色混染	25 g / 1 团
	525・Crimson	深红色	20 g / 1 团
	524・Poppy	橙红色	20 g / 1 团
	870・Cocoa	暗橙色	20 g / 1 团
	165・Dusk	深蓝紫色混染	20 g / 1 团

※ 花样由中心向左右两侧对称分布，前、后身片的编织起点相同

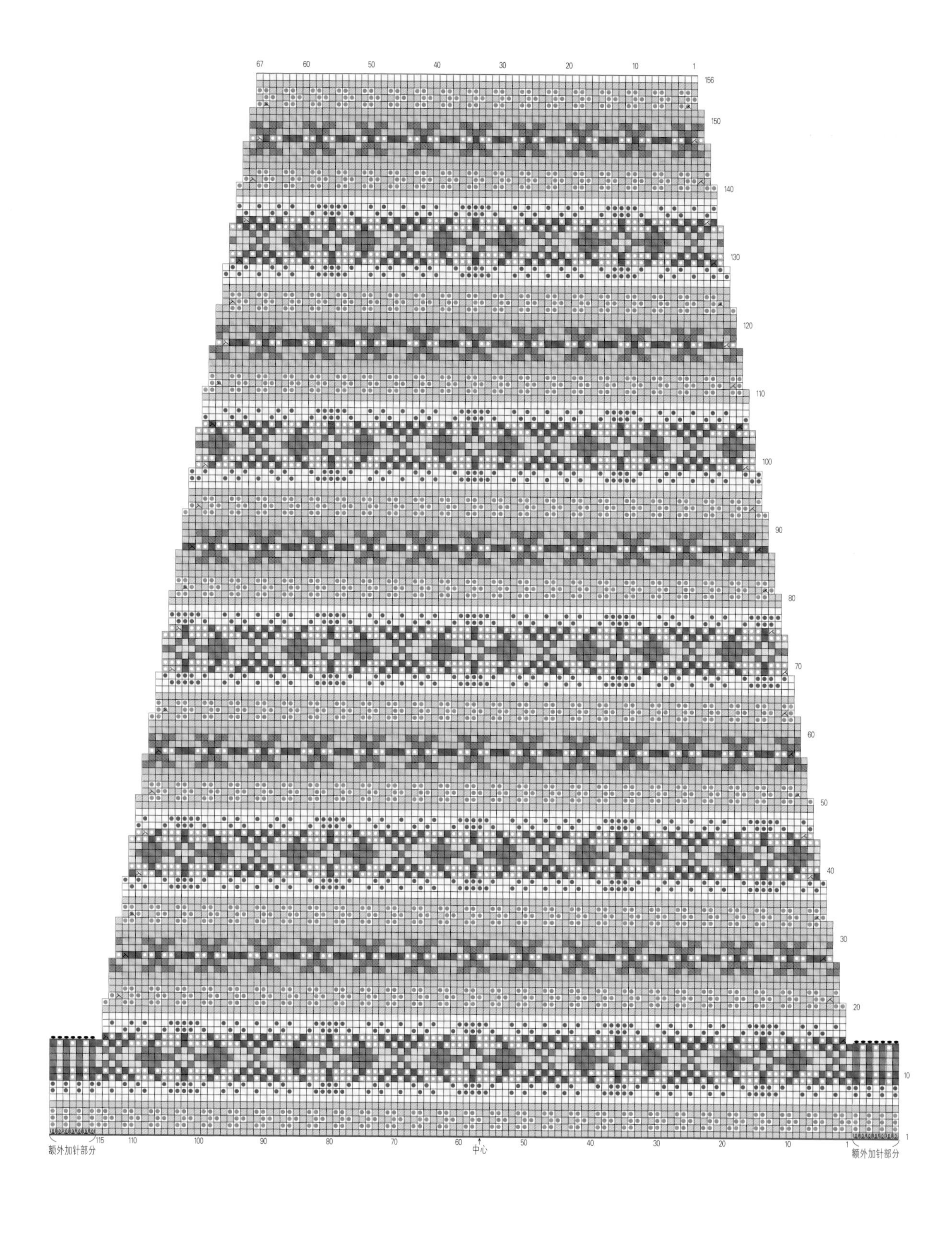

额外加针部分
中心
额外加针部分

[材料和工具]

用线…Jamieson's Shetland Spindrift 色号、颜色名、使用量参照下表

用针…3 号环形针（80cm）、1 号环形针（80cm），钩针 3/0号

[成品尺寸]

胸围100cm、肩背宽42cm、衣长63cm、袖长61.5cm

[密度]

10cm×10cm 面积内：配色花样30针、33行

[编织要点]

※ 挑针时用1号环形针，其他均用3号环形针编织。

1. 起针。→ p.32
2. 环形编织罗纹针。→ p.32
3. 在第1行加针后，编织配色花样。→ p.70
4. 在袖窿额外加针后继续编织。→ p.36
5. 一边编织额外加针部分，一边做领窝的减针。→ p.40
6. 肩部用钩针做引拔接合。→ p.41
7. 剪开袖窿的额外加针部分。→ p.71
8. 从袖窿挑针后编织袖子，其中额外加针部分编织至中途。→ p.73
9. 编织结束时用钩针做引拔收针。→ p.44
10. 剪开领窝的额外加针部分，编织领口。→ p.42
11. 编织结束时用钩针做引拔收针。→ p.44
12. 线头处理和额外加针部分的收尾处理。→ p.78
13. 用蒸汽熨斗整烫定型。→ p.78

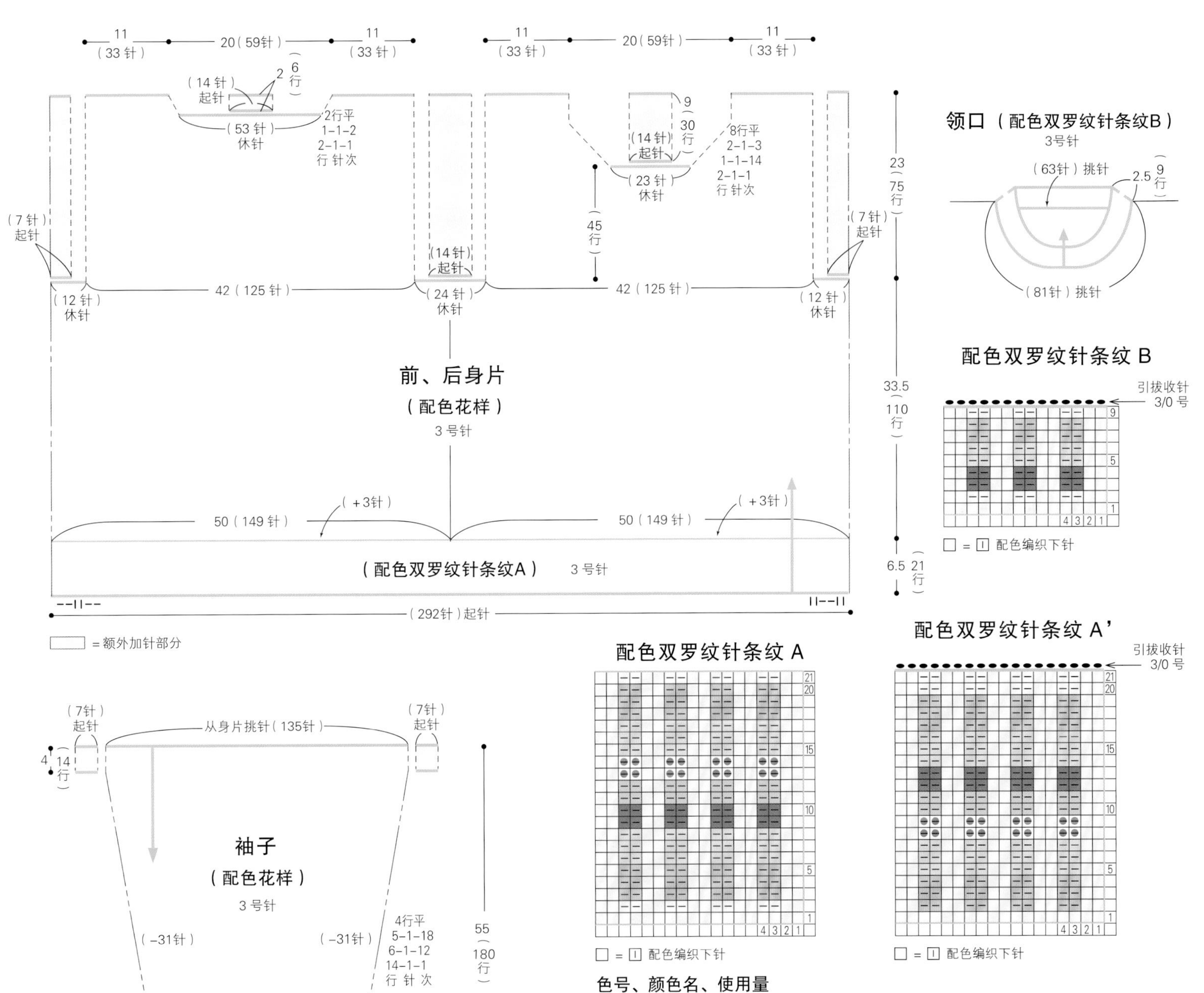

色号、颜色名、使用量

	色号 · 英文名称	颜色名	使用量
■	760 · Caspian	翠蓝色	90 g / 4 团
□	120 · Eesit/White	原白色混染	85 g / 4 团
■	791 · Pistachio	深灰黄绿色	60 g / 3 团
◉	478 · Amber	淡橙色	50 g / 2 团
▣	105 · Eesit	浅米色	35 g / 2 团
■	274 · Green Mist	薄荷绿色混染	30 g / 2 团
◉	525 · Crimson	深红色	少量 / 1 团
■	524 · Poppy	橙红色	少量 / 1 团
■	870 · Cocoa	暗橙色	少量 / 1 团
■	165 · Dusk	深蓝紫色混染	少量 / 1 团

※ 花样由中心向左右两侧对称分布，前、后身片的编织起点相同

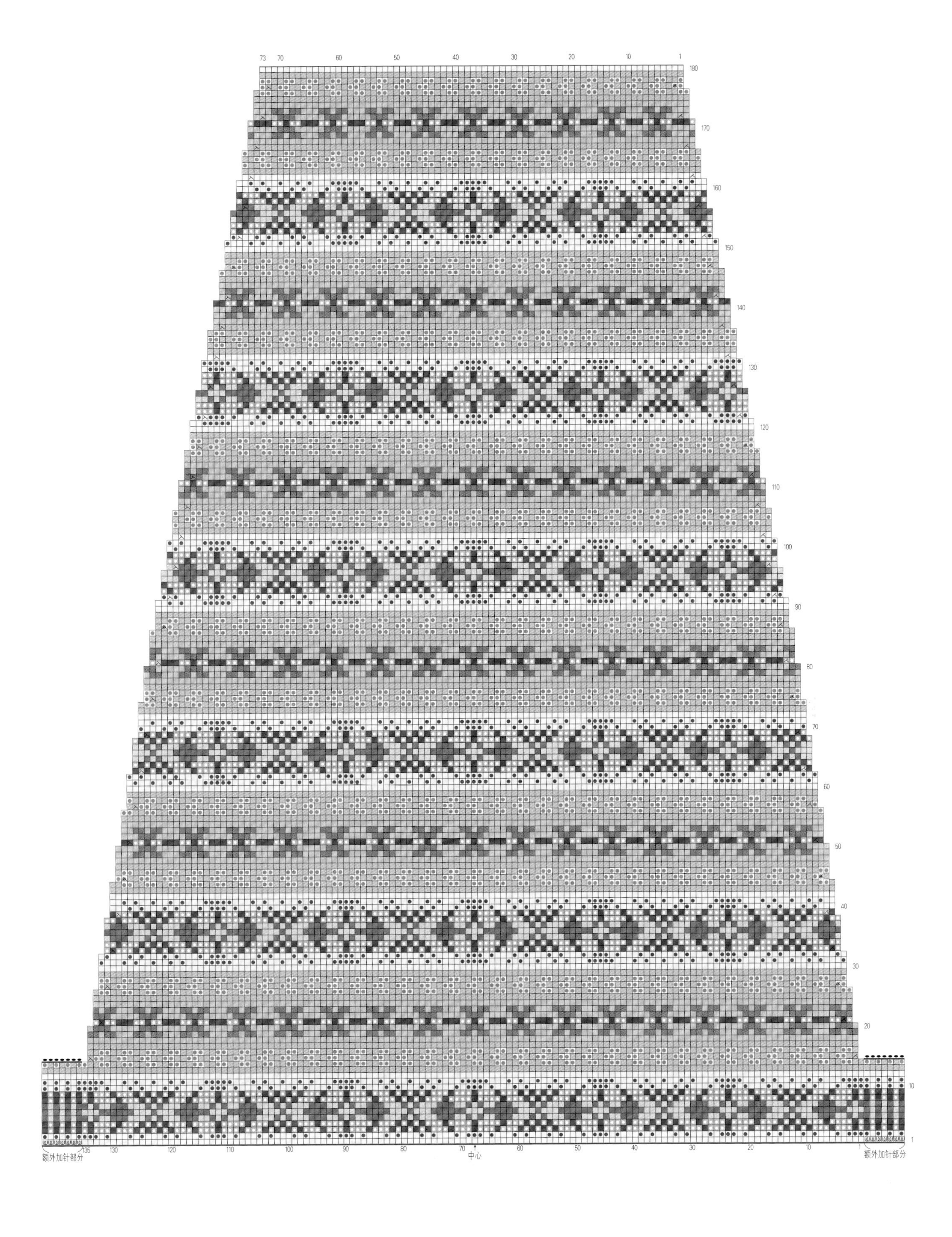
73 70 60 50 40 30 20 10 1
180
170
160
150
140
130
120
110
100
90
80
70
60
50
40
30
20
10
1
135 130 120 110 100 90 80 70 60 50 40 30 20 10 1
额外加针部分
中心
额外加针部分

[材料和工具]
用线…Jamieson's Shetland Spindrift 色号、颜色名、使用量参照下表
用针…3 号环形针（80cm）、1 号环形针（80cm），钩针 3/0号
[成品尺寸]
胸围109cm、肩背宽46cm、衣长66.5cm、袖长63cm
[密度]
10cm×10cm 面积内：配色花样30针、33行
[编织要点]
※ 挑针时用1号环形针，其他均用3号环形针编织。
1. 起针。→ p.32
2. 环形编织罗纹针。→ p.32
3. 在第1行加针后，编织配色花样。→ p.70
4. 在袖窿额外加针后继续编织。→ p.36
5. 一边编织额外加针部分，一边做领窝的减针。→ p.40
6. 肩部用钩针做引拔接合。→ p.41
7. 剪开袖窿的额外加针部分。→ p.71
8. 从袖窿挑针后编织袖子，其中额外加针部分编织至中途。→ p.73
9. 编织结束时用钩针做引拔收针。→ p.44
10. 剪开领窝的额外加针部分，编织领口。→ p.42
11. 编织结束时用钩针做引拔收针。→ p.44
12. 线头处理和额外加针部分的收尾处理。→ p.78
13. 用蒸汽熨斗整烫定型。→ p.78

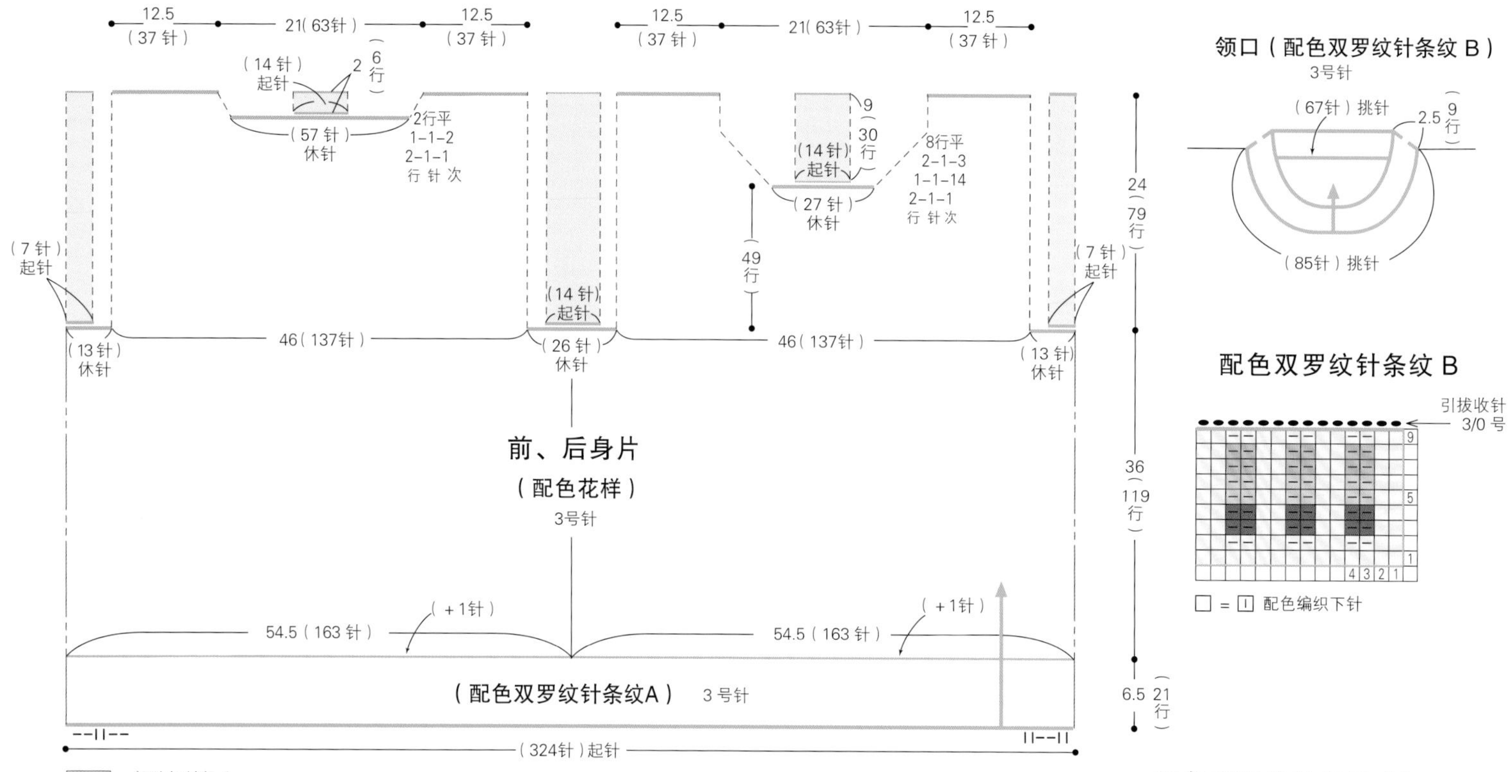

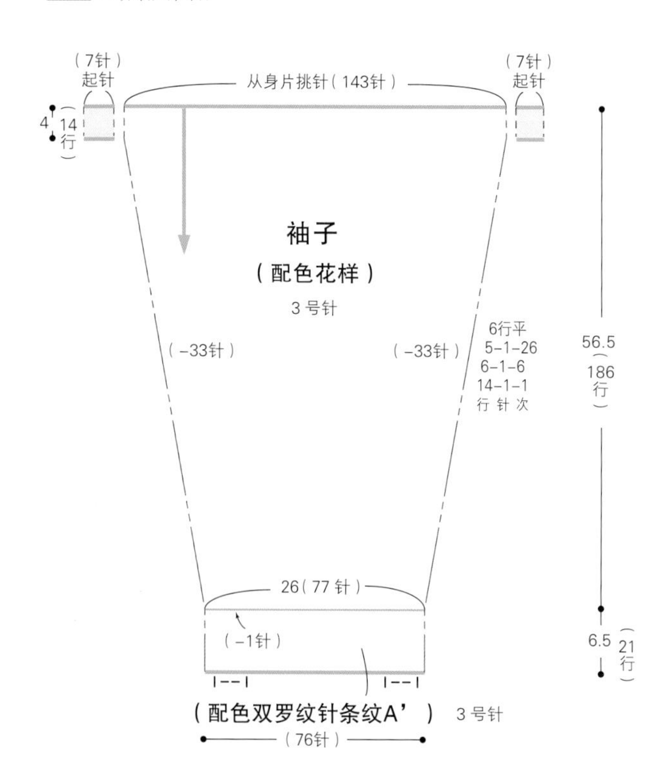

配色双罗纹针条纹 A

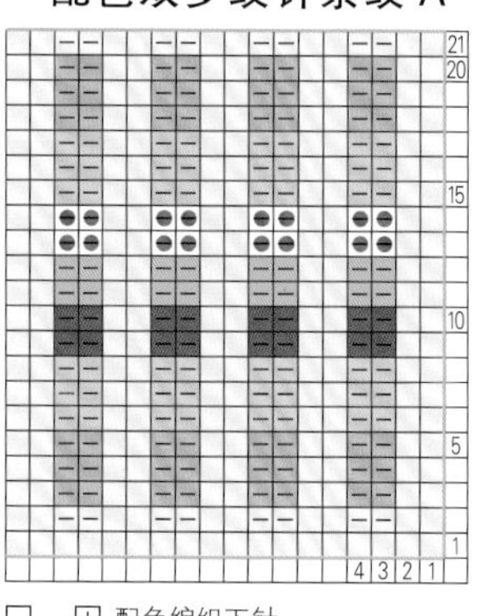

配色双罗纹针条纹 A'

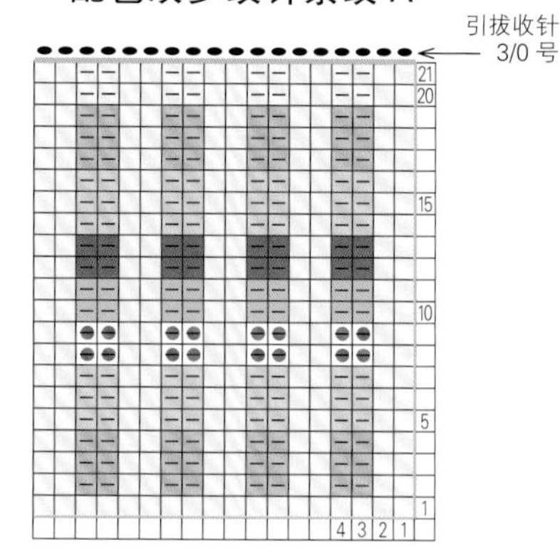

色号、颜色名、使用量

	色号 · 英文名称	颜色名	使用量
	760 · Caspian	翠蓝色	100 g / 4 团
	120 · Eesit/White	原白色混染	95 g / 4 团
	791 · Pistachio	深灰黄绿色	70 g / 3 团
	478 · Amber	淡橙色	55 g / 3 团
	105 · Eesit	浅米色	40 g / 2 团
	274 · Green Mist	薄荷绿色混染	35 g / 2 团
	525 · Crimson	深红色	30 g / 2 团
	524 · Poppy	橙红色	30 g / 2 团
	870 · Cocoa	暗橙色	30 g / 2 团
	165 · Dusk	深蓝紫色混染	30 g / 2 团

※ 花样由中心向左右两侧对称分布，前、后身片的编织起点相同

［材料和工具］
用线…J & S（Jamieson & Smith） 2PLY
色号、颜色名、使用量参照下表
用针…3 号环形针（80cm）、1 号环形针（80cm），钩针 2/0号
［成品尺寸］
胸围90cm、肩背宽37cm、衣长58cm、袖长52.5cm
［密度］
10cm×10cm 面积内：配色花样26.5针、32行
［编织要点］
※ 编织单罗纹针和挑针时用 1 号环形针，其他均用 3 号环形针编织。

1. 起针。→ p.32
2. 环形编织罗纹针。→ p.32
3. 接着编织配色花样。
4. 在袖窿额外加针后继续编织。→ p.36
5. 一边编织额外加针部分，一边做领窝的减针。→ p.40
6. 肩部用钩针做引拔接合。→ p.41
7. 剪开袖窿的额外加针部分。→ p.71
8. 从袖窿挑针后编织袖子，其中额外加针部分编织至中途。→ p.73
9. 编织结束时用钩针做引拔收针。→ p.44
10. 剪开领窝的额外加针部分，编织领口。→ p.42
11. 编织结束时用钩针做引拔收针。→ p.44
12. 线头处理和额外加针部分的收尾处理。→ p.78
13. 用蒸汽熨斗整烫定型。→ p.78

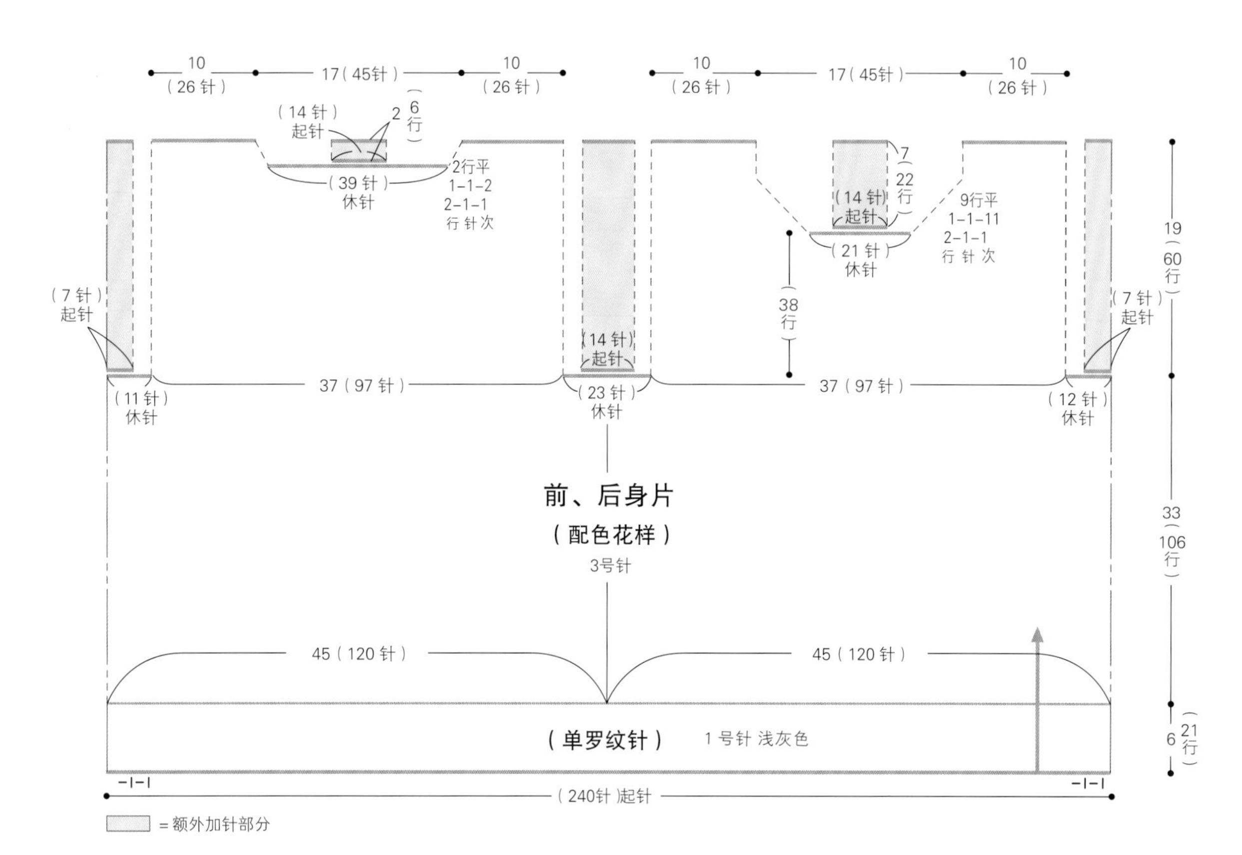

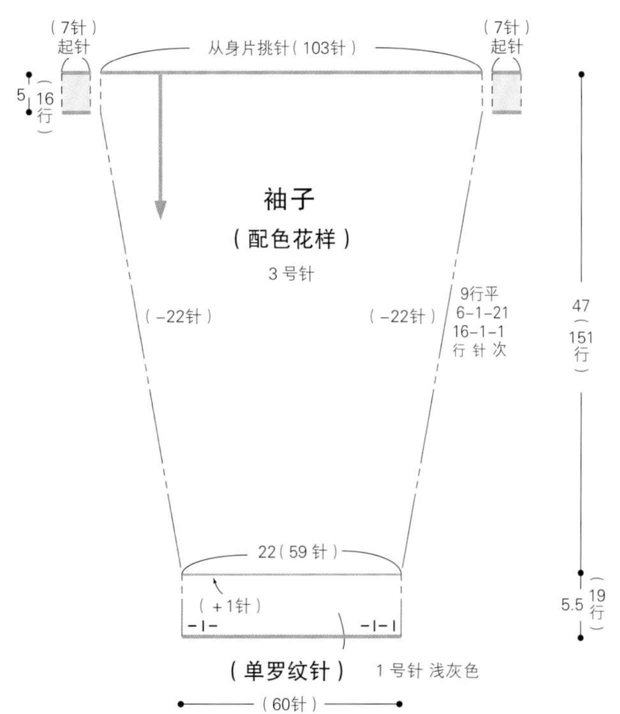

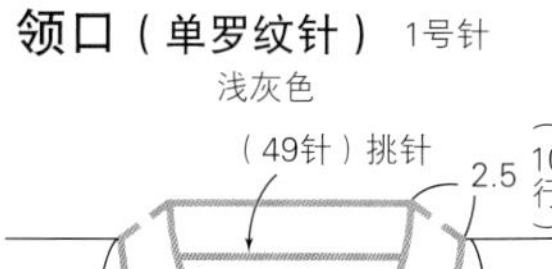

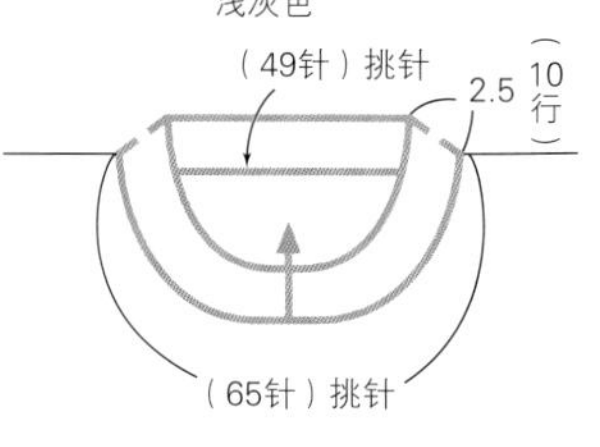

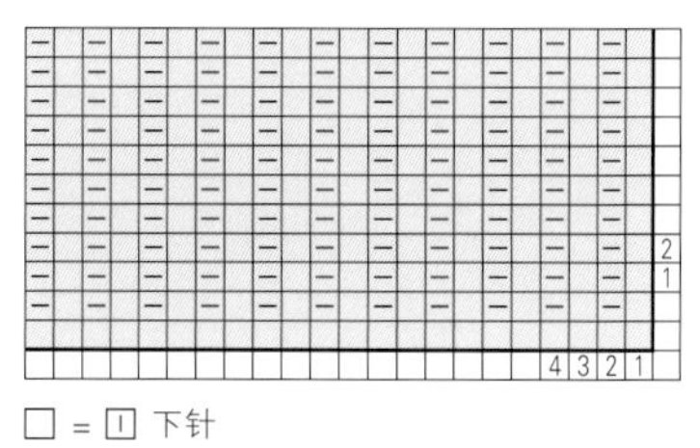

色号、颜色名、使用量

	色号・颜色名	使用量
□	203・浅灰色	130 g / 6 团
▨	FC52・灰色混染	70 g / 3 团
■	FC58・褐色	25 g / 1 团
□	121・黄色	25 g / 1 团
□	FC43・米色	25 g / 1 团
■	131・宝蓝色	20 g / 1 团
⊡	FC37・浅蓝色	20 g / 1 团
▨	FC15・灰蓝色	20 g / 1 团

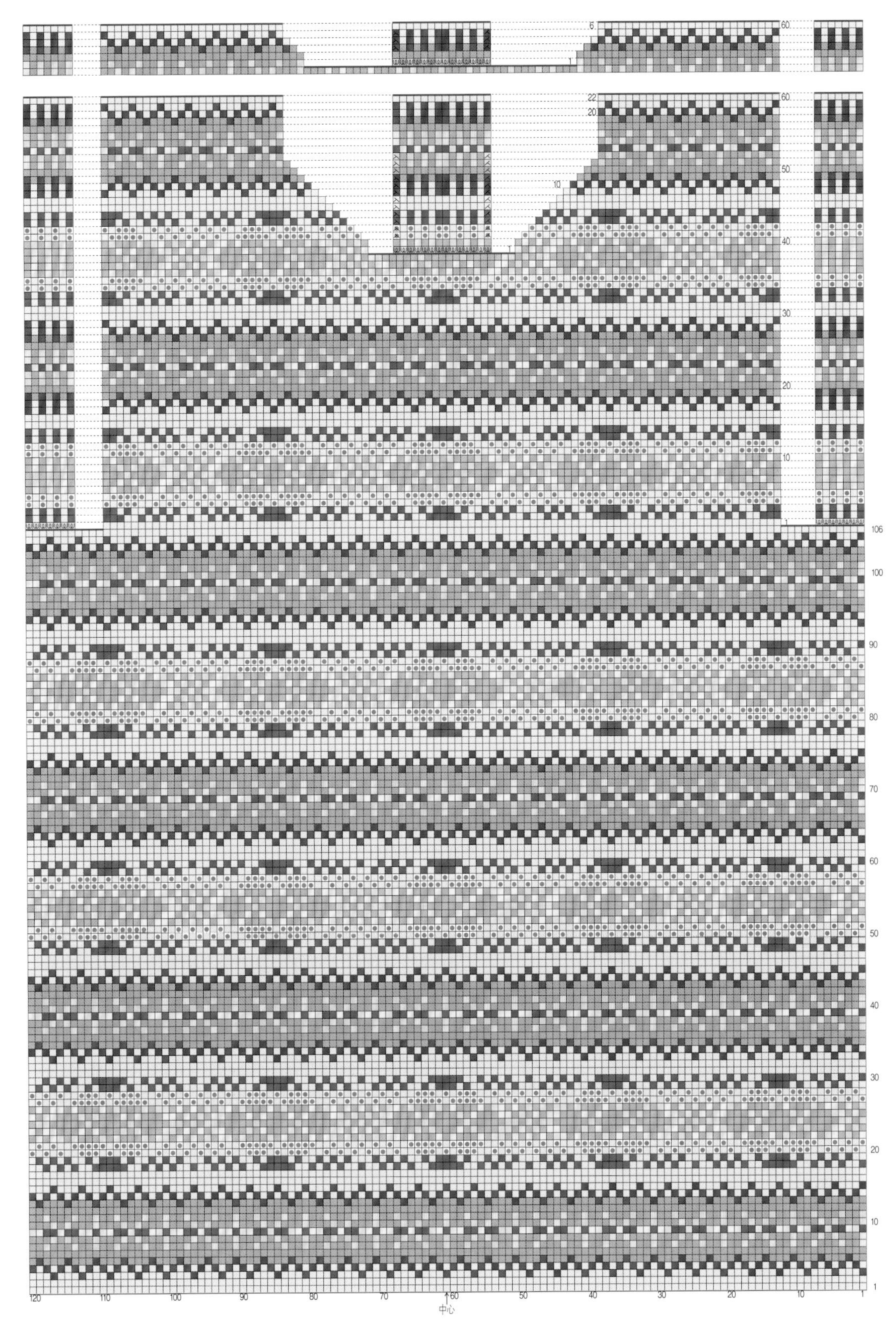

※ 花样由中心向左右两侧对称分布，前、后身片的编织起点相同

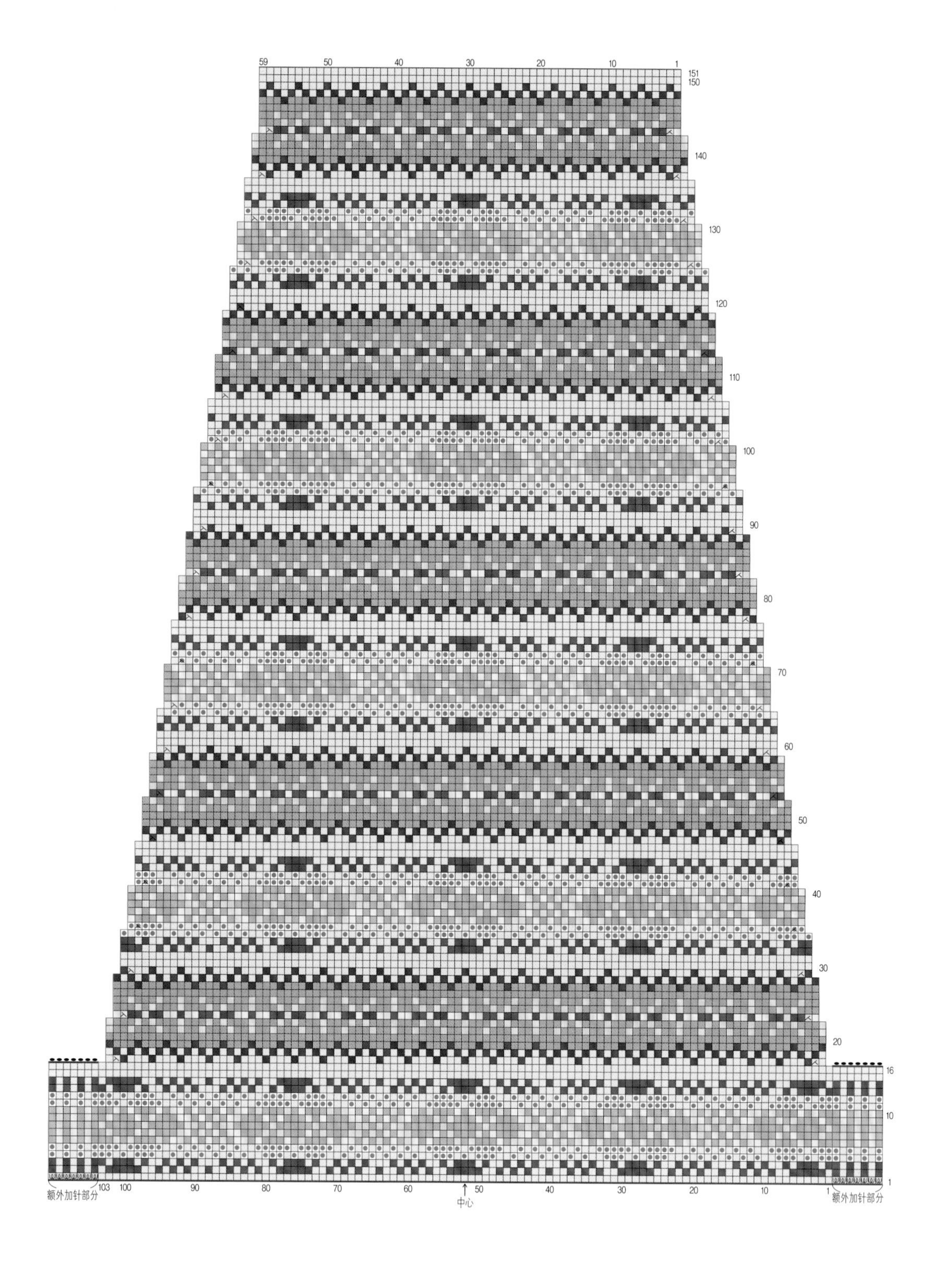

59
50
40
30
20
10
1
151
150
140
130
120
110
100
90
80
70
60
50
40
30
20
16
10
1
额外加针部分
103
100
90
80
70
60
50
40
30
20
10
1
中心
额外加针部分

［材料和工具］

用线…J & S（Jamieson & Smith） 2PLY

色号、颜色名、使用量参照下表

用针…3 号环形针（80cm）、1 号环形针（80cm），钩针 2/0号

［成品尺寸］

胸围104cm、肩背宽43cm、衣长64cm、袖长61cm

［密度］

10cm×10cm 面积内：配色花样26.5针、32行

［编织要点］

※ 编织单罗纹针和挑针时用 1 号环形针，其他均用 3 号环形针编织。

1. 起针。→ p.32
2. 环形编织罗纹针。→ p.32
3. 接着编织配色花样。
4. 在袖窿额外加针后继续编织。→ p.36
5. 一边编织额外加针部分，边做领窝的减针。→ p.40
6. 肩部用钩针做引拔接合。→ p.41
7. 剪开袖窿的额外加针部分。→ p.71
8. 从袖窿挑针后编织袖子，其中额外加针部分编织至中途。→ p.73
9. 编织结束时用钩针做引拔收针。→ p.44
10. 剪开领窝的额外加针部分，编织领口。→ p.42
11. 编织结束时用钩针做引拔收针。→ p.44
12. 线头处理和额外加针部分的收尾处理。→ p.78
13. 用蒸汽熨斗整烫定型。→ p.78

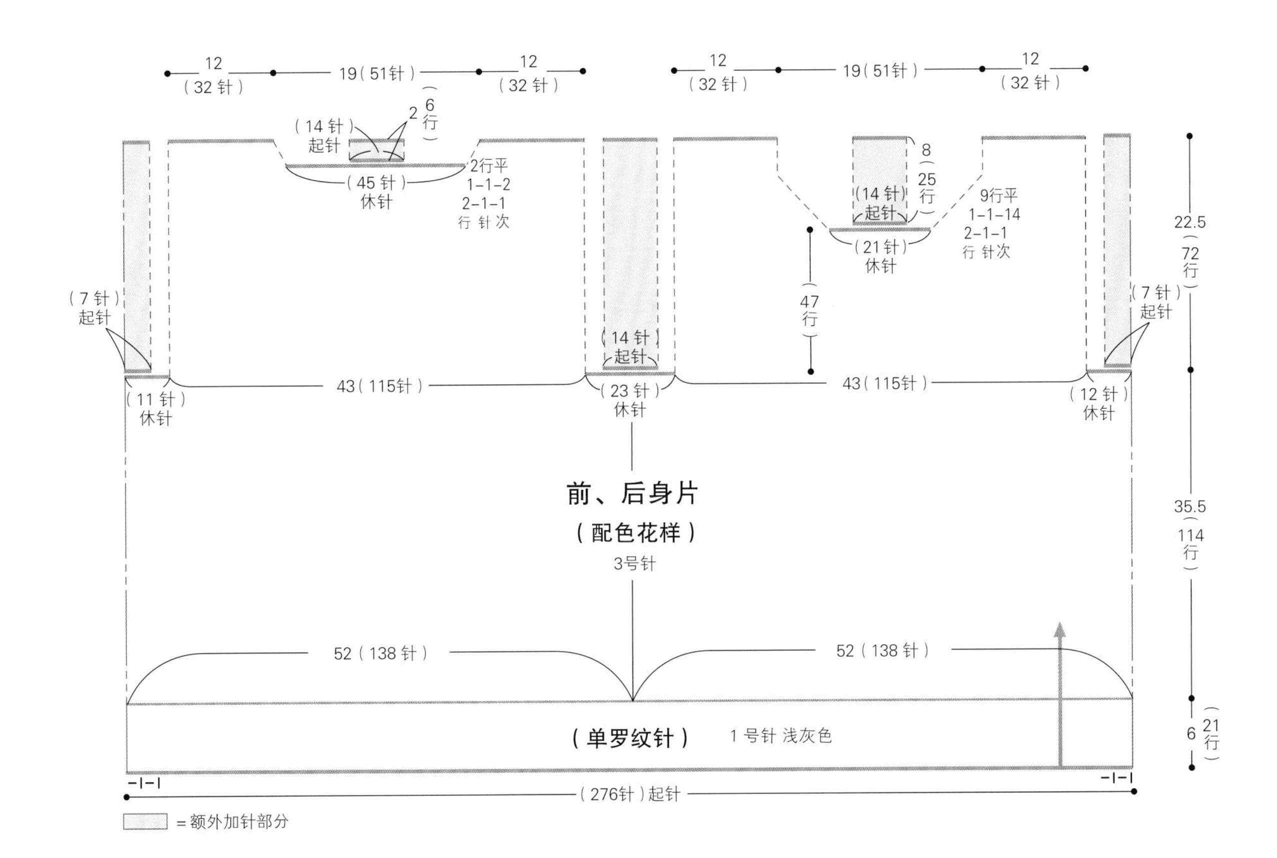

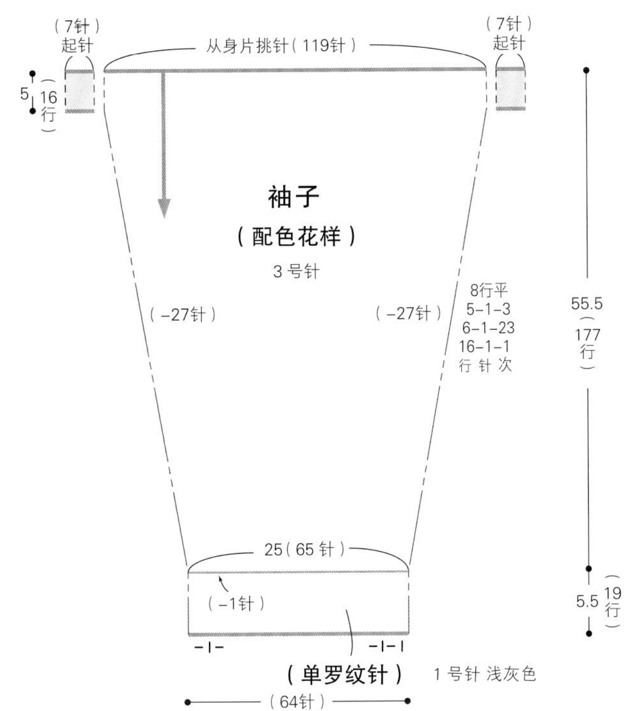

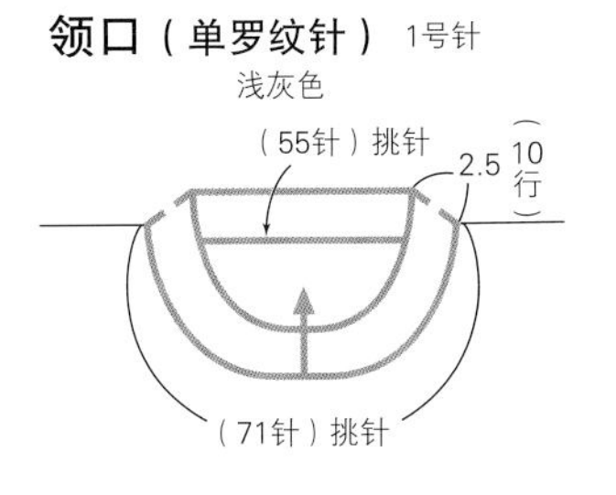

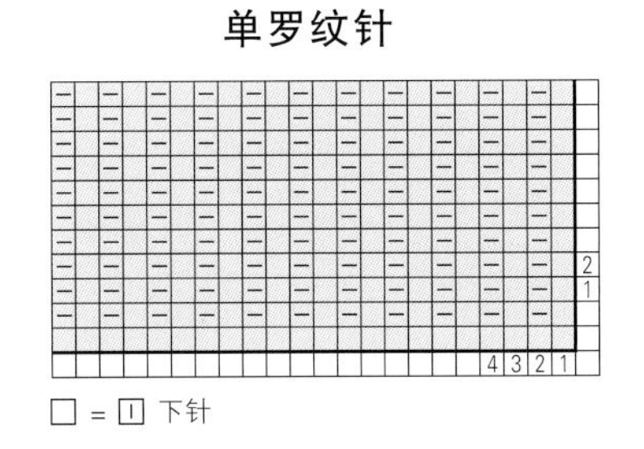

色号、颜色名、使用量

	色号・颜色名	使用量
□	203・浅灰色	170 g / 7 团
▨	FC52・灰色混染	95 g / 4 团
■	FC58・褐色	35 g / 2 团
□	121・黄色	35 g / 2 团
□	FC43・米色	35 g / 2 团
■	131・宝蓝色	25 g / 1 团
◉	FC37・浅蓝色	25 g / 1 团
▨	FC15・灰蓝色	25 g / 1 团

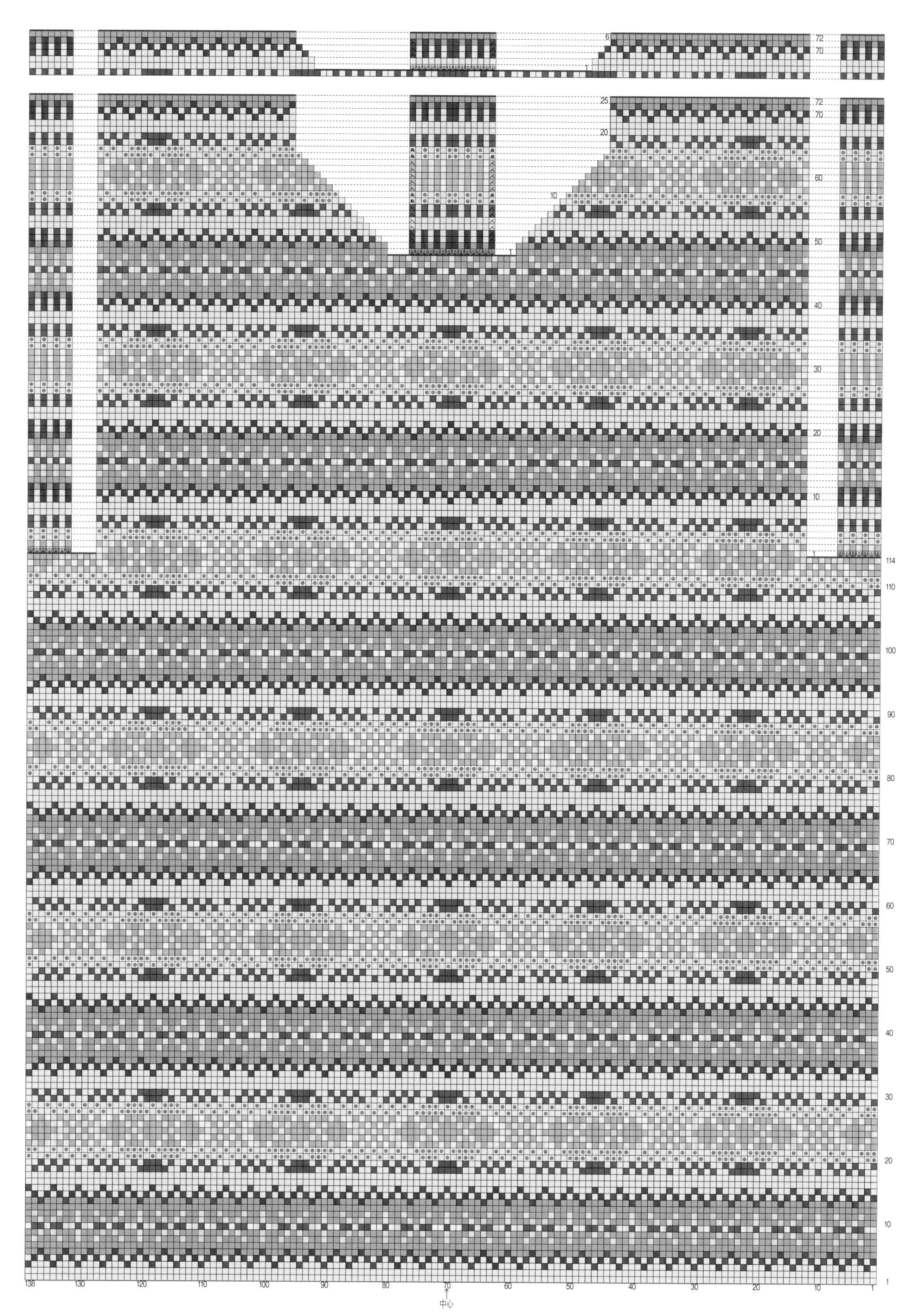

※ 花样由中心向左右两侧对称分布，前、后身片的编织起点相同

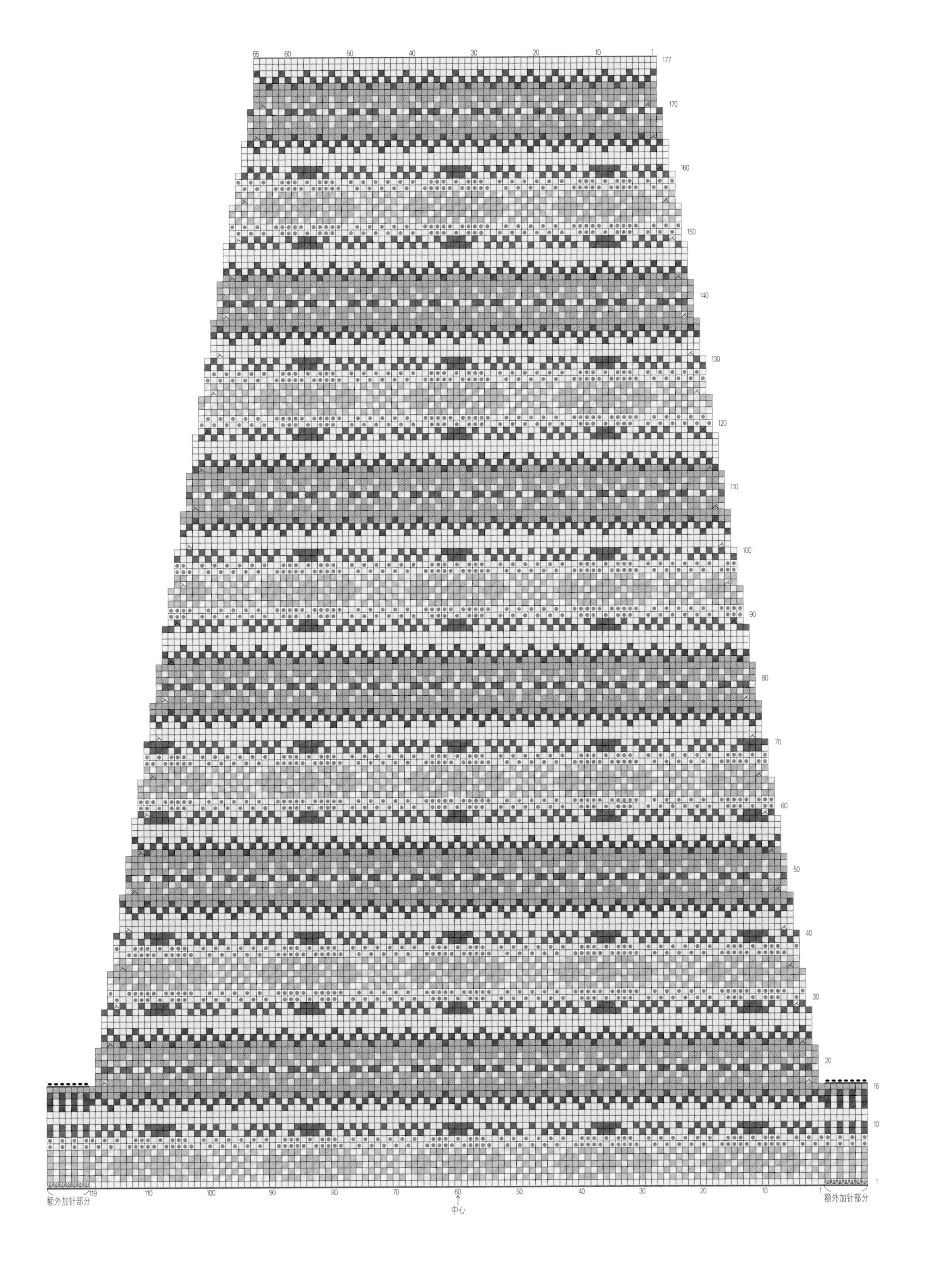
65
60
50
40
30
20
10
1
177
170
160
150
140
130
120
110
100
90
80
70
60
50
40
30
20
16
10
1
119
110
100
90
80
70
60
50
40
30
20
10
1
额外加针部分
中心
额外加针部分

13-XL ● Picture on p.18

[材料和工具]

用线…J & S（Jamieson & Smith） 2PLY

色号、颜色名、使用量参照下表

用针…3 号环形针（80cm）、1 号环形针（80cm），钩针 2/0号

[成品尺寸]

胸围112cm、肩背宽46cm、衣长70cm、袖长62cm

[密度]

10cm×10cm 面积内：配色花样26.5针、32行

[编织要点]

※ 编织单罗纹针和挑针时用 1 号环形针，其他均用 3 号环形针编织。

1. 起针。→ p.32

2. 环形编织罗纹针。→ p.32

3. 接着编织配色花样。

4. 在袖窿额外加针后继续编织。→ p.36

5. 一边编织额外加针部分，一边做领窝的减针。→ p.40

6. 肩部用钩针做引拔接合。→ p.41

7. 剪开袖窿的额外加针部分。→ p.71

8. 从袖窿挑针后编织袖子，其中额外加针部分编织至中途。→ p.73

9. 编织结束时用钩针做引拔收针。→ p.44

10. 剪开领窝的额外加针部分，编织领口。→ p.42

11. 编织结束时用钩针做引拔收针。→ p.44

12. 线头处理和额外加针部分的收尾处理。→ p.78

13. 用蒸汽熨斗整烫定型。→ p.78

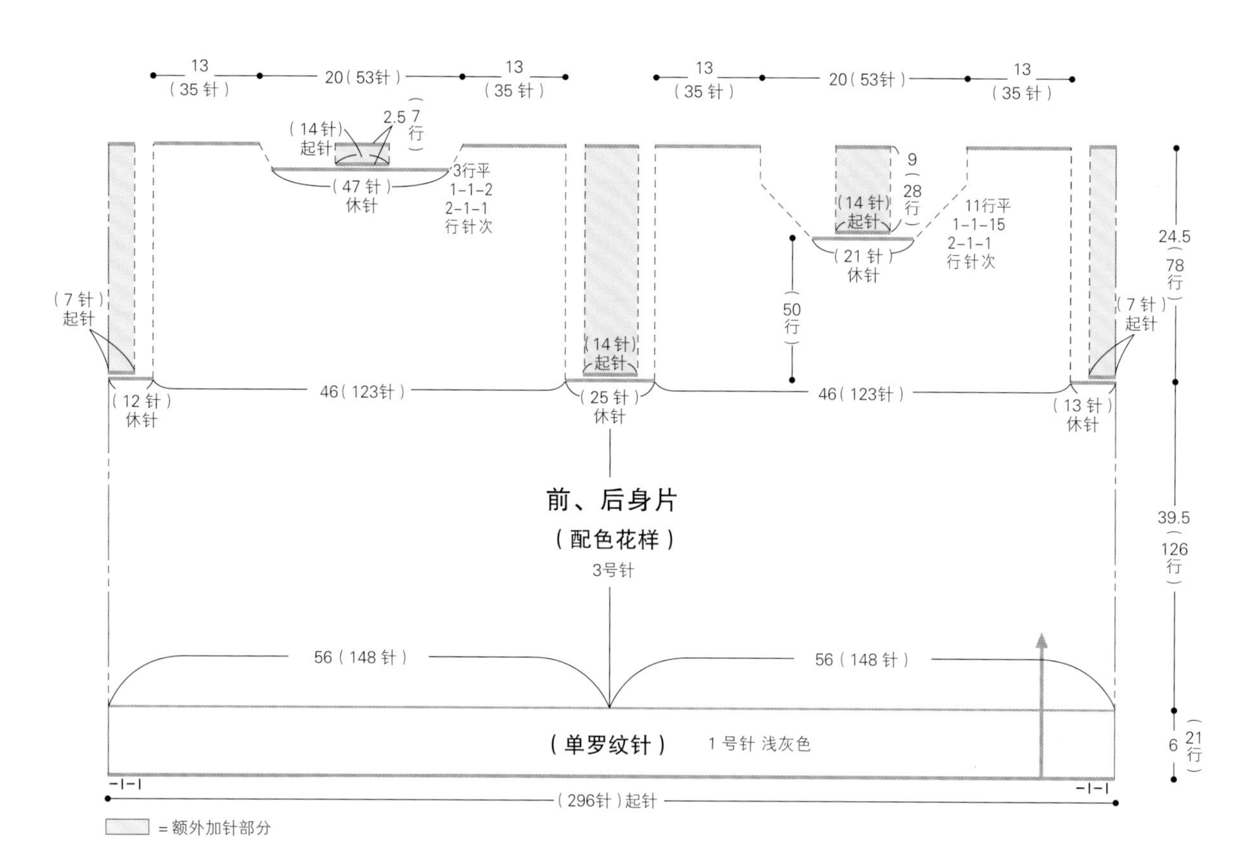

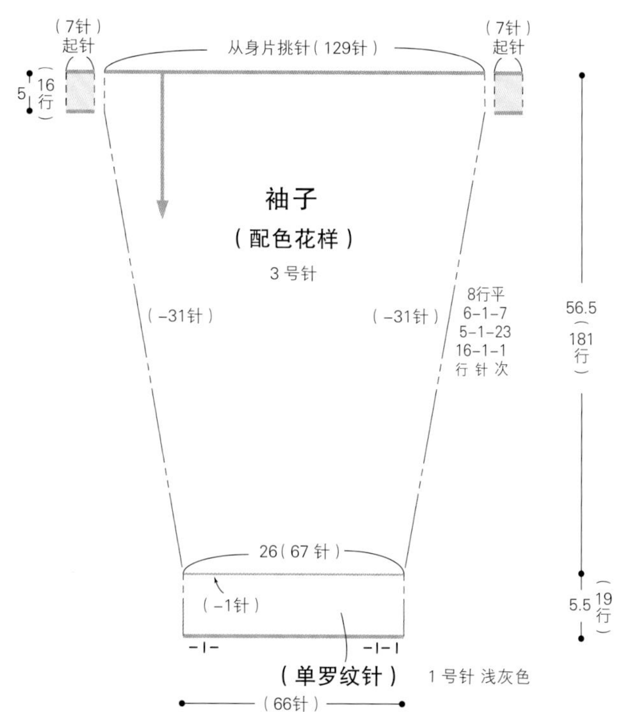

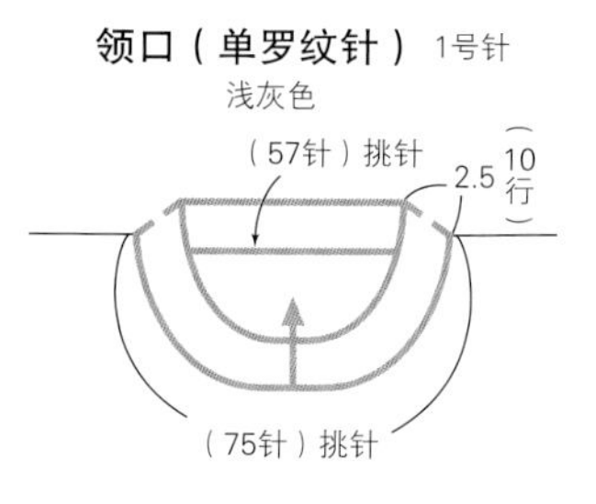

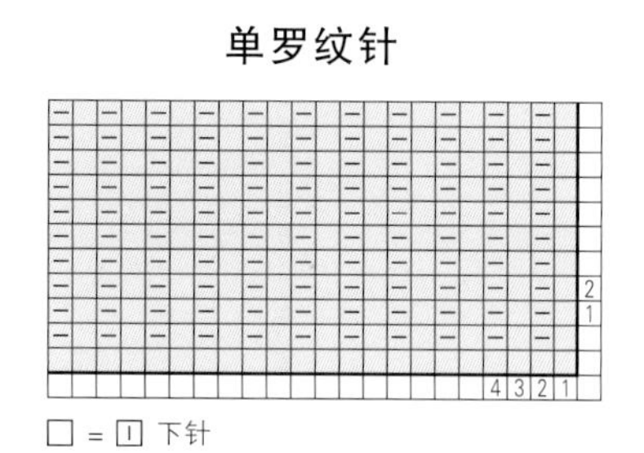

色号、颜色名、使用量

	色号・颜色名	使用量
□	203・浅灰色	200 g / 8 团
■	FC52・灰色混染	105 g / 5 团
■	FC58・褐色	40 g / 2 团
□	121・黄色	40 g / 2 团
□	FC43・米色	40 g / 2 团
■	131・宝蓝色	30 g / 2 团
◉	FC37・浅蓝色	30 g / 2 团
■	FC15・灰蓝色	30 g / 2 团

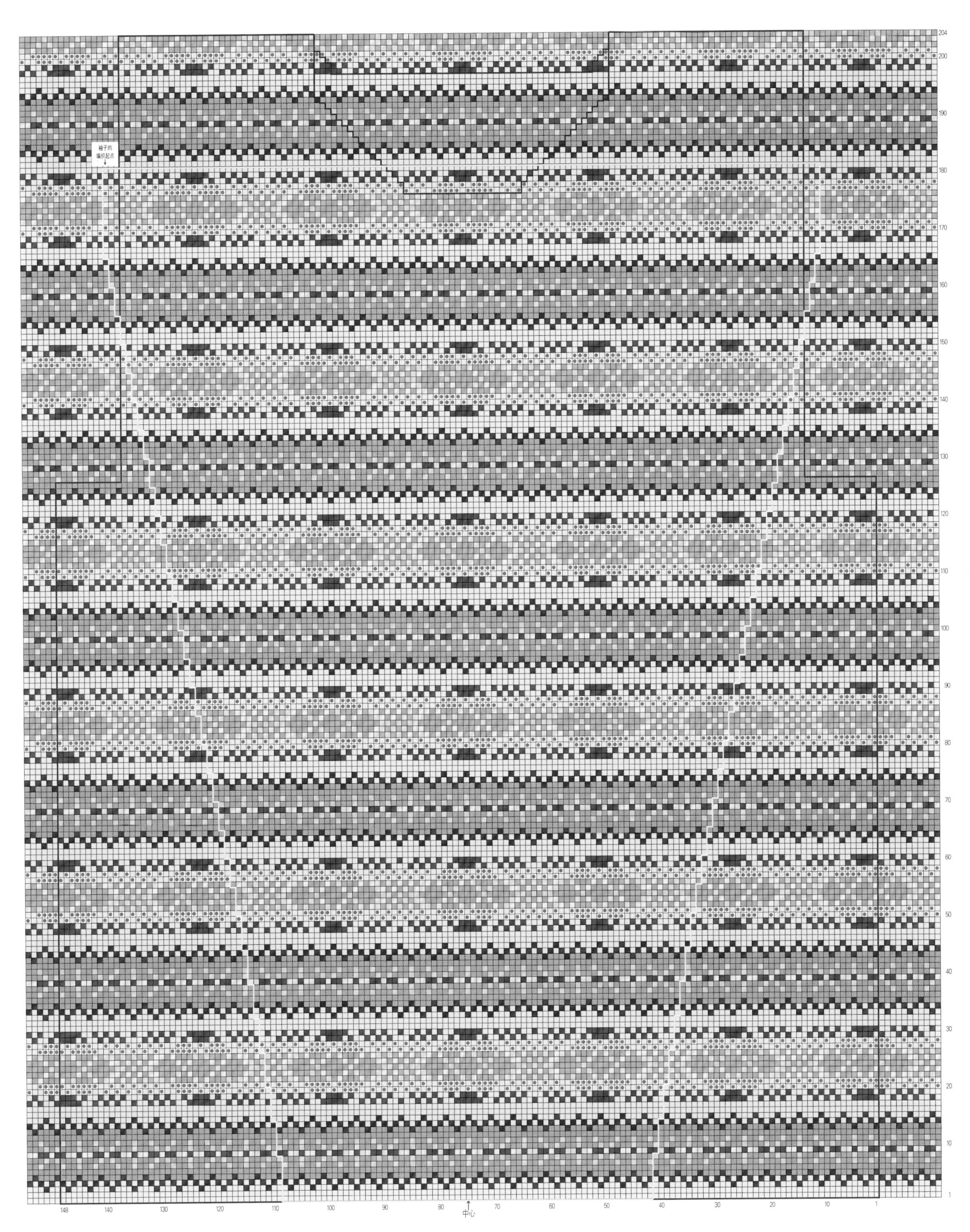

※ 花样由中心向左右两侧对称分布，前、后身片的编织起点相同

14 ● Picture on p.19

14 ● Picture on p.19

[材料和工具]
用线…Jamieson’s Shetland Spindrift　色号、颜色名、使用量参照下表
用针…3号环形针（80cm）、1号环形针（80cm），钩针3/0号

[成品尺寸]
长73cm

[密度]
10cm×10cm面积内：配色花样30.5针、32行

[编织要点]
※ 挑针时用1号环形针，其他均用3号环形针编织。

1. 加上额外加针部分的14针一起起针。→ p.67
2. 从编织起点的7针额外加针开始环形编织，接着编织罗纹针，最后再编织终点的7针额外加针。→ p.67
3. 在第1行加针后，一边编织额外加针部分，一边编织配色花样。
4. 在第1行减针后，编织罗纹针。
5. 编织结束时用钩针做引拔收针。→ p.44
6. 剪开额外加针部分。→ p.76
7. 左下摆挑针后，编织罗纹针。
8. 编织结束时用钩针做引拔收针。→ p.44
9. 对齐相对记号做挑针缝合。
10. 从领窝挑针后，编织罗纹针。
11. 编织结束时用钩针做引拔收针。→ p.44
12. 线头处理和额外加针部分的收尾处理。→ p.78
13. 用蒸汽熨斗整烫定型。→ p.78

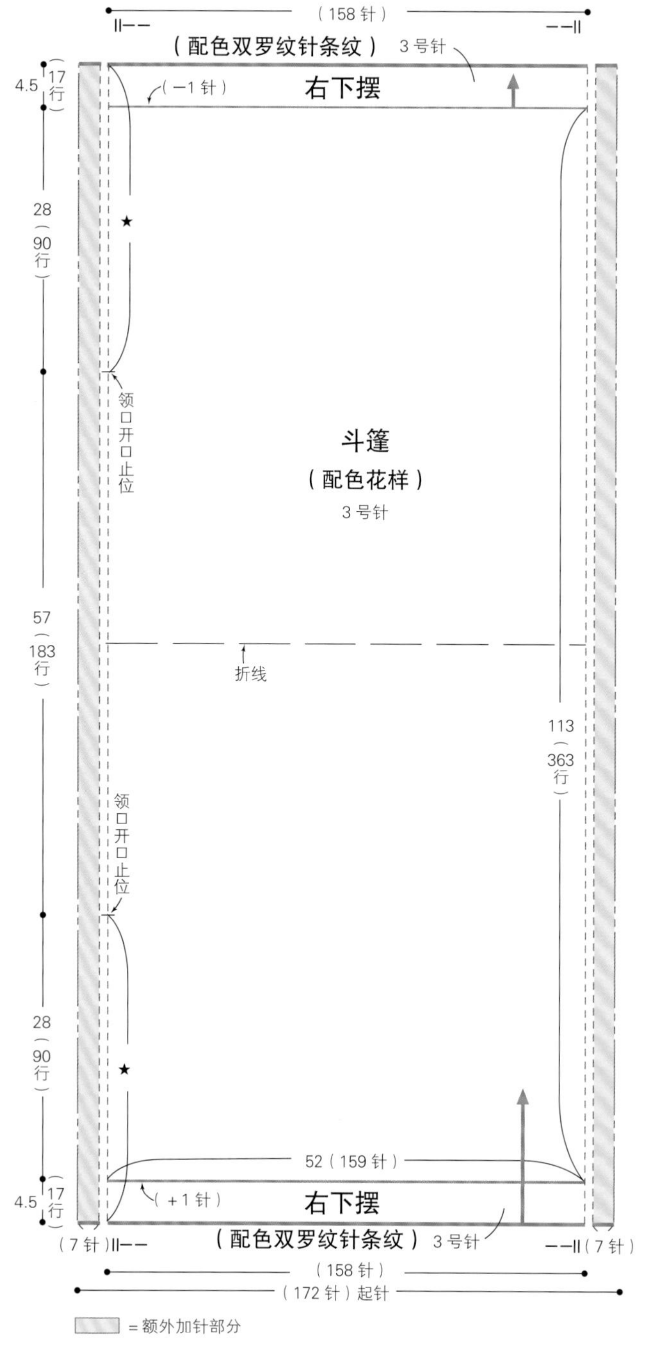

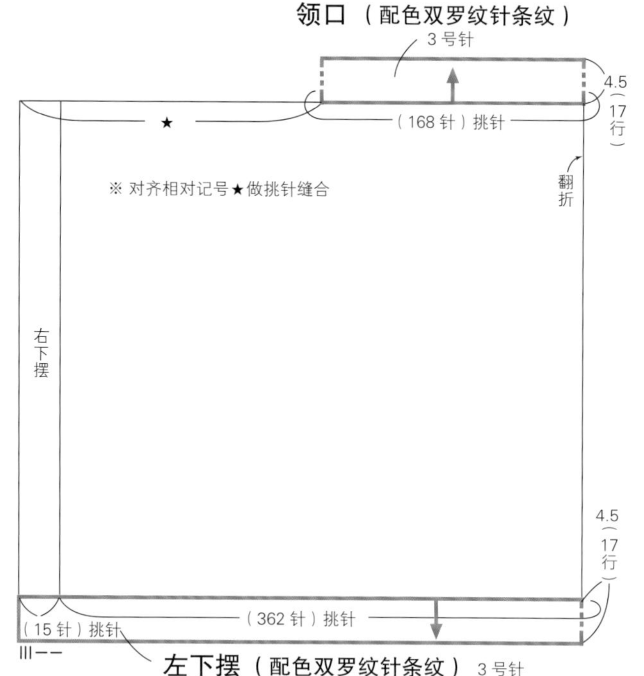

配色双罗纹针条纹

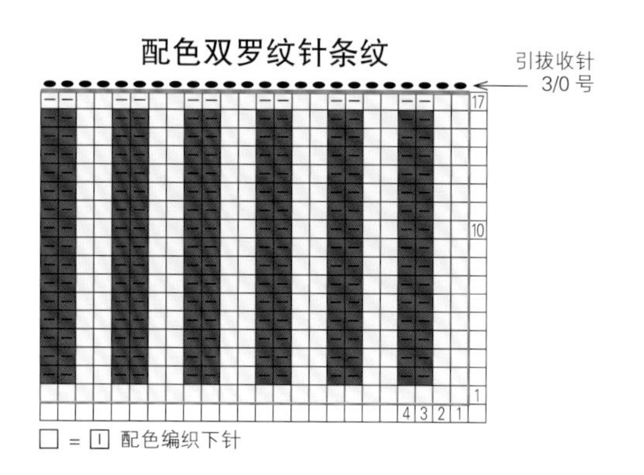

色号、颜色名、使用量

	色号・英文名称	颜色名	使用量
□	120・Eesit/White	原白色混染	115g / 5团
■	1290・Loganberry	深红紫色混染	55g / 3团
■	294・Blueberry	深紫色混染	45g / 2团
■	517・Mantilla	暗红紫色混染	30g / 2团
■	791・Pistachio	深灰黄绿色	25g / 1团
■	1130・Lichen	绿灰色	25g / 1团
▣	563・Rouge	淡红紫色	15g / 1团
◉	580・Cherry	深红色	15g / 1团
■	286・Moorgrass	绿色混染	15g / 1团

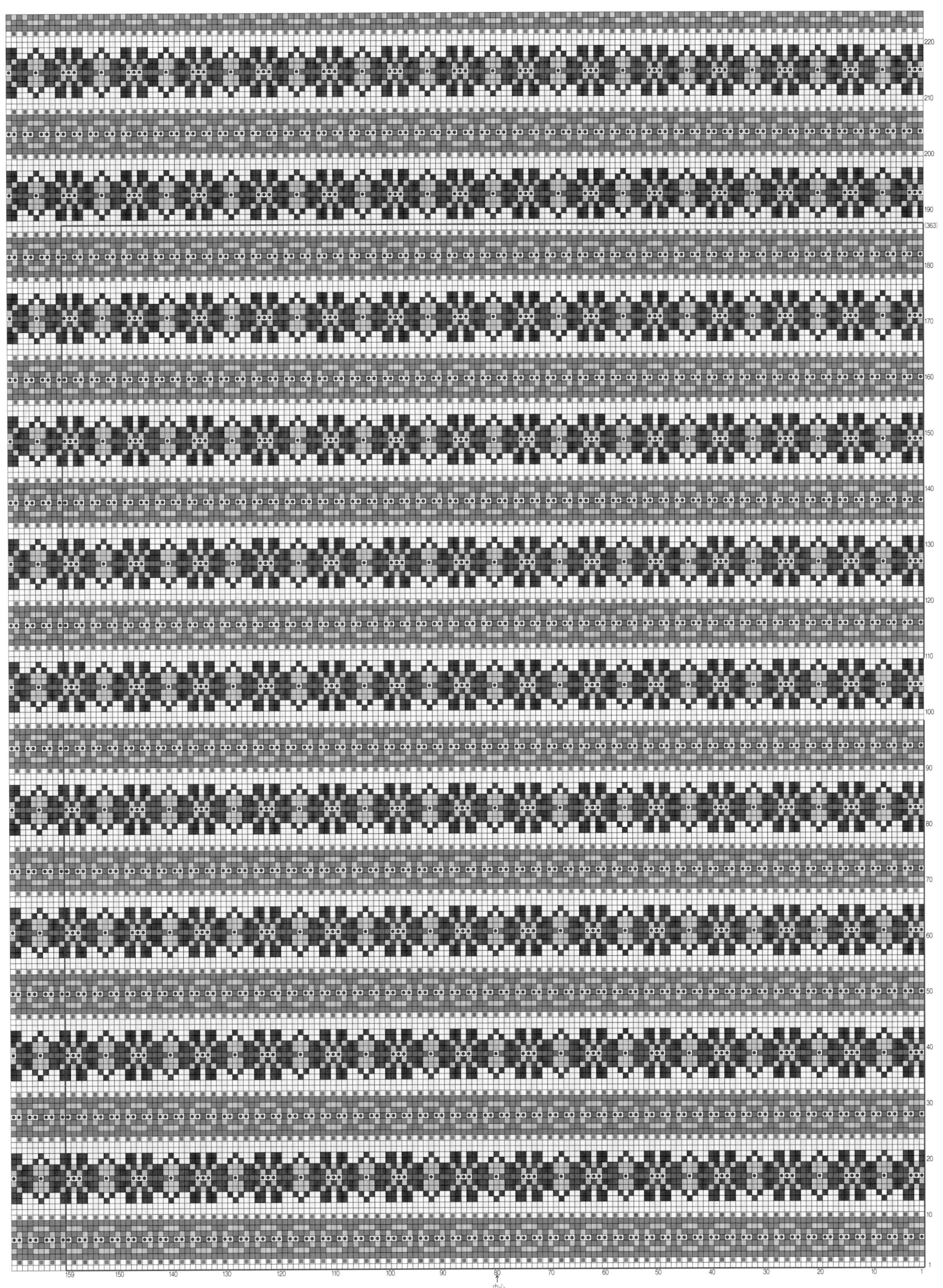

220
210
200
190
(363)
180
170
160
150
140
130
120
110
100
90
80
70
60
50
40
30
20
10
1
159
150
140
130
120
110
100
90
80
70
60
50
40
30
20
10
1
中心

[材料和工具]

用线…Jamieson’s Shetland Spindrift　色号、颜色名、使用量参照下表

其他…直径20mm 的纽扣9颗

用针…3 号环形针(80cm)、1 号环形针(80cm)，钩针2/0号

[成品尺寸]

胸围93.5cm、衣长58cm、连肩袖长75cm

[密度]

10cm×10cm 面积内：下针编织26.5针、36.5行，配色花样28.5针、32行

[编织要点]

※ 编织罗纹针和挑针时用1号环形针，其他均用3号环形针编织。

1. 起针。→ p.32

2. 身片和袖子分别做往返编织。腋下针目织伏针，插肩袖的减针是在边上第3针和第4针里织2针并1针。袖下的加针是在边上1针的内侧做扭针加针。

3. 插肩袖、胁部、袖下做挑针缝合。

4. 从前身片中心开始，将针目分为编织起点的 7 针额外加针、育克、编织终点的7针额外加针做环形编织，一边编织额外加针部分，一边编织育克并进行分散减针。→ p.67

5. 接着编织领口的罗纹针。

6. 编织结束时用钩针做引拔收针。→ p.44

7. 剪开育克的额外加针部分。→ p.76

8. 往返编织前门襟，并在中途留出扣眼。→ p.76

9. 编织结束时用钩针做引拔收针。→ p.44

10. 腋下针目做下针的无缝接合。

11. 线头处理和额外加针部分的收尾处理。→ p.78

12. 用蒸汽熨斗整烫定型。→ p.78

13. 最后缝上纽扣。

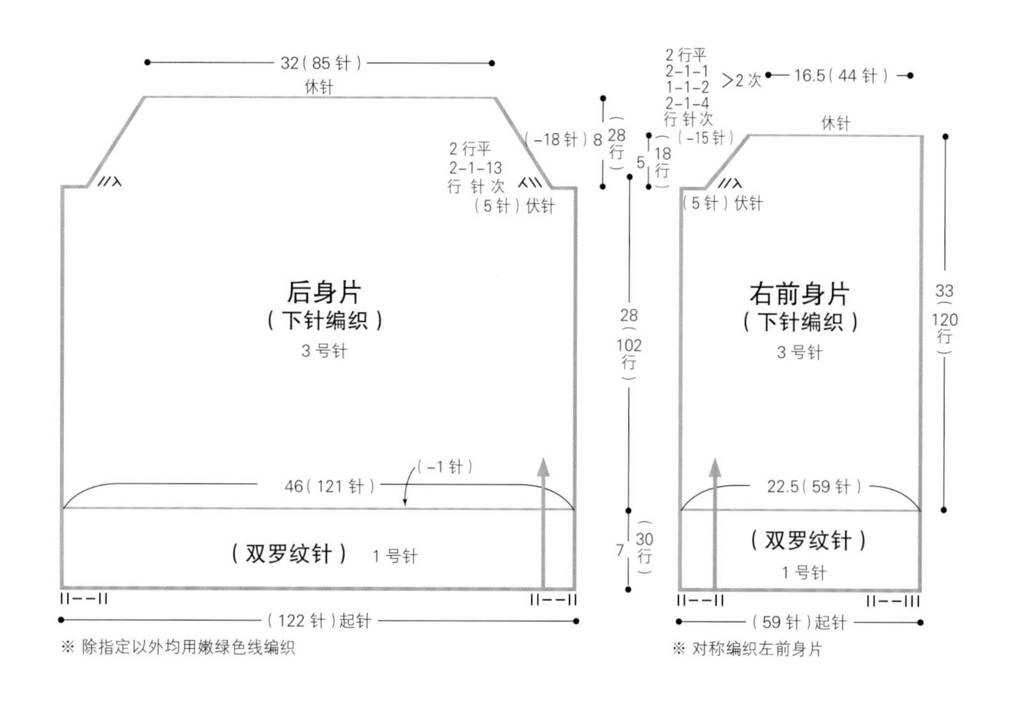

色号、颜色名、使用量

	色号・英文名称	颜色名	使用量
	1140・Granny Smith	嫩绿色	225 g / 9 团
	343・Ivory	象牙白色	20 g / 1 团
	375・Flax	浅黄色	少量 / 1 团
	660・Lagoon	湖蓝色	少量 / 1 团
	524・Poppy	橙红色	少量 / 1 团
	525・Crimson	深红色	少量 / 1 团
	861・Sandalwood	灰橙色	少量 / 1 团
	478・Amber	淡橙色	少量 / 1 团
	720・Dewdrop	蓝绿色混染	少量 / 1 团
	140・Rye	黄灰色	少量 / 1 团
	120・Eesit / White	原白色混染	少量 / 1 团

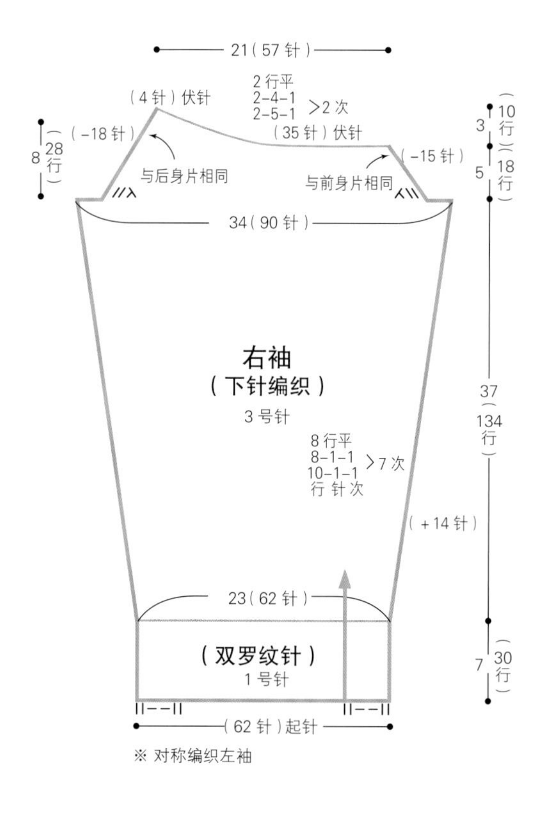

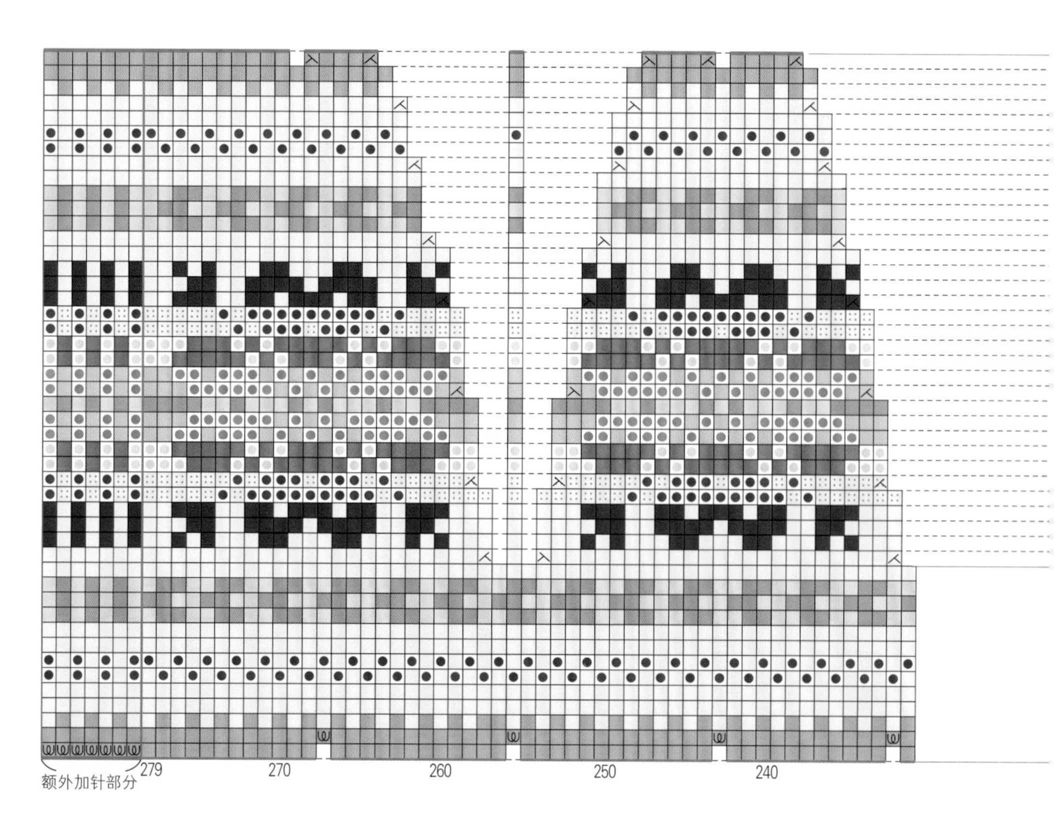

双罗纹针

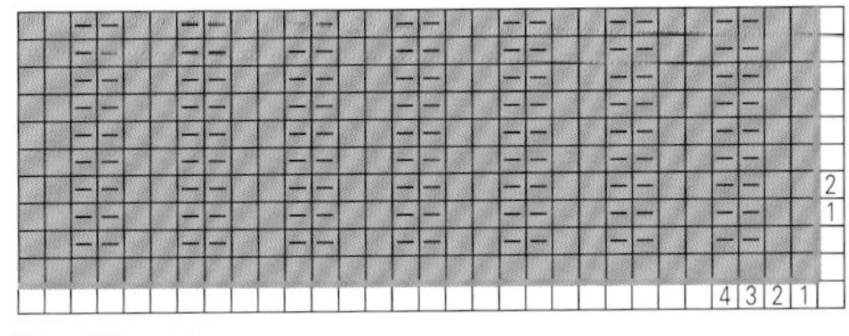

□ = ⊡ 下针

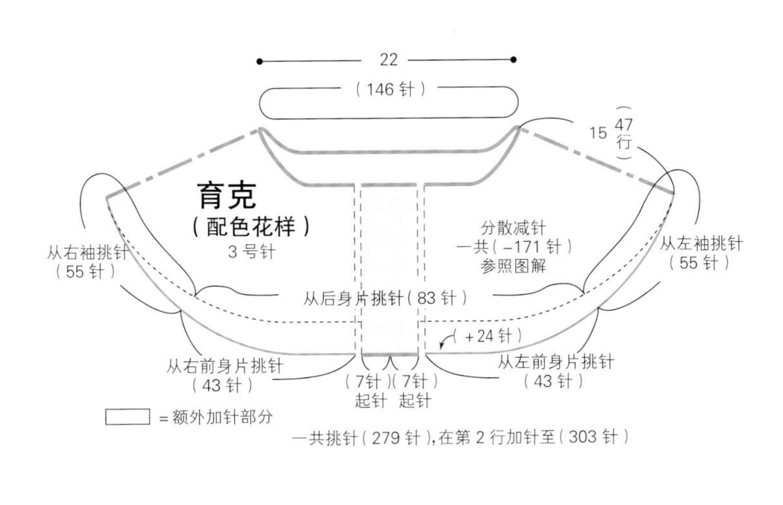

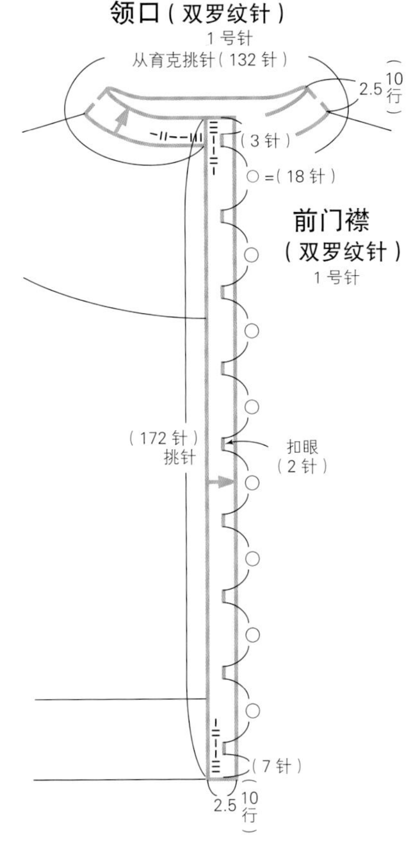

扣眼（右前门襟）

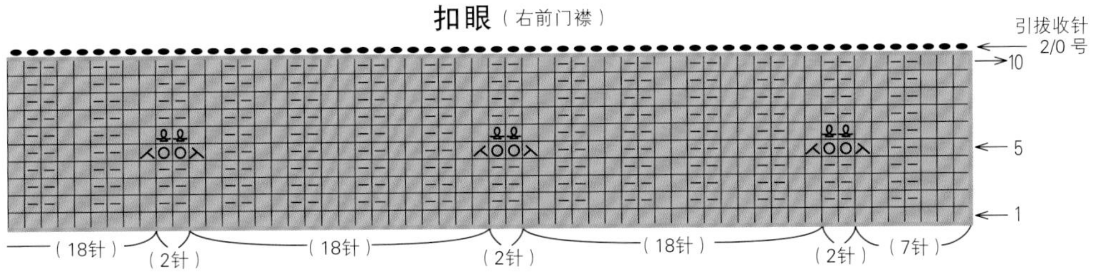

□ = ⊡ 配色编织下针

配色花样

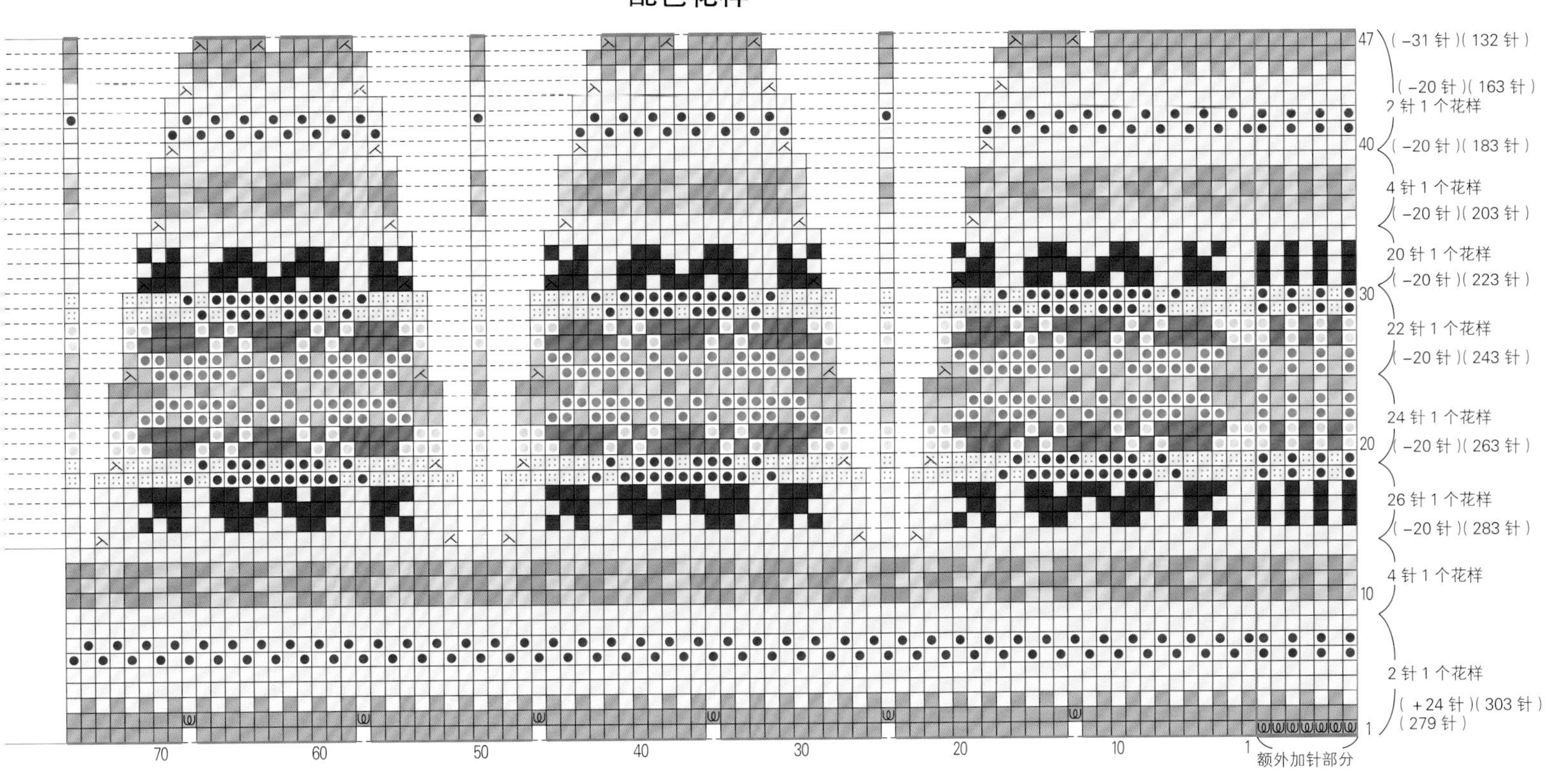

[材料和工具]
用线…Jamieson's Shetland Spindrift 色号、颜色名、使用量参照129页表
用针…3 号环形针（80cm）、1 号环形针（80cm），钩针 2/0号
[成品尺寸]
胸围90cm、衣长58cm、连肩袖长71.5cm
[密度]
10cm×10cm 面积内：下针编织 25.5 针、35 行，配色花样29针、34行
[编织要点]
1. 起针。→ p.32
2. 身片和袖子分别做往返编织。腋下针目织伏针，插肩线的减针是在边上第3针和第4针里织2针并1针。袖下的加针是在边上1针的内侧做扭针加针。
3. 插肩线、胁部、袖下做挑针缝合。
4. 育克部分做环形编织，同时进行分散减针。
5. 领口从育克部分接着编织，在第 1 行减针后编织罗纹针。
6. 编织结束时用钩针做引拔收针。→ p.44
7. 腋下针目做下针的无缝接合。
8. 线头处理。→ p.78
9. 用蒸汽熨斗整烫定型。→ p.78

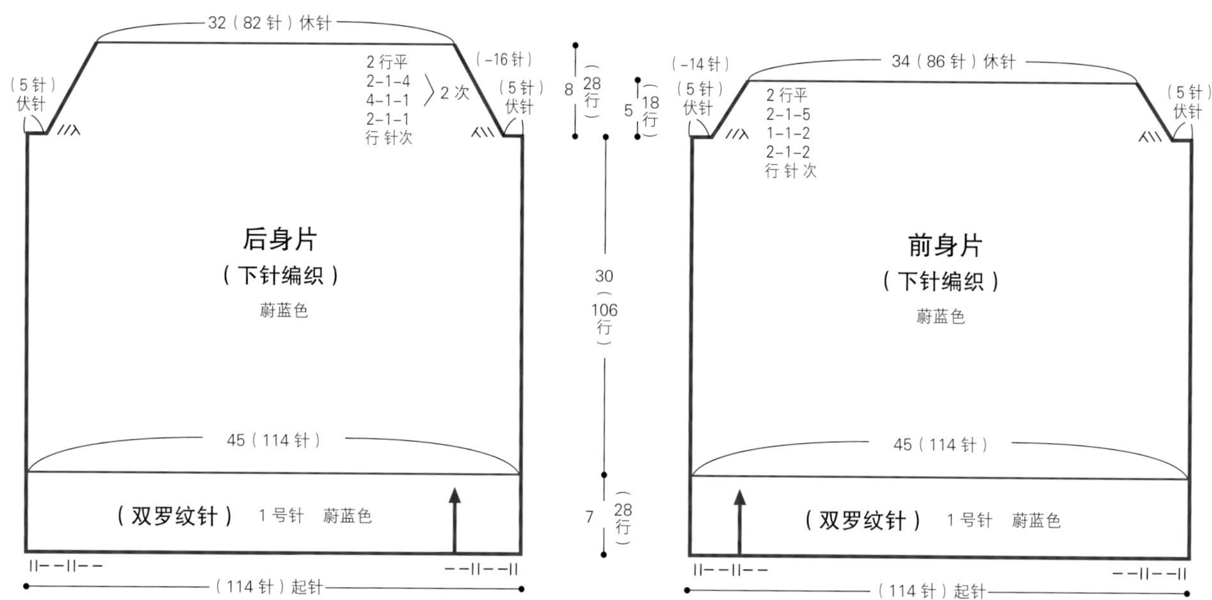

※除指定以外均用 3 号环形针编织

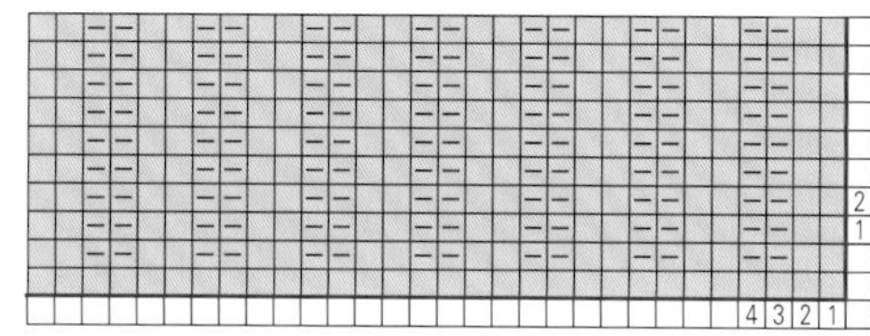

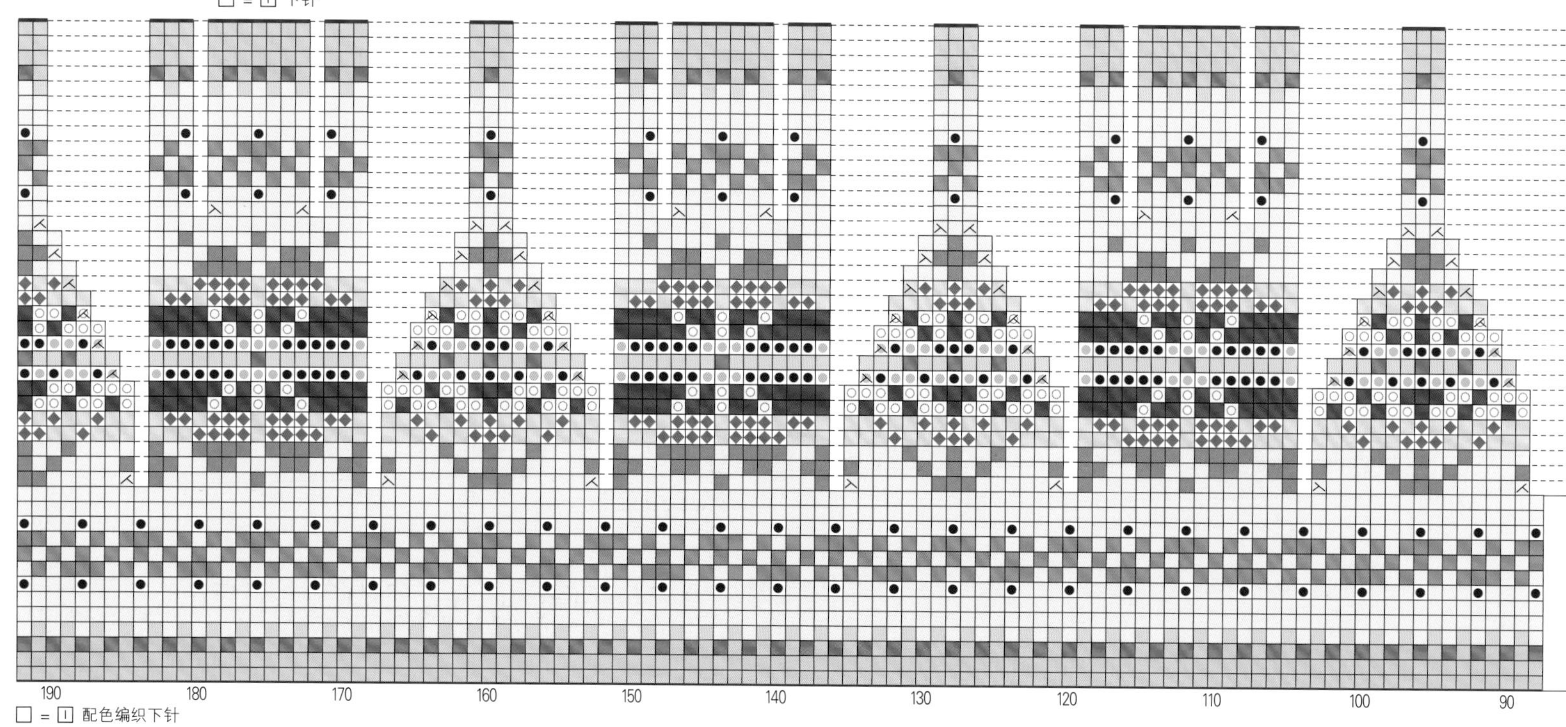

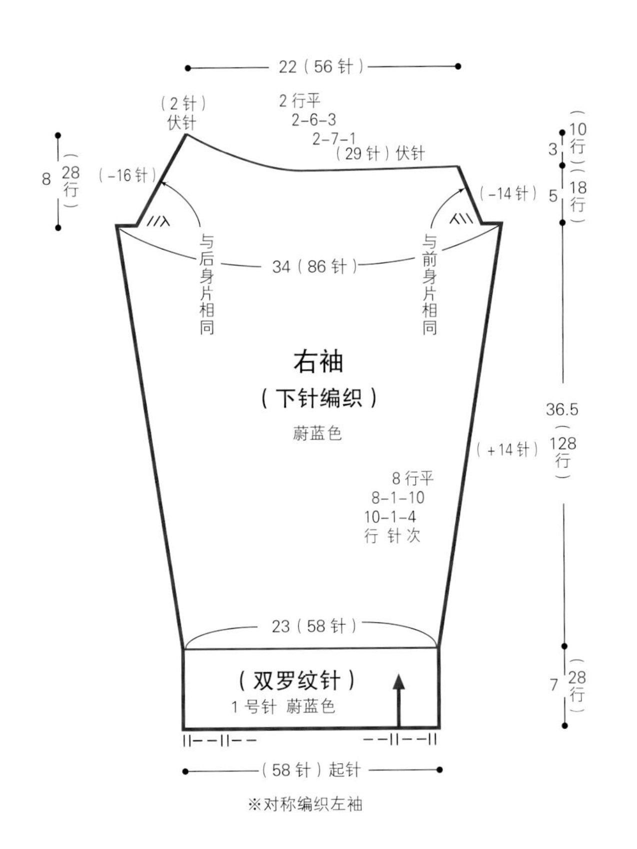

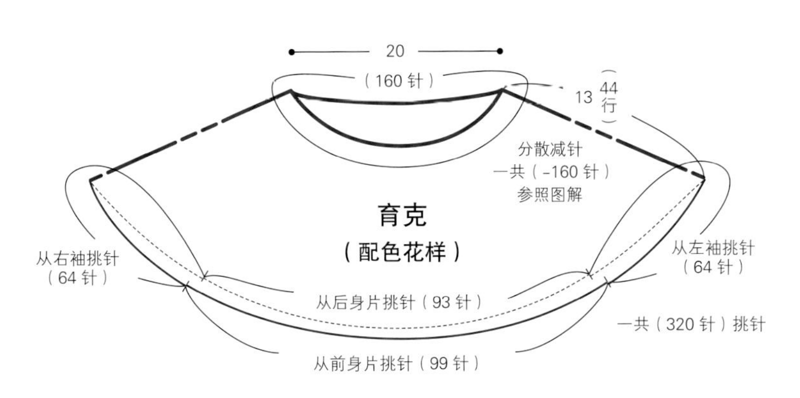

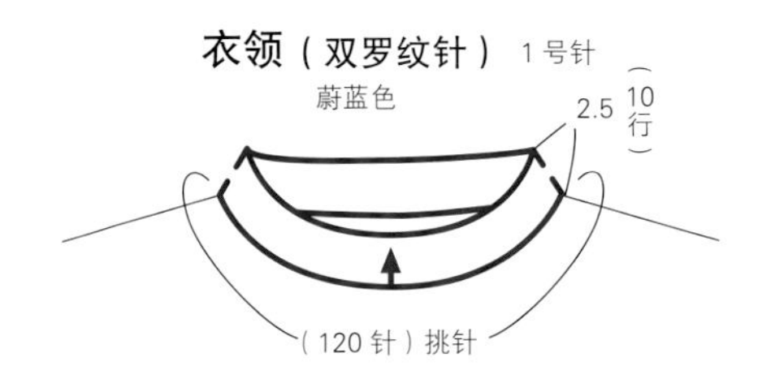

色号、颜色名、使用量

	色号 · 英文名称	颜色名	使用量
	680 · Lunar	蔚蓝色	230 g / 10 团
	127 · Pebble	明灰色	20 g / 1 团
	616 · Anemone	紫色	少量 / 1 团
	1290 · Loganberry	深红紫色混染	少量 / 1 团
	790 · Celtic	草绿色	少量 / 1 团
	600 · Violet	紫罗兰色	少量 / 1 团
	140 · Rye	黄灰色	少量 / 1 团
	768 · Eggshell	灰浅蓝色	少量 / 1 团
	629 · Lupin	蓝紫色	少量 / 1 团
	785 · Apple	黄绿色	少量 / 1 团
	760 · Caspian	翠蓝色	少量 / 1 团
	470 · Pumpkin	深橙色	少量 / 1 团

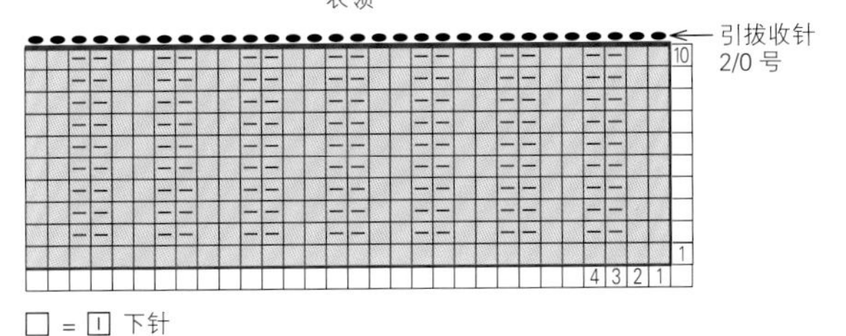

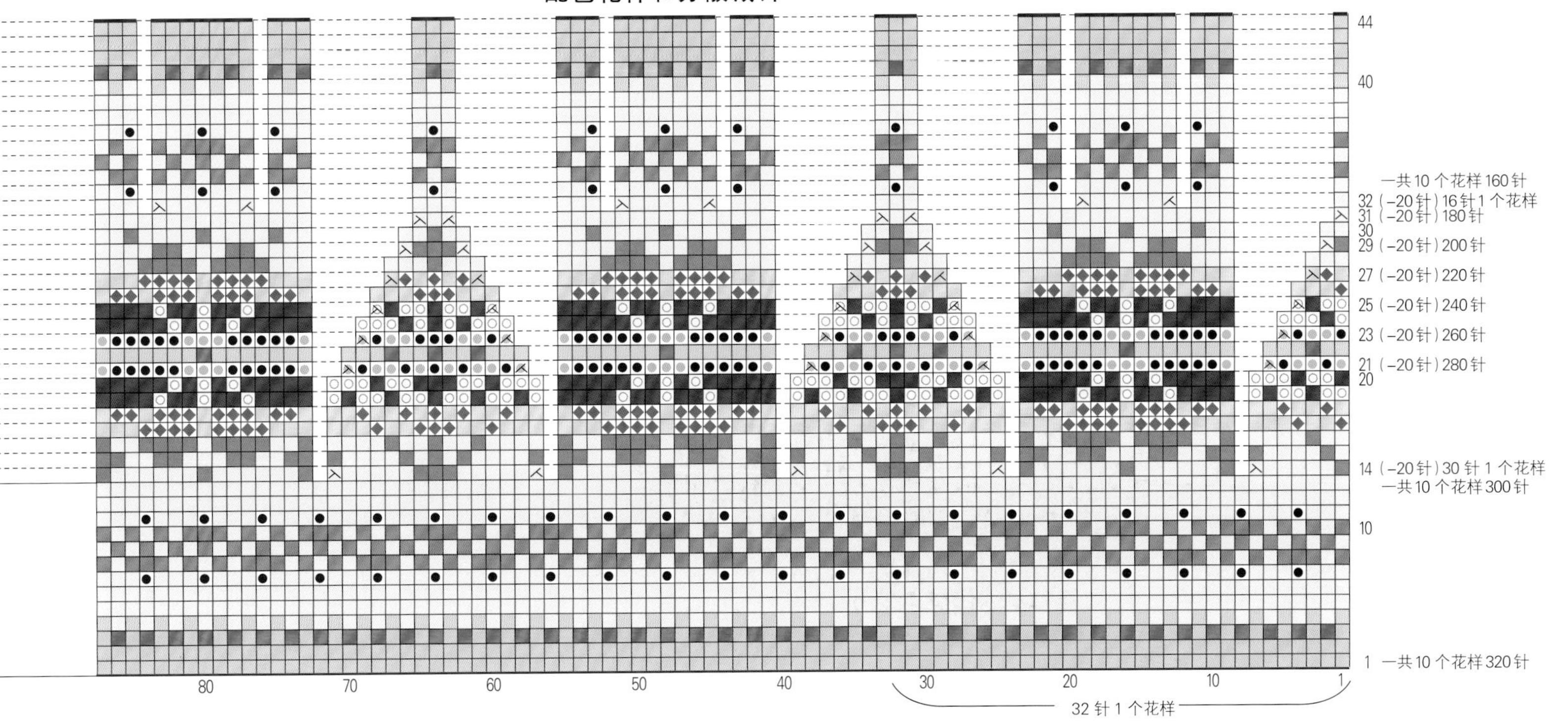

色号、颜色名、使用量

	色号 · 英文名称	颜色名	帽子使用量	连指手套使用量
	106 · Mooskit	米色	20 g / 2 团	10 g / 2 团
	680 · Lunar	蔚蓝色	少量 / 1 团	少量 / 1 团
	105 · Eesit	浅米色	少量 / 1 团	5 g / 1 团
	805 · Spruce	灰绿色	少量 / 1 团	5 g / 1 团
	293 · Port Wine	酒红色	少量 / 1 团	少量 / 1 团
	294 · Blueberry	深紫色混染	少量 / 1 团	少量 / 1 团
	616 · Anemone	紫色	少量 / 1 团	少量 / 1 团
	575 · Lipstick	玫红色	少量 / 1 团	少量 / 1 团
	576 · Cinnamon	砖红色	少量 / 1 团	少量 / 1 团
	880 · Coffee	深棕色	少量 / 1 团	少量 / 1 团
	147 · Moss	苔绿色混染	少量 / 1 团	少量 / 1 团
	274 · Green Mist	薄荷绿色混染	少量 / 1 团	少量 / 1 团
	375 · Flax	浅黄色	少量 / 1 团	少量 / 1 团
	526 · Spice	灰红色	少量 / 1 团	少量 / 1 团
	259 · Leprechaun	黄绿色混染	少量 / 1 团	少量 / 1 团
	1020 · Nighthawk	蓝绿色	少量 / 1 团	少量 / 1 团
	1160 · Scotch Broom	姜黄色混染	少量 / 1 团	少量 / 1 团
	180 · Mist	浅紫色混染	少量 / 1 团	少量 / 1 团

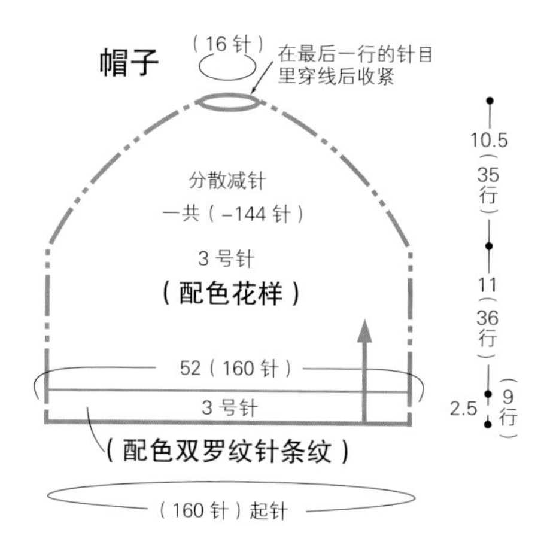

[材料和工具]
用线…Jamieson's Shetland Spindrift
色号、颜色名、使用量参照上表
用针…3号环形针(80cm)

[成品尺寸]
17　头围52cm、帽深24cm
18　掌围18cm、长31.5cm

[密度]
10cm×10cm面积内：配色花样31针、33行

[编织要点]
手指挂线起针后开始编织，按配色双罗纹针和配色花样环形编织。连指手套在拇指位织入另线，后面再拆开另线挑针，下针编织拇指部分。

※ 编织花样全图参照 p.143

帽子的分散减针

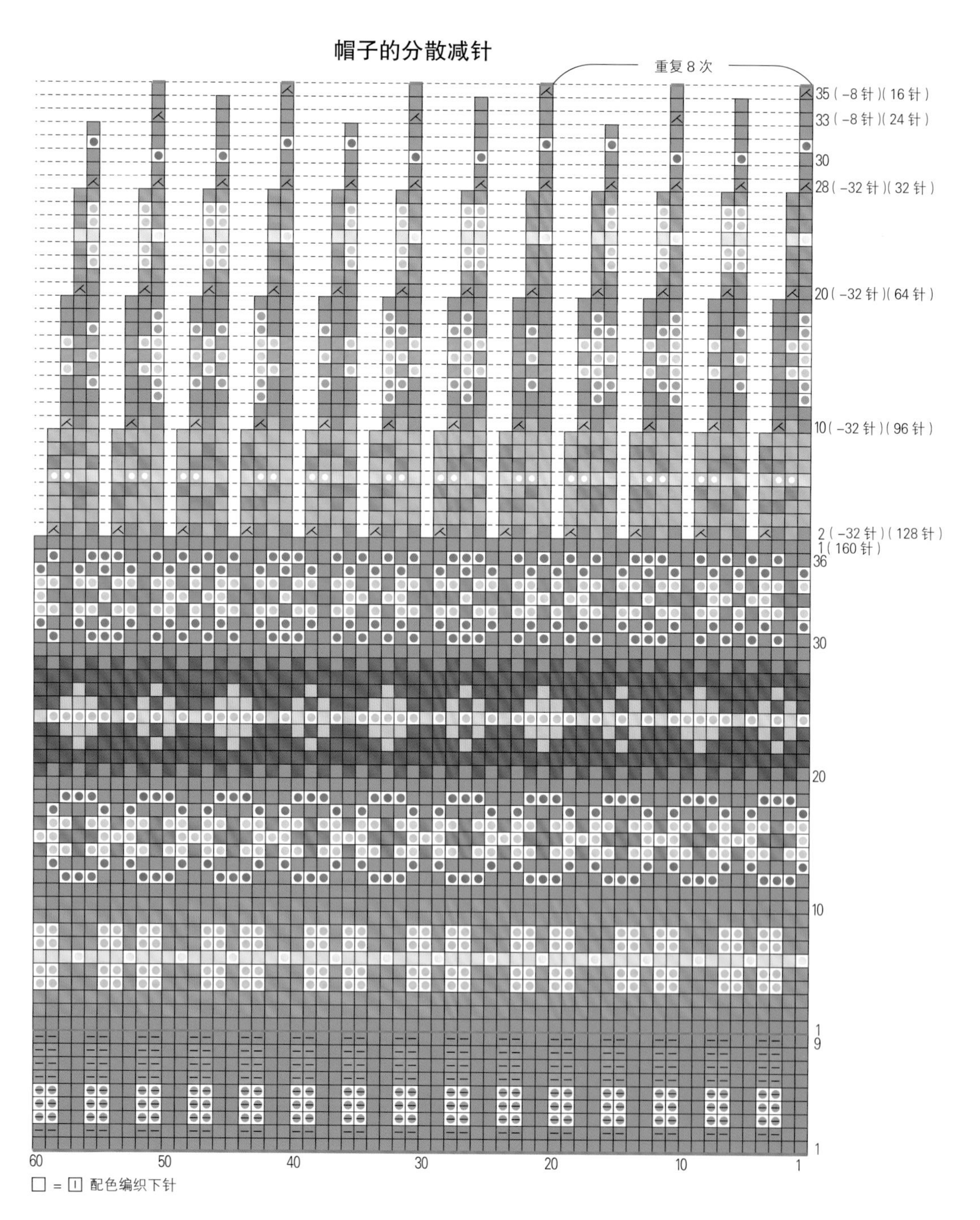

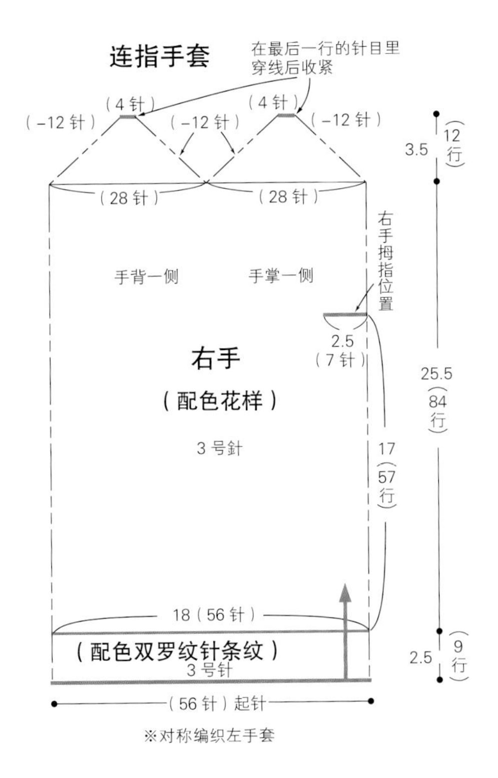
连指手套
在最后一行的针目里
穿线后收紧
（4针）
（4针）
（-12针）
（-12针）
（-12针）
（28针）
（28针）
3.5
12
行
手背一侧
手掌一侧
右手拇指位置
2.5
（7针）
右手
（配色花样）
3号针
25.5
84
行
17
57
行
18（56针）
（配色双罗纹针条纹）
3号针
2.5
9
行
（56针）起针
※对称编织左手套

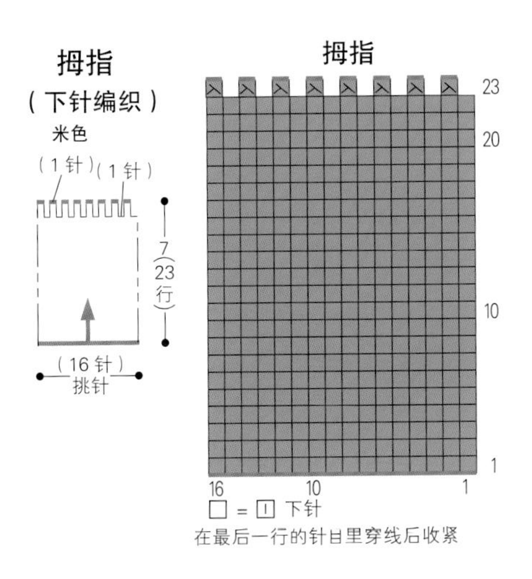
拇指
（下针编织）
米色
（1针）（1针）
7
23
行
（16针）
挑针
拇指
23
20
10
1
16
10
1
□ = ⊟ 下针
在最后一行的针目里穿线后收紧

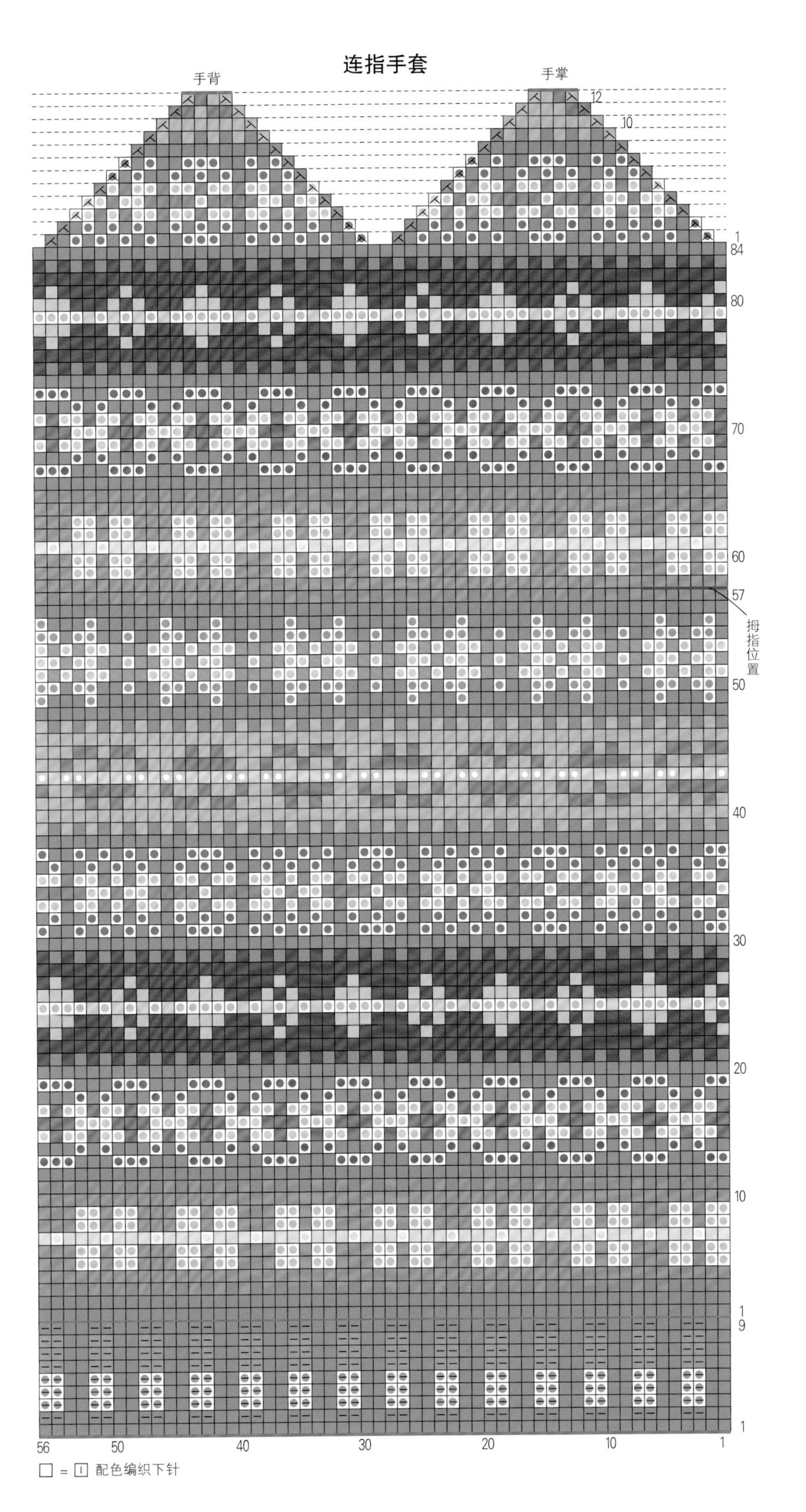
连指手套
手背
手掌
12
10
1
84
80
70
60
57
拇指位置
50
40
30
20
10
1
9
1
56
50
40
30
20
10
1
□ = ⊟ 配色编织下针

[材料和工具]
用线…J&S Heritage
颜色名、使用量参照下表
用针…3 号环形针(80cm)、1 号环形针(80cm)，钩针 2/0号
[成品尺寸]
19　掌围20cm、长22.5cm
20　掌围20.5cm、长22.5cm
[密度]
10cm×10cm 面积内：配色花样30针、33行

[编织要点]
※ 编织变化的罗纹针时用 1 号环形针，其他均用 3 号环形针编织。
1. 起针。→ p.32
2. 环形编织变化的罗纹针。
3. 作品20在第1行加针后编织配色花样。→ p.70
4. 接着编织变化的罗纹针。
5. 编织结束时用钩针做引拔收针。→ p.44
6. 线头处理。→ p.46
7. 用蒸汽熨斗整烫定型。→ p.46

19

颜色名、使用量

	英文名称	颜色名	露指手套
▩	Moss Green	苔绿色	25 g / 1 团
▩	Auld Gold	黄色	少量 / 1 团
□	Snaa White	白色	少量 / 1 团
▩	Indigo	蓝色	少量 / 1 团
□	Flugga White	原白色	少量 / 1 团
▩	Moorit	浅棕色	少量 / 1 团
■	Peat	褐色	少量 / 1 团
◉	Berry Wine	酒红色	少量 / 1 团

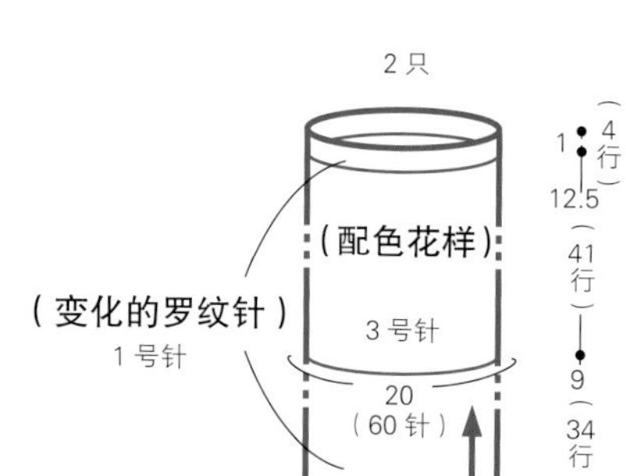

20

颜色名、使用量

	英文名称	颜色名	露指手套使用量
□	Light Grey	浅灰色	20 g / 1 团
□	Moss Green	苔绿色	少量 / 1 团
□	Fawn	驼色	少量 / 1 团
■	Madder	鲜红色	少量 / 1 团
⊙	Berry Wine	酒红色	少量 / 1 团
■	Peat	褐色	少量 / 1 团
▣	Brown	深棕色	少量 / 1 团
□	Auld Gold	黄色	少量 / 1 团
□	Flugga White	原白色	少量 / 1 团
■	Indigo	蓝色	少量 / 1 团

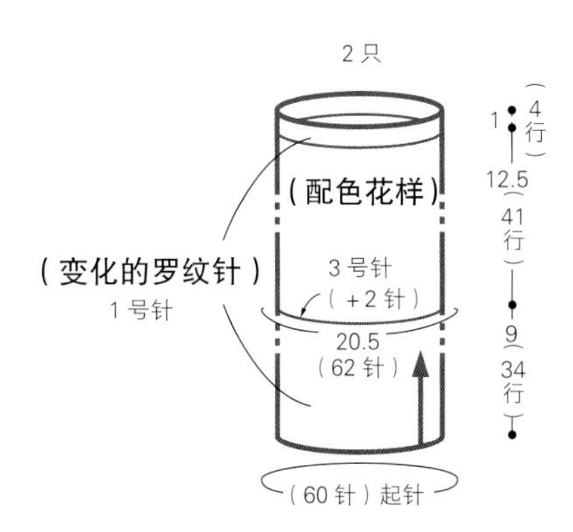

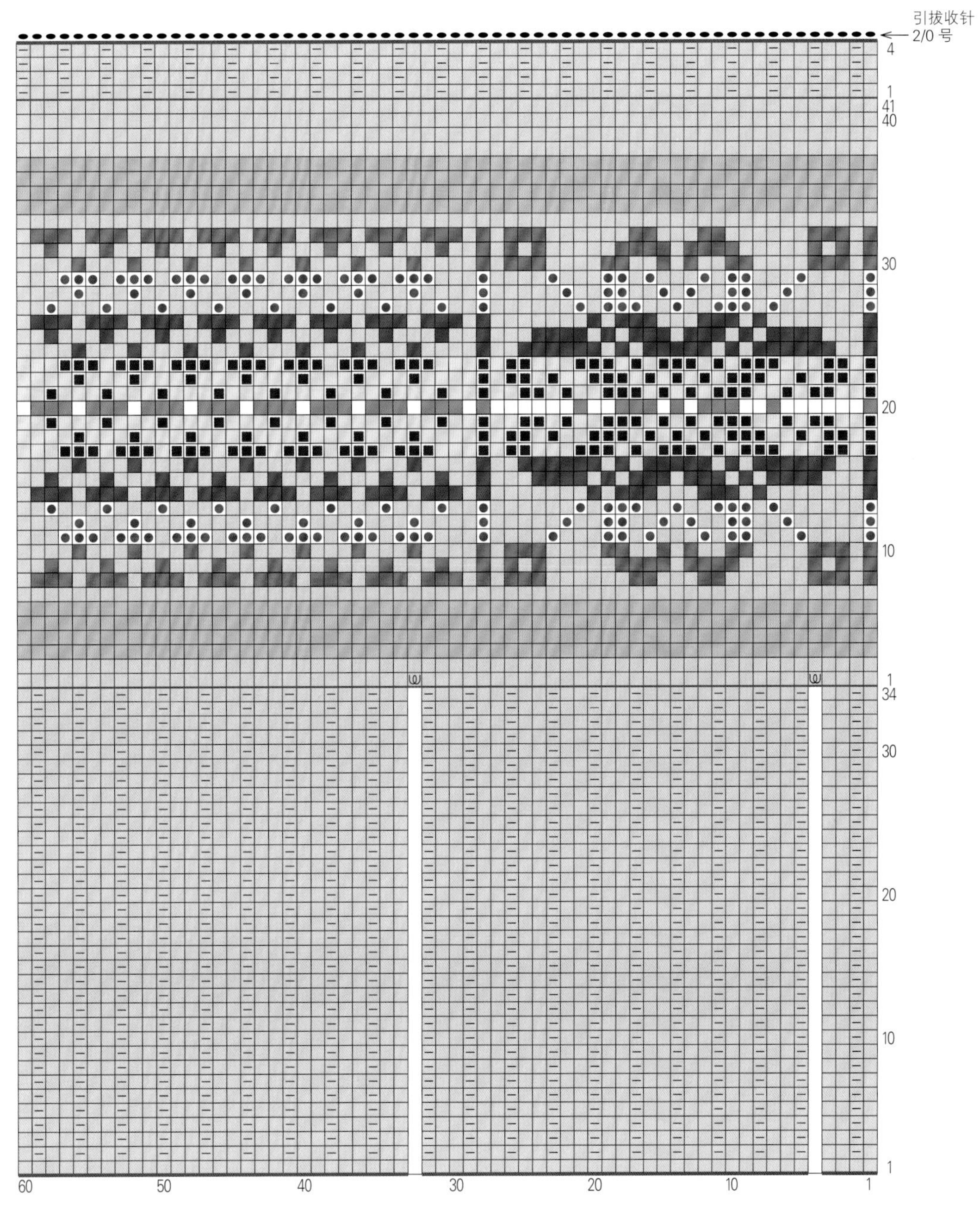

21 ● Picture on p.24

[材料和工具]

用线…Jamieson's Shetland Spindrift

色号、颜色名、使用量参照下表

用针…4号环形针（80cm）、3号环形针（80cm），钩针3/0号

[成品尺寸]

宽15cm、长158cm

[密度]

10cm×10cm 面积内：配色花样 29 针、30 行，下针编织条纹花样29针、37行

[编织要点]

※ 下针编织条纹花样和罗纹针用3号环形针，配色花样用4号环形针编织。

1. 起针。→ p.32
2. 环形编织罗纹针。→ p.32
3. 接着编织配色花样和下针编织条纹花样。
4. 编织结束时用钩针做引拔收针。→ p.44
5. 线头处理。→ p.46
6. 用蒸汽熨斗整烫定型。→ p.46

色号、颜色名、使用量

	色号 · 英文名称	颜色名	使用量
■	805 · Spruce	灰绿色	20 g / 1 团
■	429 · Old Gold	金褐色	20 g / 1 团
■	880 · Coffee	深棕色	20 g / 1 团
■	680 · Lunar	蔚蓝色	20 g / 1 团
◎	290 · Oyster	灰粉色混染	15 g / 1 团
◎	660 · Lagoon	湖蓝色	15 g / 1 团
□	140 · Rye	黄灰色	15 g / 1 团
◎	770 · Mint	浅绿色	10 g / 1 团
■	750 · Petrol	深绿蓝色	10 g / 1 团
□	365 · Chartreuse	灰黄绿色	10 g / 1 团
■	800 · Tartan	绿色	10 g / 1 团
■	861 · Sandalwood	灰橙色	10 g / 1 团
◎	478 · Amber	淡橙色	10 g / 1 团
■	595 · Maroon	绛紫色	5 g / 1 团
◎	1160 · Scotch Broom	姜黄色混染	5 g / 1 团
■	1290 · Loganberry	深红紫色混染	5 g / 1 团

引拔收针

（配色双罗纹针B）3号针

（配色花样A'）

5（18行）

34（102行）

7.5（23行）

（配色花样B）

（下针编织条纹花样）3号针

65（240行）

（配色双罗纹针A）3号针

（配色花样A）

41.5（125行）

5（19行）

30（88针）起针

※除指定以外均用4号环形针编织

下针编织条纹的配色

重复（3行×28次）84行1个花样

配色
660 · 湖蓝色
429 · 金褐色
770 · 浅绿色
880 · 深棕色
140 · 黄灰色
680 · 蔚蓝色
365 · 灰黄绿色
750 · 深绿蓝色
1160 · 姜黄色混染
595 · 绛紫色
365 · 灰黄绿色
750 · 深绿蓝色
140 · 黄灰色
680 · 蔚蓝色
770 · 浅绿色
880 · 深棕色
660 · 湖蓝色
429 · 金褐色
290 · 灰粉色混染
805 · 灰绿色
861 · 灰橙色
800 · 绿色
478 · 淡橙色
1290 · 深红紫色混染
861 · 灰橙色
800 · 绿色
290 · 灰粉色混染
805 · 灰绿色

3行

配色双罗纹针 A

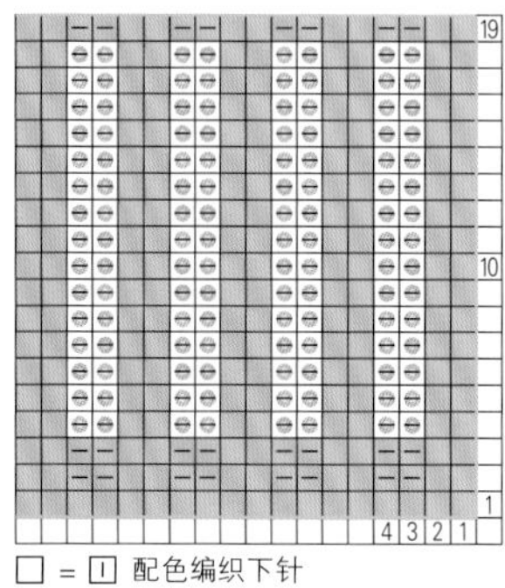

配色双罗纹针 B

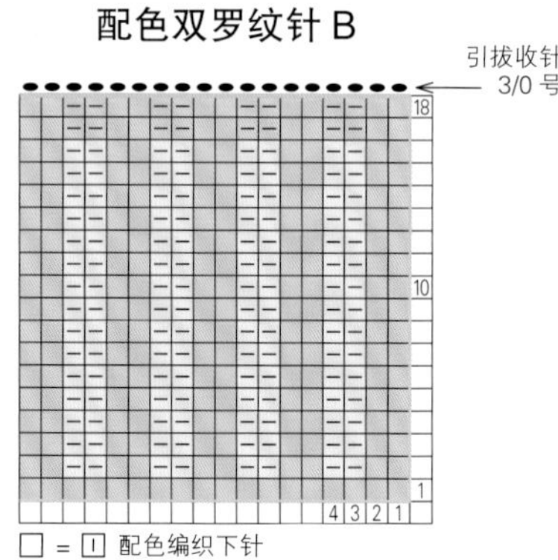

□ = ⊟ 配色编织下针

□ = ⊟ 配色编织下针

配色花样 B

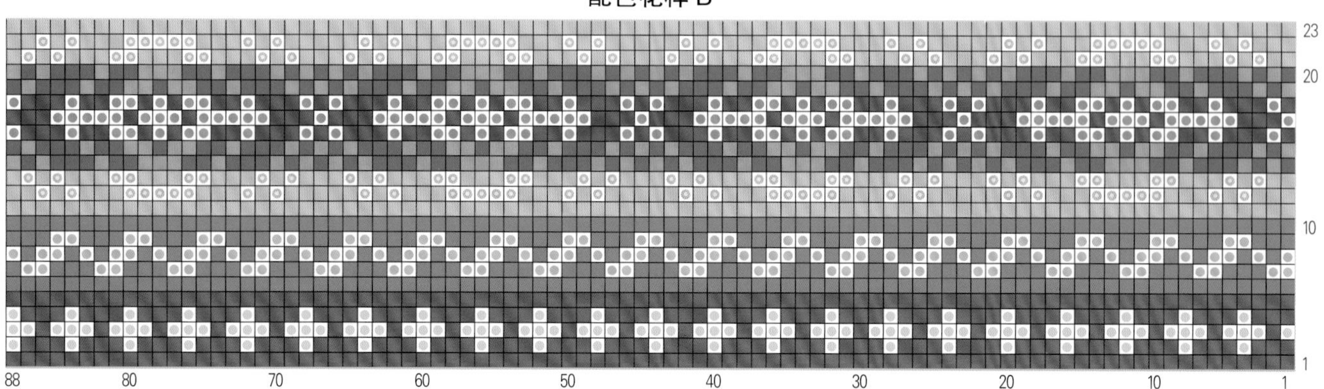

配色花样 A

125
120
110
100
90
80
70
60
50
40
30
20
10
1
配色花样A'
88
80
70
60
50
40
30
20
10
1

[材料和工具]

用线…Jamieson's Shetland Spindrift

色号、颜色名、使用量参照137页表

用针…3号环形针(80cm)、1号环形针(80cm),钩针3/0号

[成品尺寸]

头围55cm、帽深23cm

[密度]

10cm×10cm 面积内:配色花样29针、31行

[编织要点]

※ 挑针时用1号环形针,其他均用3号环形针编织。

1. 起针。→ p.32
2. 参照图解加减针,按配色花样 A、B、C 编织。
3. 编织结束时在针目里穿线后收紧。
4. 从编织起点位置挑针,编织双罗纹针条纹花样。
5. 编织结束时用钩针做引拔收针。→ p.44
6. 用蒸汽熨斗整烫定型。→ p.46

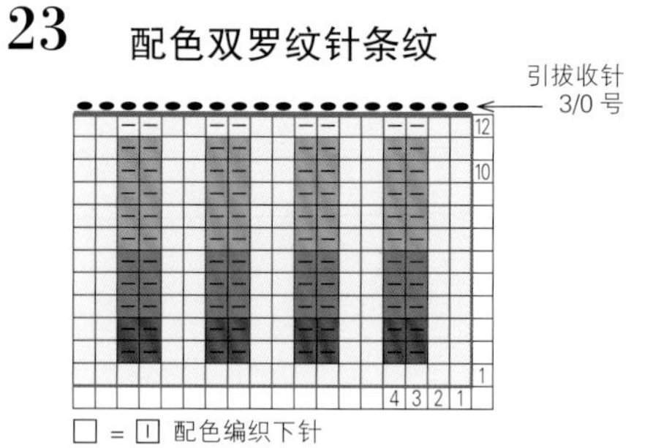

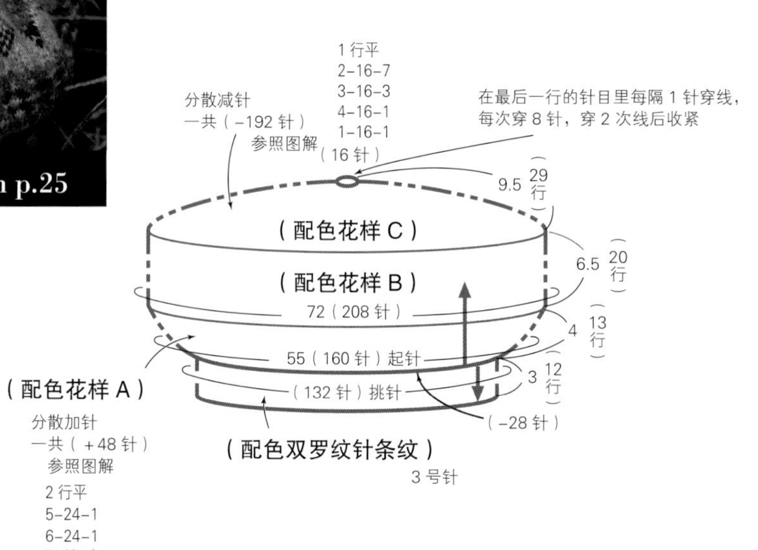

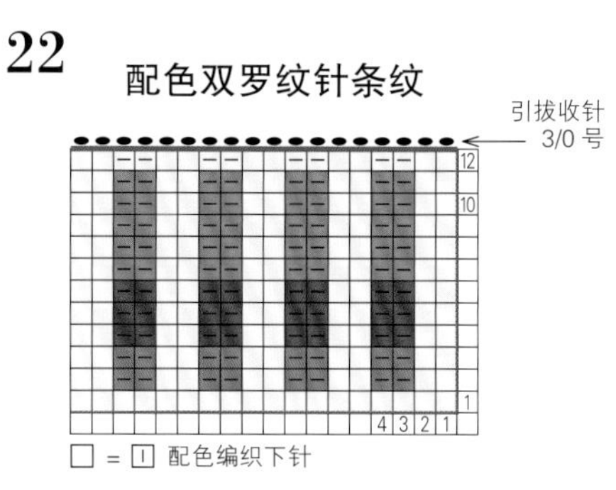

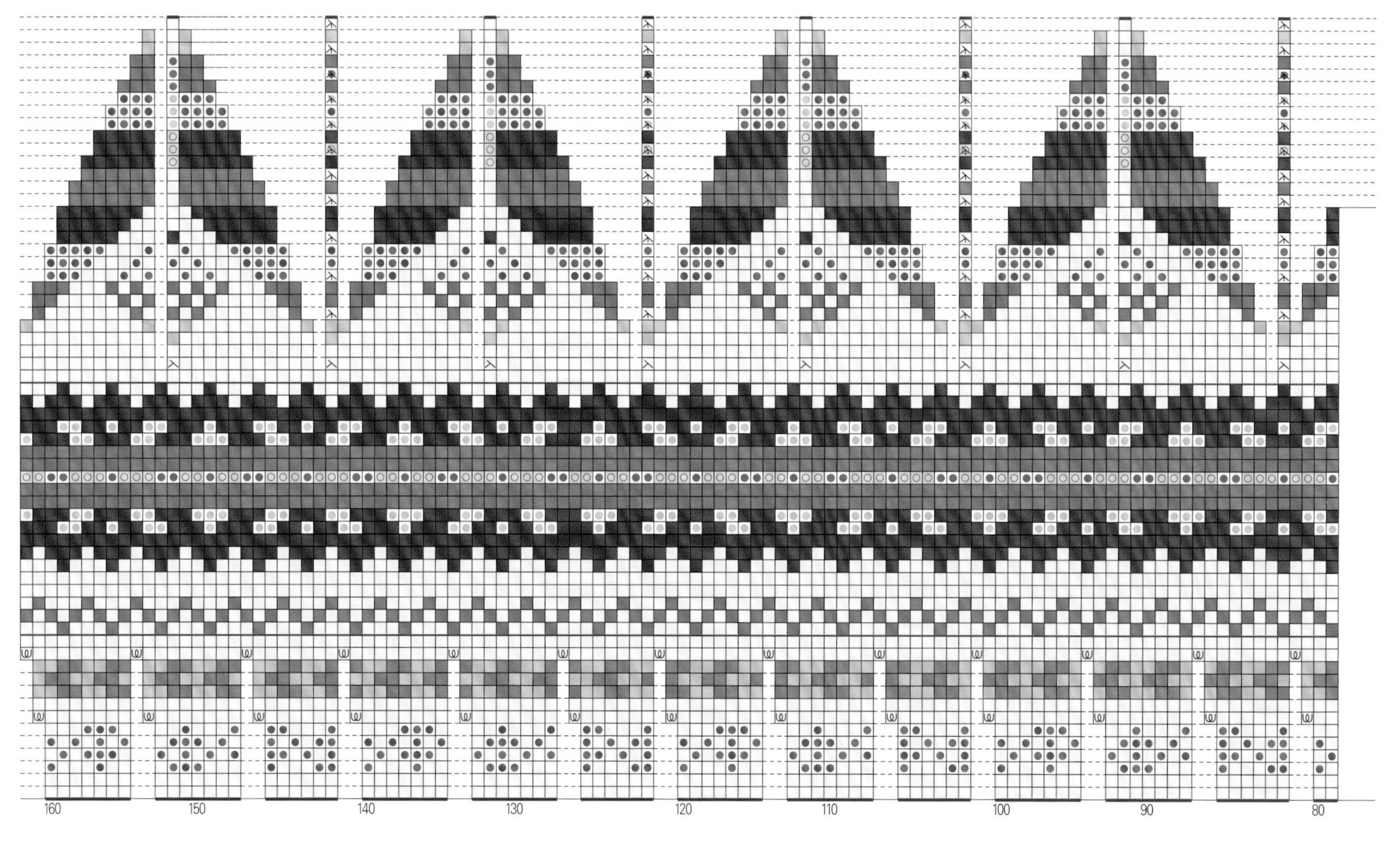

23

色号、颜色名、使用量

	色号 · 英文名称	颜色名	使用量
	122 · Granite	浅灰色	18 g / 1 团
	1010 · Seabright	海蓝色	5 g / 1 团
	665 · Bluebell	蓝色	5 g / 1 团
	390 · Daffodil	黄色	5 g / 1 团
	259 · Leprechaun	黄绿色混染	4 g / 1 团
	587 · Madder	暗橙红色	4 g / 1 团
	880 · Coffee	深棕色	少量 / 1 团
	135 · Surf	浅蓝绿色混染	少量 / 1 团
	104 · Natural White	原白色	少量 / 1 团

23

配色花样

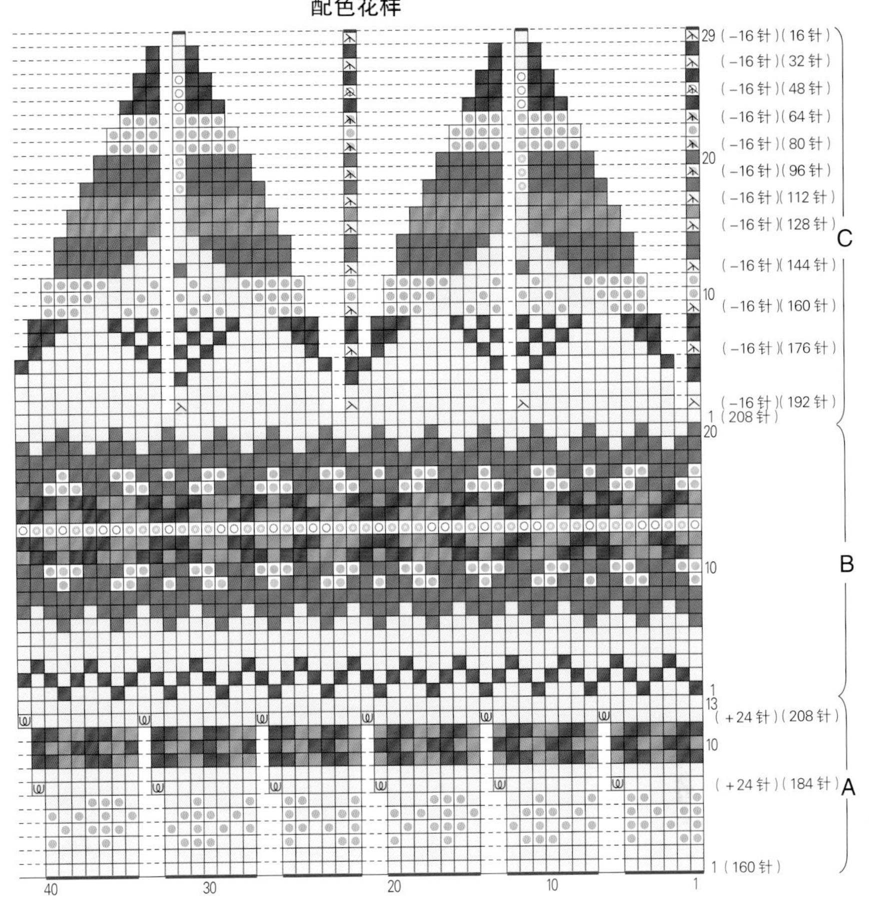

22

色号、颜色名、使用量

	色号 · 英文名称	颜色名	使用量
	105 · Eesit	浅米色	18 g / 1 团
	478 · Amber	淡橙色	5 g / 1 团
	323 · Cardinal	暗红色	5 g / 1 团
	140 · Rye	黄灰色	5 g / 1 团
	188 · Sherbet	浅红紫色	4 g / 1 团
	805 · Spruce	灰绿色	4 g / 1 团
	791 · Pistachio	深灰黄绿色	少量 / 1 团
	272 · Fog	浅棕色混染	少量 / 1 团
	286 · Moorgrass	绿色混染	少量 / 1 团

22

配色花样

29 (−16针)(16针)
(−16针)(32针)
(−16针)(48针)
(−16针)(64针)
(−16针)(80针)
20 (−16针)(96针)
(−16针)(112针)
(−16针)(128针)
C
(−16针)(144针)
10 (−16针)(160针)
(−16针)(176针)
(−16针)(192针)
1 (208针)
20
10
B
1
13 (+24针)(208针)
10
(+24针)(184针)
A
1 (160针)

70 60 50 40 30 20 10 1

编织花样全图一览

如果对喜欢的花样有了整体的把握，
无论是编织毛衣还是小物件都能运用自如，
而且还可以演绎出各种应用变化。

L号相当于男装的M号，XL号相当于男装的L号

本书以女装尺寸为基础，介绍了M、L、XL这3种尺寸的作品。设计时，L号相当于男装的M号，XL号相当于男装的L号。请充分运用图案、颜色、尺寸等各种设计元素，享受费尔岛编织的乐趣吧！此外，封二、封三（封面和封底）的反面的方格图纸也可以用来设计原创花样等，请试试看吧！

用线／A～C　Jamieson's Shetland Spindrift
B的编织花样全图…p.140
C的编织花样全图…p.141

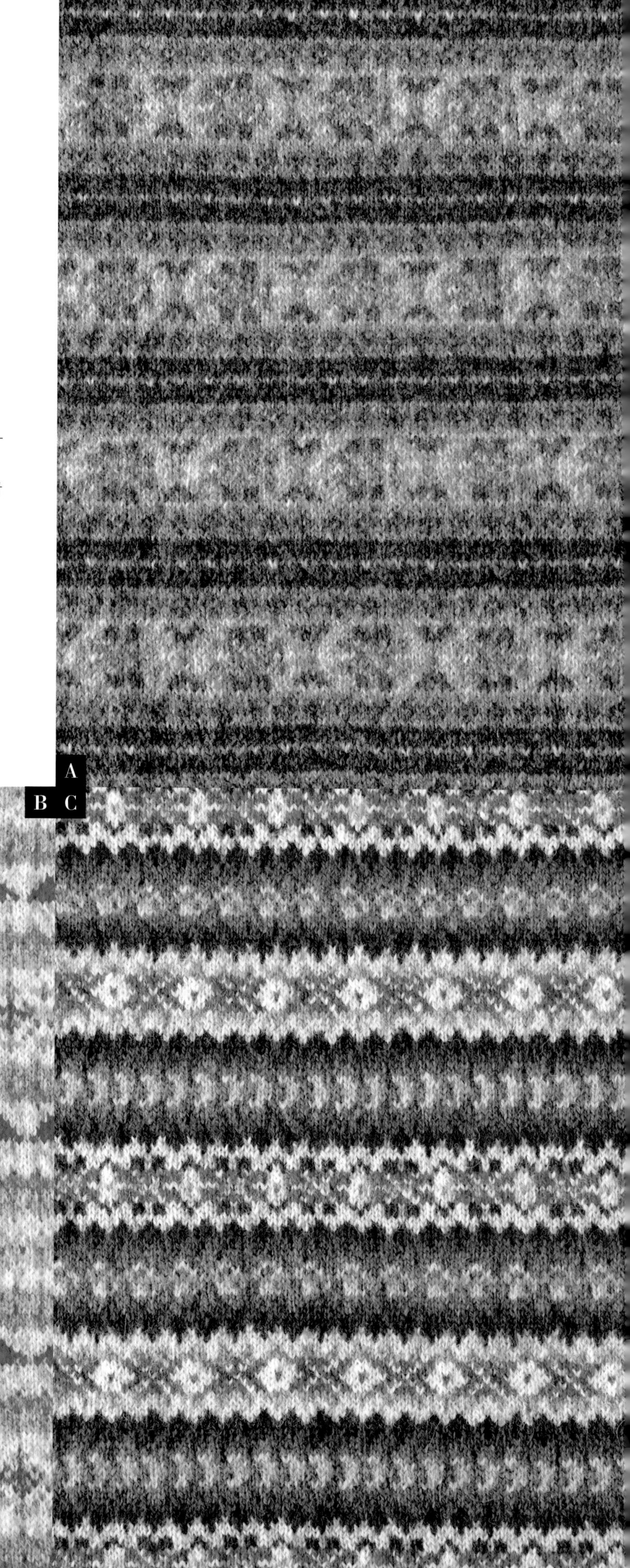

A

B C

A

■	107 • Mgit	浅褐色
◉	998 • Hairst(Autumn)	墨绿色
■	880 • Coffee	深棕色
◉	1020 • Night Hawk	蓝绿色

□	343 • Ivory	象牙白色
■	478 • Amber	淡橙色
□	106 • Mooskit	米色
■	1010 • Seabright	海蓝色

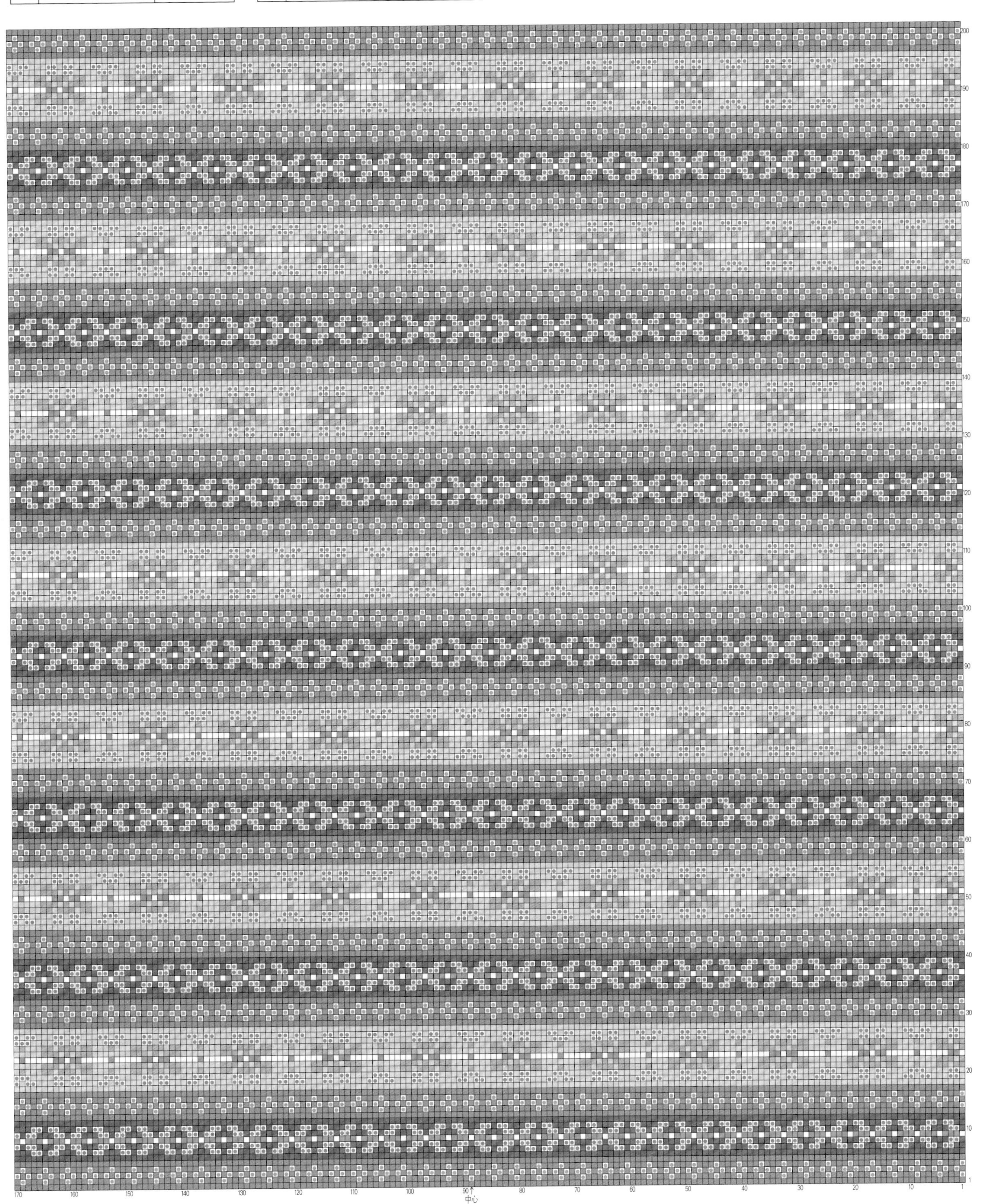

B

□	343 · Ivory	象牙白色
	183 · Sand	沙米色混染
	570 · Sorbet	灰粉色
	153 · Wild Violet	浅红色混染
	188 · Sherbet	浅红紫色

	785 · Apple	黄绿色
	585 · Plum	紫红色
	540 · Coral	肉粉色
□	350 · Lemon	柠檬黄色
	576 · Cinnamon	砖红色

	375 · Flax	浅黄色
	526 · Spice	灰红色
	365 · Chartreuse	灰黄绿色
□	135 · Surf	浅蓝绿色混染
	575 · Lipstick	玫红色

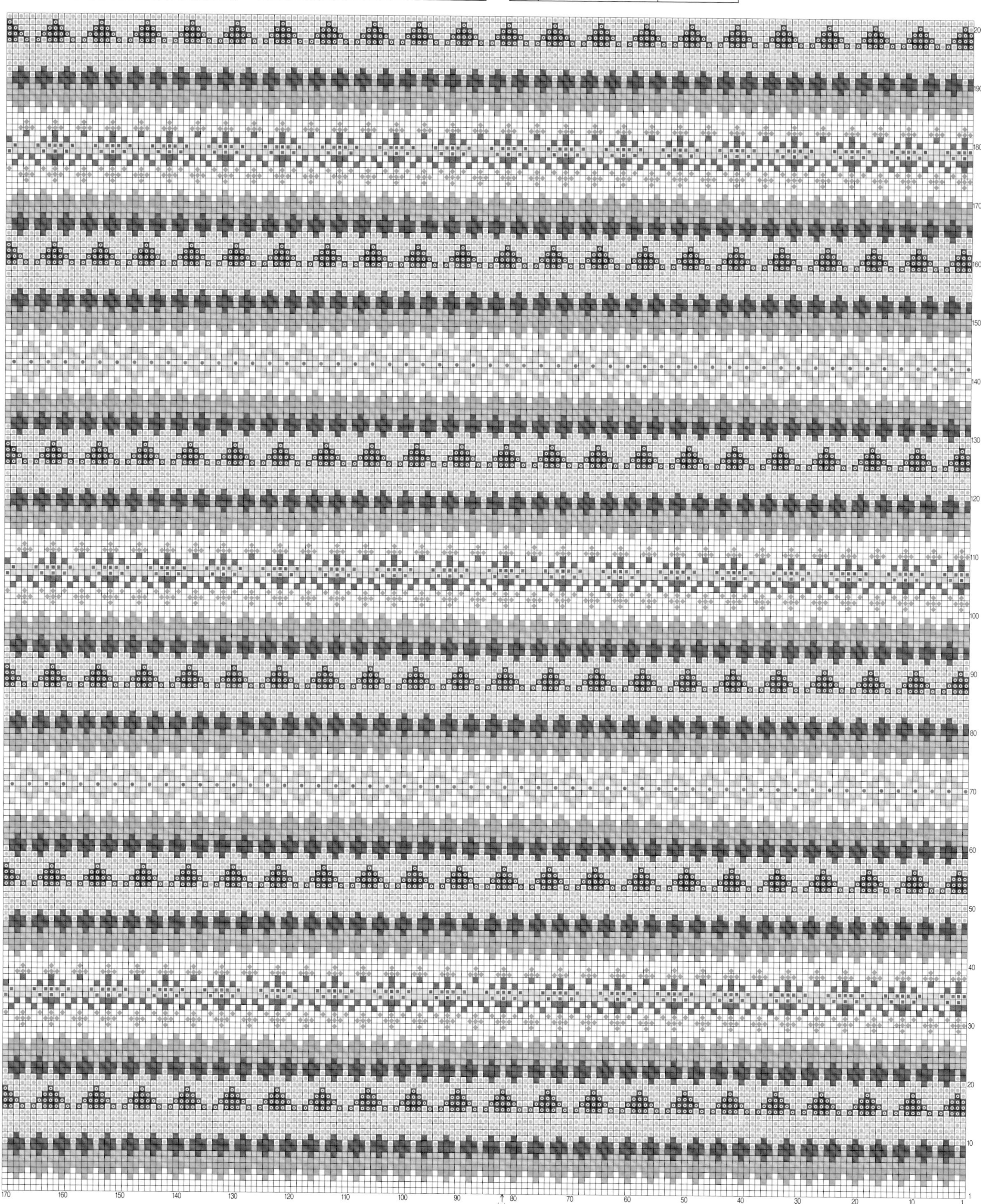

C

□	343 · Ivory	象牙白色
	140 · Rye	黄灰色
■	880 · Coffe	深棕色
	684 · Cobalt	深蓝色

	478 · Amber	淡橙色
	770 · Mint	浅绿色
	365 · Chartreuse	灰黄绿色
□	400 · Mimosa	亮黄色

	680 · Lunar	蔚蓝色
	127 · Pebble	明灰色
	750 · Petrol	深绿蓝色
	726 · Prussian Blue	铁蓝色

□	768 · Egg Shell	灰浅蓝色
	599 · Zodiac	深紫色
	1300 · Aubretia	蓝紫色
	805 · Spruce	灰绿色

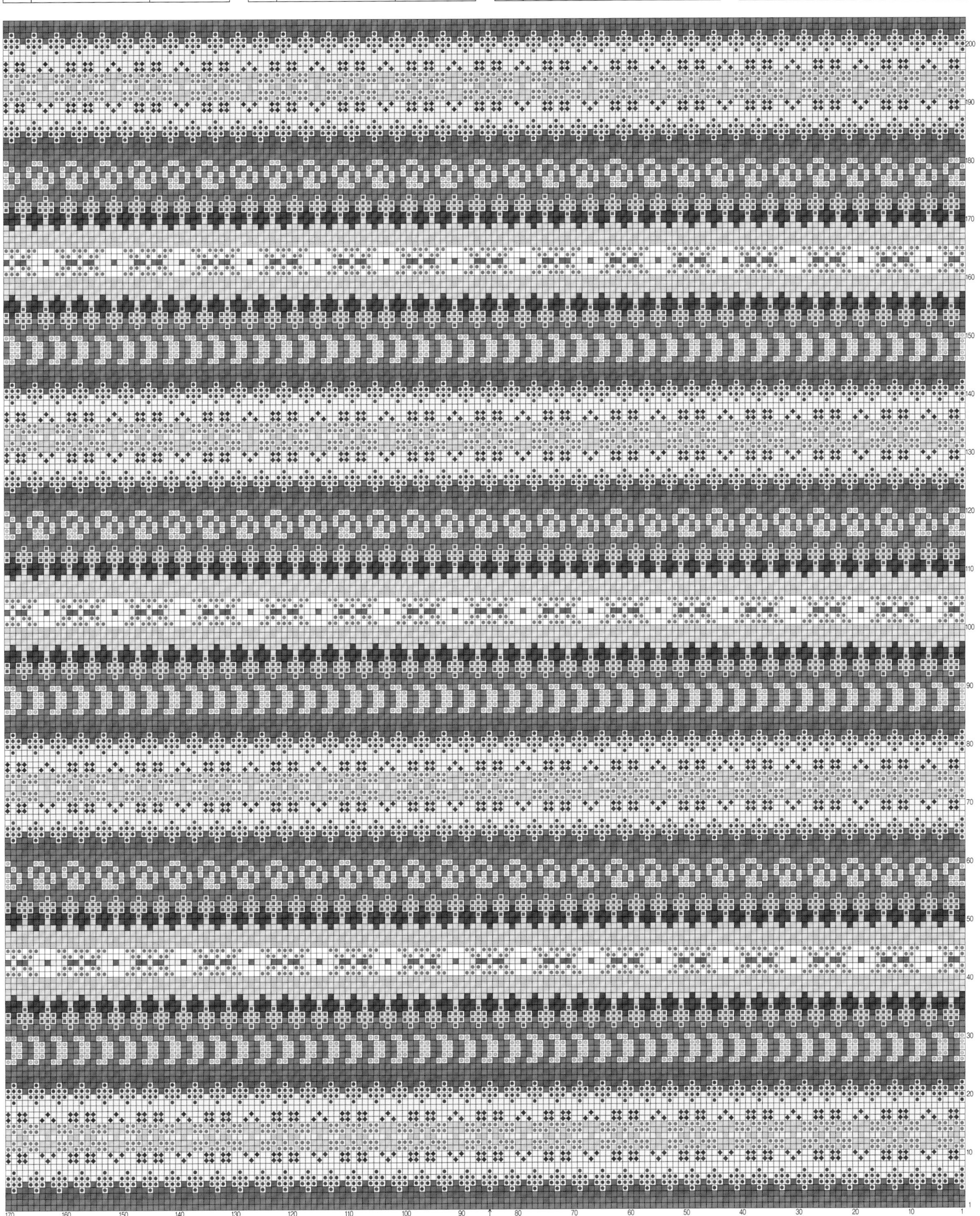

1 How to make p.28

How to make p.28

■	788・Leaf	深绿色
□	122・Granite	浅灰色
⊡	198・Peat	深棕色混染
■	1290・Loganberry	深红紫色混染
■	870・Cocoa	暗橙色
■	168・Clyde Blue	灰蓝色
□	720・Dewdrop	蓝绿色混染
■	1140・Granny Smith	嫩绿色
□	290・Oyster	灰粉色混染
□	760・Caspian	翠蓝色
□	375・Flax	浅黄色
□	400・Mimosa	亮黄色

2 How to make p.50、130

■	106・Mooskit	米色
■	680・Lunar	灰蓝色
■	105・Eesit	浅米色
■	805・Spruce	灰绿色
■	293・Port Wine	酒红色
■	294・Blueberry	深紫色混染
■	616・Anemone	紫色
■	575・Lipstick	玫红色
■	576・Cinnamon	砖红色
■	880・Coffee	深棕色
■	147・Moss	苔绿色混染
□	274・Green Mist	薄荷绿色混染
□	375・Flax	浅黄色
■	526・Spice	灰红色
■	259・Leprechaun	黄绿色混染
■	1020・Nighthawk	蓝绿色
■	1160・Scotch Broom	姜黄色混染
□	180・Mist	浅紫色混染

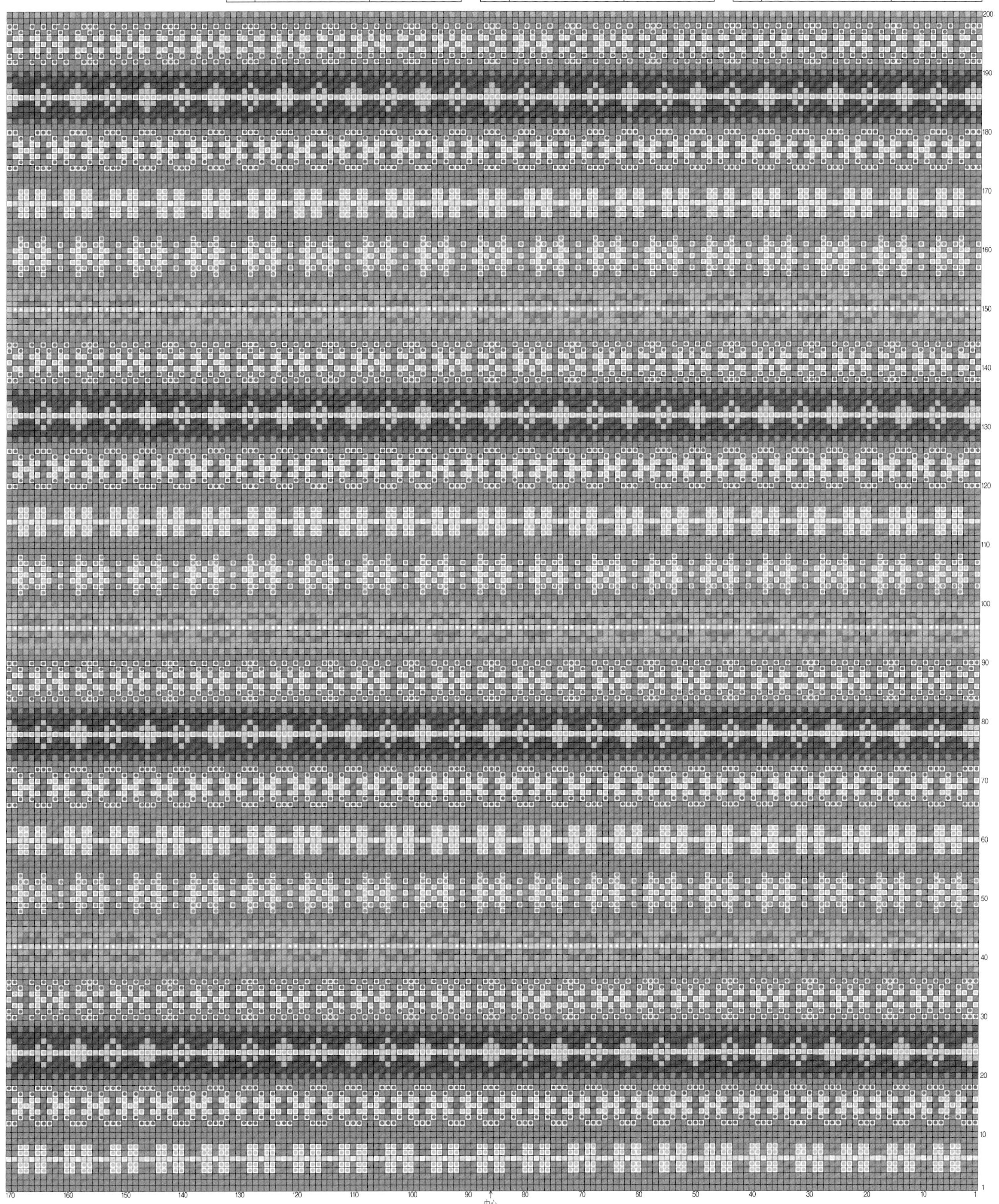

作者简介

风工房（KAZEKOBO）
棒针和钩针编织设计师。曾在武藏野美术大学学习舞台美术。从二十几岁开始陆续在《毛线球》等多家手工艺杂志上发表作品。从纤细的蕾丝编织到传统的花样编织，她精通各种编织方法，并一直活跃于日本国内及世界各地。著作颇丰。

图书在版编目（CIP）数据

风工房费尔岛编织 / (日) 风工房著；蒋幼幼译. —郑州：河南科学技术出版社，2019.5（2024.12重印）
ISBN 978-7-5349-9489-0

Ⅰ.①风… Ⅱ.①风… ②蒋… Ⅲ.①手工编织—图解 Ⅳ.① TS935.5-64

中国版本图书馆CIP数据核字（2019）第061675号

出版发行：河南科学技术出版社
地址：郑州市郑东新区祥盛街27号　　邮编：450016
电话：（0371）65737028　　65788613
网址：www.hnstp.cn
策划编辑：刘　欣
责任编辑：刘　欣
责任校对：王晓红
封面设计：张　伟
责任印制：张艳芳
印　　刷：北京盛通印刷股份有限公司
经　　销：全国新华书店
开　　本：635 mm×965 mm　1/8　　印张：18　　字数：200千字
版　　次：2019年5月第1版　　2024年12月第5次印刷
定　　价：59.00元

如发现印、装质量问题，影响阅读，请与出版社联系并调换。